Basic Aesthetics and Cosmetology

기초피부미용학

김해남 지음

정담미디어

저자소개

김해남　　마산대학교 뷰티케어학부 교수

기초피부미용학

2013년 8월 26일 1판 1쇄 인쇄
2013년 9월 3일 1판 1쇄 발행

지은이 | 김해남
펴낸이 | 김진환
펴낸곳 | 정담미디어 · (주) 학지사
121-837 서울시 마포구 서교동 352-29 마인드월드빌딩 6층
대표전화_ 02-330-5188　　팩스_ 02-326-0338
등　록 | 2010년 2월 8일 제313-2010-36호
메　일 | jdmpub@jdmpub.com
홈페이지 | http://www.jdmpub.com

ISBN 978-89-6069-354-8 93510

가　격 | 28,000원

※ 정담미디어는 학지사의 자매회사입니다.

머리말 preface

아름답고 건강한 피부와 체형을 원하는 현대인들의 욕구는 뷰티산업의 초고속 성장과 함께 점점 더 진화하고 있습니다. 20여 년 동안 대학에서의 피부미용 교육 역시 뷰티산업 성장에 한몫을 톡톡히 하였고 학문적으로도 걸출한 발전을 하였습니다. 학문과 산업의 성장은 뷰티분야에 전문성을 부여하였고, 노동부의 피부미용사 국가자격증 제도 도입 이후 피부미용 분야의 취업 및 창업 규모도 점점 커지고 있습니다. 뿐만 아니라 글로벌 시대로 접어들면서 세계의 뷰티 테라피가 국내로 유입되어 해외 시장 개척과 함께 해외 취업의 기회도 다양해졌고, 뷰티 테라피는 글로벌 개념의 미래 유망 직종이 되고 있습니다.

이러한 상황을 잘 조합하여 새롭게『기초피부미용학』을 집필하였습니다. 이 책은 피부미용사 국가자격증 취득을 위한 학습뿐만 아니라 국제 뷰티 테라피 기능 경기와 국제 피부미용사 CIDESCO 자격증 기준을 적절하게 고려하였으며, 실무에서도 효율적으로 적용할 수 있게 구성하고자 했습니다.

1장 피부의 구조와 생리, 2장 피부미용의 개요, 3장 피부미용의 영역과 피부관리 시스템, 4장 고객 응대법과 피부관리 세팅, 5장 세안제와 클렌징, 6장 눈썹 수정과 염색, 7장 딥클렌징과 필링, 8장 매뉴얼 테크닉의 종류와 특징, 9장 앰플과 마스크, 10장 마무리 및 정돈, 11장 피부상담과 분석, 12장 건강한 피부와 피부유형 분류, 13장 전신관리, 14장 제모, 15장 림프드레나지, 16장 자외선과 피부, 17장 피부관리에 사용되는 성분, 약초, 천연팩, 18장 피부관리실 경영, 19장 피부미용사 자격증 안내 순으로 구성하였습니다. 이 책의 또 다른 특별함은 별책 '피부관리 테크닉북' 에 테크닉만을 따로 묶어 휴대하기 좋게 편집하였다는 점에 있습니다.

심혈을 기울인 책이라 해도 출간에 앞서니 미흡한 점이 있습니다만, 이 교재가 피부미용을 전공하는 학생들뿐만 아니라 현장에서 실무를 하고 있는 피부미용인들에게 피부미용학의 기초와 기본을 깨우쳐 주는 지침서가 되었으면 합니다. 더불어 이 책이 출간되기까지 많은 배려와 관심을 쏟아 주신 정담미디어 김진환 사장님과 모든 관계자 분들께 깊은 감사의 마음을 전합니다.

2013년 8월 무더운 여름의 끝자락에

저자 **김해남**

목차 contents

contents

목차 contents

chapter 01

피부의 구조와 생리

Skin Structure & Physiology

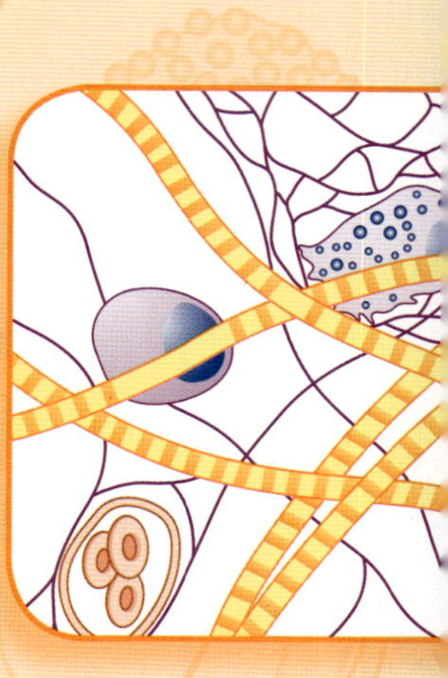

1. 피부의 구조

1) 개요

신체를 둘러싸고 있는 피부(skin)는 외부 환경과 직접적으로 접촉하고 있어, 오염물질 및 공해와 같은 자극과 변화에 민감하게 반응하여 신체 내외의 기관을 보호하는 역할을 한다. 피부는 체중의 약 16% 정도를 차지하고 인체의 장기중 중 가장 넓은 면적을 차지하여 어른의 경우 약 1.6㎡에 이른다. 피부 두께는 부위에 따라 다양하나, 피하지방층을 제외한 표피와 진피는 평균 1.4mm이다. 신체 부위 중 가장 두꺼운 부분은 발뒤꿈치이고 가장 얇은 부분은 눈꺼풀과 고막이다.

피부 표면을 육안으로 들여다보면 구조가 편평하고 매끈하며 단순한 모양을 이루고 있다. 그러나 현미경으로 자세히 관찰해 보면 매우 복잡한 그물 모양의 구조를 이루고 있음을 알 수 있다. 피부 표면의 오목한 고랑(소구)과 볼록한 능선(소릉)이 서로 교차하고 얽혀 여러 모양의 피부 무늬를 만든다. 피문이 잘 발달되어 있는 부분은 손바닥과 발바닥이며 피문은 개인의 유전자에 의해 서로 다른 모양을 이루는데, 대개 진피층의 모양과 일치한다. 특히 손가락의 지문은 사람마다 확실히 구별되며, 보통 생후 1~4개월경에 발생하고 아동기를 거쳐 발달해 일생 동안 변하지 않는다. 반면 이마, 음낭, 귓바퀴 등에는 피문이 없다.

피부결은 성별, 연령, 신체 부위에 따라 서로 다르며 남성보다 여성, 나이 든 사람보다 젊은 사람이 더 곱다. 흔히 피부결이 '거칠다', '곱다'라고 하는 것은 피문의 깊이가 얕고 깊음에 따른 피부 표면의 굴곡상태를 의미한다. 즉 피부의 소구와 소릉의 차이가 얕으면 피부결이 고운 피부, 깊으면 거친 피부라고 할 수 있다.

피부는 표피, 진피 그리고 피하지방이라는 서로 다른 성격의 세 가지 세포층이 결합하여 만들어진 구조물로서 피부의 가장 바깥에 있는 표피(epidermis), 흔히 진짜 피부라고 부르는 중간의 진피(dermis), 그리고 피부의 가장 밑부분에 위치해 있는 피하조직(subcutaneous tissue)으로 구성되어 있다. 표피, 진피, 피하조직 이외에도 피부에 붙어 있는 털(hair), 피지샘(sebaceous glands), 땀샘(sweat glands), 손발톱(nail), 치아(teeth), 젖샘(mammary gland)이 있으며, 이를 피부 부속기관이라고 한다(그림 1-1).

■ 피부의 구성성분

피부는 수분 70.5%, 무기질 0.5%, 단백질 27%, 지방 2%로 구성되어 있다.

- **피부**
  - 표피
    - 무핵층
      - 각질층
      - 투명층
      - 과립층
    - 유핵층
      - 유극층
      - 기저층
  - 진피
    - 유두층
    - 망상층
  - 피하지방
  - 부속기관: 털, 피지샘, 땀샘, 손발톱, 치아, 젖샘

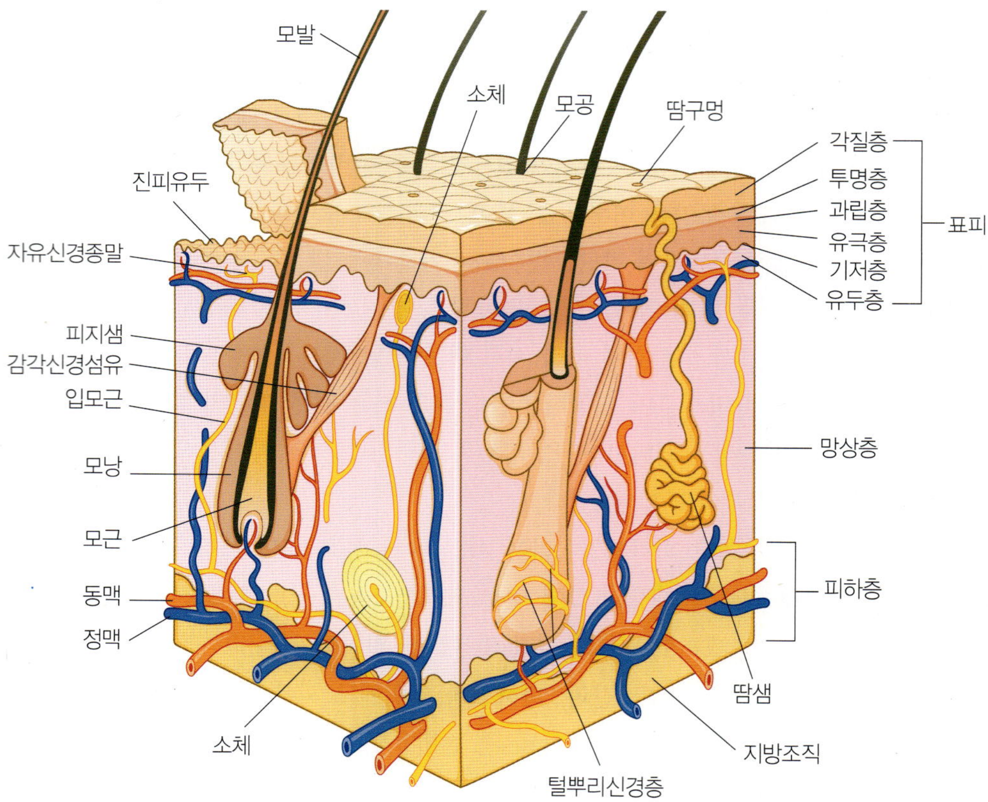

그림 1-1 피부의 구조

2) 표피

피부의 가장 바깥에 위치하는 표피(epidermis)는 신체 부위에 따라 두께가 다르게 나타난다. 손바닥 두께는 0.8mm, 발바닥 두께는 1.4~1.6mm, 눈꺼풀 두께는 0.04mm이지만 전체적인 표피 평균 두께는 0.1mm로 아주 얇은 조직이다. 표피의 95%가 각질형성세포(keratinocyte)로 이루어져 있으며 주요 역할은 신체 내부의 장기를 지켜 주는 보호막 기능을 하는 것이다.

즉 신체 내부에 있는 물질이 몸 밖으로 빠져나가지 않게 막아줄 뿐만 아니라 외부로부터 침입해 들어오는 자외선, 바이러스, 세균 등의 유해물질도 막아준다. 피부 피지샘의 기름과 땀샘의 물은 자연적으로 유화되어 피부 표면에 약산성의 피지막을 형성하여 유해물질의 침투

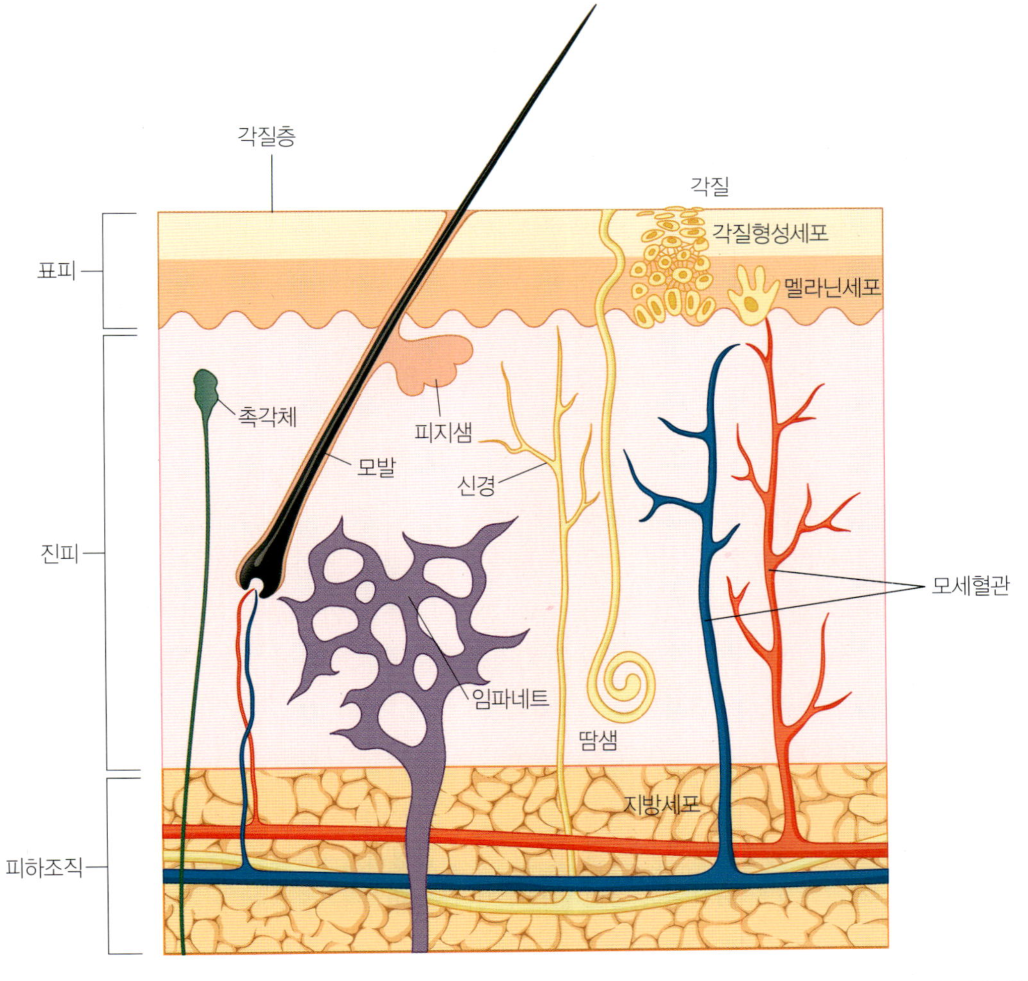

그림 1-2 피부의 단면

를 방지하고 세균을 살균시켜 준다.

표피의 외관은 피부미용학적 관점에서 피부결, 피부 보습력, 유분량, 피부색을 결정하기 때문에 중요하다. 피부 건강과 아름다움, 노화 등은 표피 각질층의 영향을 받기 때문에 피부의 외향을 개선하기 위해서는 표피 관리가 매우 중요하다고 할 수 있다.

(1) 표피층의 주요 세포

① 각질형성세포

각질형성세포(keratinocyte)는 표피를 구성하는 가장 중요한 세포로 죽은 각질, 즉 케라틴을 만드는 일을 한다. 피부 표피의 연케라틴(soft keratin), 네일과 헤어의 경케라틴(hard keratin)을 만드는 것이다. 각질형성세포가 기저층에서부터 세포분열로 모양을 바꾸어 가며 유극층 → 과립층 → 투명층 → 각질층으로 이동해 각질층에서 사세포로 자연 탈락되는 과정을 각질화과정(keratinization) 또는 턴 오버(turn over)과정이라고 한다. 각질형성세포가 기저층에서 세포분열하여 각질층에 각질을 만드는 데 소요되는 기간은 26~42일이며 이를 각화주기라고 한다. 각질형성세포가 정상적인 각화주기의 생리기능을 수행할 때 건강하고 아름다운 피부가 유지될 수 있다. 그러나 각질형성세포가 정상적인 각화주기 기능을 수행하지 못할 때는 피부 문제가 발생한다.

- 각화주기의 완만화(hypo keratinization): 피부의 칙칙함, 아크네, 피부 노화현상 발생
- 각화주기의 가속화(hyper keratinization): 피부 민감화 발생
- 각화주기의 정상화: 아름답고 건강한 정상 피부 유지

② 멜라닌세포

기저층을 자세히 관찰해 보면 각질형성세포와는 다른 문어 모양과 비슷한 세포가 보이는데 피부가 멜라닌세포이다. 이것이 태양에 노출되면 유해한 영향을 미치는 자외선을 흡수하여 피부를 보호해 주는 멜라닌(melanin)을 생성시키는데 이 기능을 하는 세포가 멜라닌세포(melanocyte)이다. 문어 머리 부분은 기저층에 위치하고 문어 다리 부분은 유극층에 길다랗게 뻗어 있으며 각질형성세포와 멜라닌세포는 4:1에서 10:1 정도의 비율로 섞여 있다. 멜라닌세포의 주요 기능은 태양광선의 자외선을 흡수하거나 산란시켜 체내로 자외선이 들어오지 못하도록 피부를 보호하는 것이다. 또한 피부색의 검고 흰 정도를 결정하는 기능도 한다. 멜라닌세포의 멜라닌색소는 골지 영역에서 합성되는 티로신(tyrosine)이라는 단백질의 일종으로 피부가 자외선에 노출되면 티로시나아제(tyrosinase)란 효소의 작용으로 산화되어 3,4 디히드록시 페닐알라닌(3,4-dihydroxyphenylalanine), 즉 도파(dopa)로 전환된다. 그리고 도파가 다시 산화되어 5,6 디히드록시퀴논(5,6-dihydroxyquinone), 즉 도파퀴

논(dopaquinone)으로 전환되어 최종적으로 두 가지 유형의 멜라닌을 형성하는 과정에 돌입한다. 즉 티로신은 티로시나아제의 복잡한 과정을 거쳐 멜라닌색소를 생성함으로써 피부를 검게 만든다. 멜라닌색소는 신진대사를 거치는 과정 중 수상돌기를 뻗어 이동하며 점차 표면으로 올라와 각질과 함께 탈락된다.

황인, 백인, 흑인의 피부색은 멜라닌세포 수가 아니라 멜라닌색소의 양, 분포상태와 생성속도에 따라 결정된다. 예를 들면 피부가 흰 사람은 검은 사람보다 멜라닌색소의 양이 많고 분포상태가 조밀하며 생성속도가 빠르다. 또한 개인의 멜라닌색소 생성상태와 침착 정도는 유전, 환경적 요인, 호르몬성 요인, 내분비 장애, 신경성 요인 등에 따라 다르게 나타난다. 어떤 사람이 자외선에 노출되었을 때 각질형성세포가 비대해지고 멜라닌 형성이 촉진되어 피부가 검게 변하였다면, 이는 멜라닌세포의 보호작용 결과라고 할 수 있다.

■ 멜라닌 생성 과정

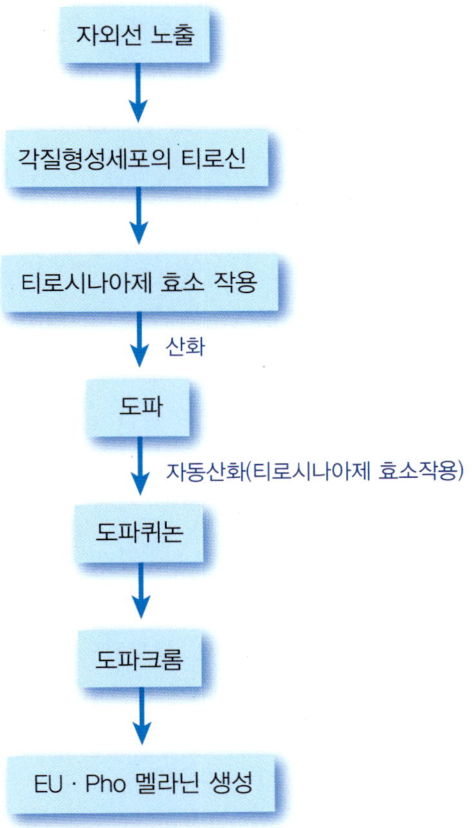

■ 멜라닌세포 자극인자

- 멜라닌세포 자극호르몬(melanocyt-stimulating hormone, MSH)
- 성호르몬 프로게스테론(progesteron)과 안드로겐(androgen)
- 티로신
- 내분비장애
- 신경성 요인(스트레스)

③ 랑게르한스세포

랑게르한스세포(Langerhans cell, 대식세포)는 1868년 베를린대학교 의대생이던 파울 랑게르한스(Paul Langerhans)가 조직학 실험 중 일반 염색법과는 다른 새로운 방법으로 표피 염색 실험을 하다가 우연히 발견하여 이후 자신의 이름으로 명명하게 된 세포이다. 랑게르한스세포는 표피층 전체의 각질형성세포 사이사이에 위치하며 표피층 세포의 2~3%를 차지한다.

랑게르한스세포는 피부에 존재하는 대표적인 면역세포로, 림프순환계와 깊은 연관성이 있으며 피부의 면역학적 반응(알레르기접촉피부염, 바이러스 감염 감지, 면역내성)과 알레르기반응에 중요한 역할을 한다. 이 세포는 외부 물질을 처음으로 인지하여 T림프구에 전달하는 역할을 하는 중요한 면역세포이다. 한 번 특정 물질에 감작되었던 사람이 동일한 물질에 접촉하게 되면 흡수된 물질은 랑게르한스세포에 의해 기억 T림프구에 전달되고 T림프구는 즉시 여러 물질을 분비하여 신체를 보호하고자 면역반응과 염증반응을 일으킨다. 이러한 결과로 피부의 홍반, 부종, 소양감과 열감을 동반한 발진과 염증이 생긴다. 즉 감작된 이물질이 피부에 침투하면 즉시 반응하여 제거하는 작용을 한다. 자신의 피부와 맞지 않는 화장품이나 금속 성분이 피부에 닿아 표피 내로 흡수되면 랑게르한스세포가 관여하여 알레르기반응을 나타내는 것이다.

④ 메르켈세포

메르켈세포(Merkel cell, 상피성 촉각세포)는 표피층에 분포하는 촉각수용기(tactile receptor)로 기저층과 그 부근의 신경종말에 붙어 있으며 인접한 각화세포와 많은 부착반점(desmosome)에 의해 부착되어 있다. 카테콜아민(catecolamin)을 함유한 과립과 비슷하며, 각질세포 간의 운동을 탐지하고 진피층의 결합조직에 대한 표피운동을 감지하는 기계수용기 역할을 한다.

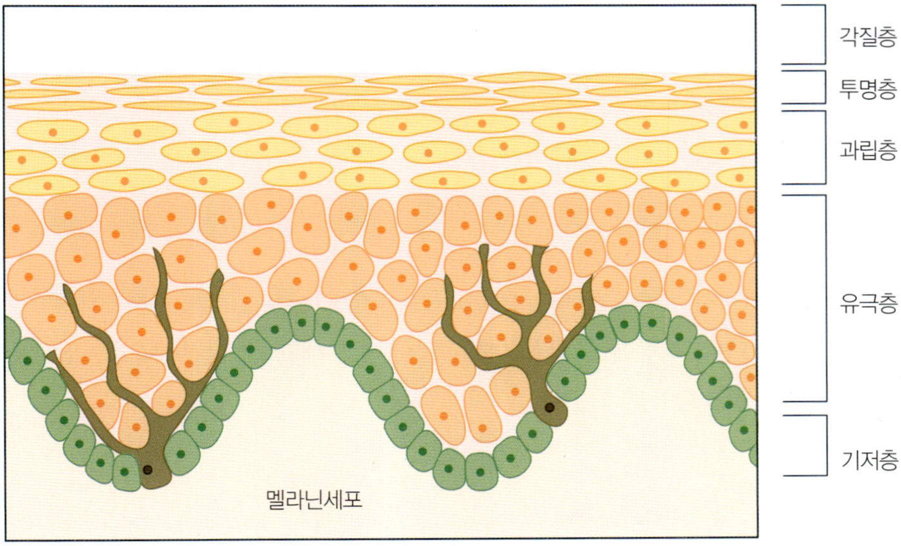

그림 1-3 표피의 구조

(2) 표피층의 분류

기저층에서부터 세포가 점차 이동하여 피부 표면으로 올라오면서 각질화가 진행되고 각화세포의 모양도 비석 모양 → 주사위 모양 → 넓빤지 모양으로 넓어지면서 편평해진다. 각질형성세포의 모양에 따라 기저층, 유극층, 과립층, 투명층, 각질층의 다섯 가지 세포층으로 나눌 수 있다.

① 기저층

기저층(basal layer)은 표피의 융기와 진피의 돌기가 서로 접하여 탄력을 유지해 주며 진피에 접한 부분은 물결 모양을 이루며 이 세포 중 줄기세포 10%, 기저층은 줄기세포 10%, 확대세포 50%, 위로 이동하는 세포 40%로 구성되어 있다. 각질형성세포는 단층으로 늘어서 있으며 둥근 비석 모양을 이루고 있다. 진피의 림프관과 모세혈관에서 O_2와 영양분을 받아 다시 CO_2와 노폐물을 배설하는 신진대사를 하여 생명유지와 새 세포를 만들어 유극층으로 이동시킨다. 피부가 외부로부터 손상을 입었을 때 시간이 지나 새살이 다시 나오는 층이라 하여 재생층이라고 하며 기저세포가 너무 많이 손상되면 표피가 재생되지 않으므로 흉터가 생기는 것이다.

② 유극층

기저층으로부터 밀려 올라온 유극층(prickle layer 또는 germinative layer) 세포는 점점 성숙하면서 세포와 세포 사이 접착물질이 연결되어 다리가 놓인 것처럼 보인다. 이 접착물질이 가시처럼 보여 가시모양층이라고도 부른다. 5~10층의 돌기가 난 다각형 세포로 이루어져 있고, 표피 중 가장 두터우며 각화과정이 진행되는 층이다.

이 층에서부터 세포 내 지질입자들이 나타나기 시작하며 점점 위로 올라가면서 각질층의 보호장벽을 형성하는 중요한 역할을 한다. 세라미드(ceramide), 콜레스테롤, 지방산의 지질이 주를 이루며 그 밖에 단백질분해효소, 지방분해효소, 당분해효소, 인산분해효소(phosphatase) 등을 함유하고 있다.

③ 과립층

과립층(granular layer)으로 올라온 각질세포는 생명을 잃으면서 퇴화과정을 시작하며, 케라틴이라는 죽은 각질을 형성하기 시작한다. 이 세포층에 들어 있는 과립물질을 케라토하이알린(keratohyaline)이라고 하며 케라틴 합성에 관여하는 프로필라그린(profilaggrine)이라는 물질을 함유하고 있다. 프로필라그린(profilaggrine)이 필라그린으로 전환되면서 미세섬유들은 케라틴 필라멘트가 된다. 필라그린은 케라틴 필라멘트와 교차 결합하여 각질세포의 단단한 구조를 형성하게 된다. 즉 과립이 터지면서 나오는 물질이 세포를 둘러싸면서 단단한 각질세포를 만드는 것이다. 과립층은 과립형 또는 방추형 세포층으로 보통 1~3개 층이며, 손 · 발바닥은 10개 층으로 이루어져 있다. 과립층의 방벽대(barrier zone)는 외부로부터 이물질 침입 방어 및 피부 내에서 외부로 수분이 증발하는 것을 막아 피부건조를 방지해 주는 기능을 한다.

④ 투명층

손 · 발바닥과 모발에서만 관찰되는 투명층(lucidum layer)은 엘라이딘 단백질로 구성되어 있다. 투명층은 외부와 접촉이 많은 손 · 발바닥을 보호해 주는 기능을 한다.

⑤ 각질층

과립층에서 각질층(horny layer)으로 밀려 올라온 각질세포는 이미 핵이 사라지고 단단한 막으로 둘러싸인 케라틴이라는 편평 사세포로 14일 정도 존속하다가 자연 탈락(exfoliation)한다. 표피의 가장 바깥에 위치해 있으며, 각질형성세포가 가장 성숙되어 각화과정이 완성되는 층이다. 각질세포 안의 소기관들은 모두 없어지고 케라틴 단백질이 채워져 딱딱하며 마치 벽돌을 쌓아 놓은 듯한 모양을 이루고 있다. 각질과 각질 사이를 이중구조로 된 지방질이 접착제처럼 연결하고 있다. 각질층의 적당한 수분 함량은 15~20%이며 각질층이 수분을 잃게 되면 피부가 건조해진다. 필라그린은 각질층에서 공기 중의 산소와 접촉하면서 아미노산으로 분해되어 수분의 증발을 막아주는 천연 보습인자를 만든다.

각질층은 케라틴 단백질의 각질과 지방물질이 단단하게 부착되어 표피 안의 수분이 빠져나가거나 외부에 있는 수분과 물질이 안으로 들어오는 것을 차단해 주는 보호장벽 기능을 수행하며 주 기능을 요약하면 다음과 같다.

- 외부 환경으로부터 피부를 방어하는 보호막 역할을 한다.
- 유해한 자외선을 차단해 준다.
- 이물질이 피부 속으로 침투하는 것을 방어한다.
- 피부 내 물질이 외부로 투과하는 것을 방어한다.

3) 진피

진피(dermis)는 표피와 피하지방 사이의 진짜 피부로 표피보다 약 15~40배 두꺼우며 피부의 대부분을 차지한다. 두께는 0.5~4mm 정도이지만 조직 내에 세포 수가 적어 세포분열이 왕성하지 않으므로 표피보다 에너지가 덜 소모된다. 진피에는 섬유아세포들이 있으며 이 세포가 진피 구성물질의 대부분을 생산해 낸다.

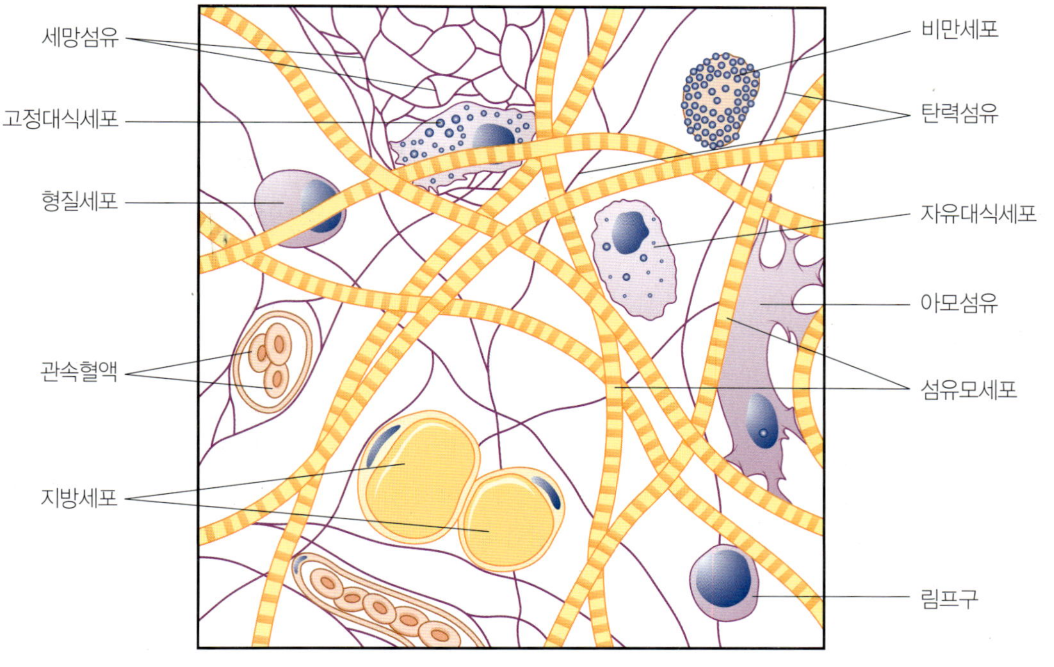

그림 1-4 결합조직의 세포와 섬유

아교섬유(collagen fiber)와 탄력섬유(elastin fiber) 같은 단백질섬유, 두 섬유질 사이의 공간을 채우고 있는 당단백질인 히알루론산, 점액다당류(mucopolysaccharide)가 젤상태로 분포하고 콜라겐분해효소(collagenase) 같은 여러 효소들도 섬유모세포에 의해 만들어진다. 또한 면역작용과 관련된 비만세포, 백혈구, 림프구, 대식세포(macrophage) 등이 있다.

■ 진피의 기능

- 외부로부터 인체를 보호하고 수분을 흡수, 저장하여 피부의 탄력성을 부여한다.
- 피부의 두께와 주름을 결정한다.
- 표피층에 영양을 공급하고 표피를 지지한다.
- 체온 조절 기능을 한다.
- 촉각, 온각, 한각, 통각, 소양감 등 감각수용기 기능을 한다.
- 피부 재생 기능을 한다.

(1) 유두층

표피의 기저층과 맞닿아 있으며 진피가 접하고 있는 부분의 돌기를 유두체라고 하여 유두층(papillary layer)이라고 부른다. 모세혈관망, 세포, 그리고 가는 콜라겐 다발들이 밀집해 있다. 손 · 발바닥의 표피 지문은 이 유두와 일치하고 신경말단 일부는 감각소체를 형성하여 촉감이나 압통감을 느끼게 한다.

(2) 망상층

망상층(reticular layer)은 치밀한 그물 모양의 불규칙한 섬유조직으로 구성되어 진피를 지탱해 주고 있다. 망상층에는 모낭, 혈관, 림프관, 신경, 땀샘, 털세움근, 피지샘 등이 분포한다.

(3) 진피의 구성성분

① 콜라겐섬유

진피를 이루는 가장 중요한 물질인 아교섬유(collagen fiber)는 실타래 모양의 섬유단백질이며 진피뿐만 아니라 인대, 뼈, 연골, 혈관벽에도 분포하고 있다. 콜라겐은 섬유모세포(fibroblast)에서 생성되며 현미경 관찰 시 백색을 띠므로 백섬유라고도 부른다. 끓이면 아교처럼 끈적끈적해지고 기다란 실모양이며 1분자는 3중의 나선형 구조로 되어 있다.

콜라겐은 피부에 탄력을 제공하고 기계적인 힘, 생리적 또는 화학적 자극에 강한 저항력을 가지며 각질층과 함께 방벽 역할을 수행한다. 수명을 다한 아교섬유는 콜라겐분해효소에 의해 분해되어 섬유모세포에서 새롭게 합성된 아교섬유로 대치된다. 나이가 들면 아교섬유의 양이 점차 줄어들어 피부가 처지고 주름살이 생기게 된다.

진피의 노화에 직접적으로 관여하는 콜라겐은 제1형과 제3형이다. 제1형 콜라겐(collagen type I)은 80~85%를 차지하며 진피의 인장 강도에 관여하고, 제3형 콜라겐(collagen type III)은 15% 정도로 제1형보다 더 가늘며 피부의 유연성에 관여한다. 그 밖에 제5형 콜라겐이 4~5%를 구성하고 있다.

② 엘라스틴섬유

아교섬유와 마찬가지로 섬유모세포에서 생성되는 탄력단백질은 피브릴린(fibrillin) 단백질과 함께 탄력섬유(elastin fiber)를 구성하는 주성분이다. 직선의 엘라스틴은 3중 구조의 콜라겐 다발 주변에 위치하며 진피에서 함께 그물망 구조를 이룬다. 탄력섬유의 구조와 화학적 성분은 아교섬유와 다르다. 현미경 관찰 시 황색을 띠어서 황섬유라고도 하며, 교원섬유에 비하여 짧고 가늘며 탄력성이 매우 크다.

엘라스틴은 자외선에 노출되면 퇴화되어 형태가 없는 물질로 변하며 피부가 늘어지고, 나이가 들면 탄력섬유가 감소되어 피부 늘어짐과 주름이 생성된다. 피부의 85%가 진피에 속하며 그중 수분을 제외한 전체 무게의 70%는 아교섬유, 5%는 탄력섬유이며, 10%가 불용성 엘라스틴으로 이루어져 있다.

피부진단 시 엄지와 집게손가락으로 피부를 잡아당기면 어느 한계까지만 피부가 늘어나고 더 이상 늘어나지 않는데, 바로 이 역할을 하는 섬유가 아교섬유다. 다시 말해 아교섬유는 피부에 가하는 압력이나 잡아당기는 힘에 저항하는 기능을 하고, 탄력섬유는 용수철처럼 피부 탄력성을 유지하는 기능을 한다. 즉 잡아당긴 피부를 놓았을 때 원래 상태로 돌아가는 기능은 탄력섬유가 수행하는 것이다. 콜라겐과 엘라스틴은 수분을 결합하는 힘에 의해 탄력성을 가지며 수분 보유 능력이 저하되면 그물망의 배열이 느슨해져 피부 탄력이 저하되어 노화현상이 나타나게 된다.

③ 글리코스아미노글리칸

글리코스아미노글리칸(glycosaminoglycans, GAGs)은 진피 내의 섬유 성분과 세포 사이를 채우고 있는 세포 이외의 물질을 가리키며, 주성분은 한 개의 단백질을 중심으로 여러 개 다당류 단위들이 결합하여 구성한 중합 다당류 사슬이다. 섬유질이 많은 곳에서 발견되는데, 세포와 섬유질 사이사이를 채우고 있으며 세포 외 매트릭스, 즉 기질(ground substance)이라고도 한다. 진피의 가장 풍부한 무코폴리 사카라이드, 즉 무코 다당류는 히아루론산(hyaluronic acid)과 더마탄 황산염(dermatan sulfate)이다. 더마탄 썰페이트는 헤파린, 콘드로이틴 -4 & 6 황산염(chondroitin-6-sulfate), 헤파린 황산염(heparan sulfate)이며 이들은 천연보습인자(natural moisturizing factor, NMF)로 자기 무게의 1,000배까지 수분을 흡수할 수 있다.

히알루론산은 세포성장, 세포막의 수용기 기능, 접착작용에 중요한 기능을 한다. 점다당류과 같은 생체고분자에 흡수된 수분은 저온에서 잘 냉동되지 않고 고온에서는 쉽게 증발되지 않는 특수한 성질을 나타내는데, 이 수분을 결합수(bound water)라고 한다.

■ 기질의 기능

① 염분과 수분균형에 기여한다.
② 결체조직대사에 관여한다.
③ 주위의 다른 조직을 지지한다.

④ 당단백

당단백(Glycoproteins)은 탄수화물과 단백질과의 화합물로 구성된 복합 단백질로, 세포 간 이동, 세포 간 접착력, 그리고 섬유 간 접착력에 영향을 미친다. 당단백질은 피부조직을 재생하고 상처 회복에 매우 중요한 기능을 한다. 대표적인 접착 단백질은 파이브로넥틴(fibronectin)으로 콜라겐을 연결하는 작은 판들을 조절하는 작용을 하며 과립 형태의 조직을 형성시키고 상피조직을 재생시킨다. 파이브로넥틴에는 콜라겐 결합장소, 헤파린 결합장소, 섬유들을 결합하는 장소 등 6개의 결합장소가 있다.

(3) 진피의 구성세포

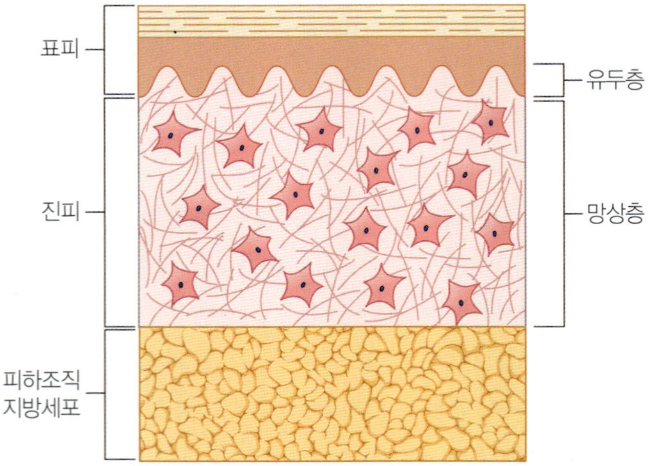

그림 1-5 진피의 구성

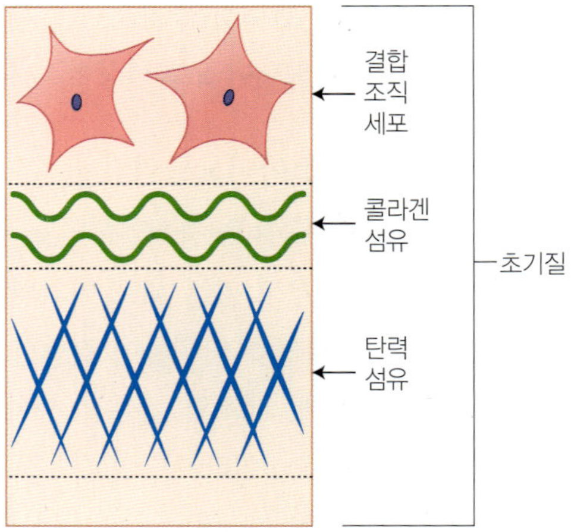

그림 1-6 진피층의 구성물질

① **섬유모세포**

진피의 대부분을 구성하고 있는 섬유모세포는 교원질, 탄력질, 피브릴린, 프로테오글리칸 등의 기질 단백질을 합성하여 분비하는 역할을 한다.

② **비만세포**

비만세포(mast cell)는 히스타민, 세로토닌 등의 물질과 트립타제와 같은 효소를 포함하고 있다가 외부자극이 오면 이 물질들을 분비하여 두드러기와 아토피 피부염 등 피부질환을 발생시키는 기능을 하는 세포이다. 분비된 물질과 효소는 피부에 염증을 일으켜 손상을 초래하게 된다.

4) 피하지방층

피하지방층(subcutaneous tissue)은 피부의 맨 안쪽에 위치하며 지방세포가 뭉쳐서 만들어진 작은 주머니로 되어 있다. 이 주머니는 진피의 주성분인 제 I. III, V형 교원섬유도 함유하고 있다. 교원섬유가 피하조직으로 내려가 지방세포 덩어리를 둘러싸 만들어지므로 피하조직은 피하지방의 주머니와 교원섬유가 서로 연결되어 있다.

나이가 들면서 피하지방이 소실되거나 원하지 않는 부위에 분포되어 피부가 늘어지고 둔한 체형으로 바꾸어 나이 들어 보이게 한다. 표피나 진피와 같은 피하조직 두께도 신체부위, 성별, 연령, 영양상태에 따라 다른데 지방세포의 크기가 지방층의 두께를 결정한다. 예를 들어 엉덩이에는 피하지방이 많고 코 부위에는 거의 없다. 피하조직의 평균 두께는 4~9mm, 이마, 코, 머리는 2~7mm이다. 피하조직이 두꺼워지기 쉬운 부위는 어깨, 가슴, 하복부, 허리, 둔부, 대퇴부이며 비만인 경우 30mm 이상이 되기도 한다.

- 성별: 여성의 피하조직은 사춘기 이후 여성호르몬의 영향으로 피하지방량이 증가하면서 아름다운 체형미가 형성된다.
- 연령: 유년시절에는 피하지방량이 모든 신체부위에 비슷하지만 나이가 들어가면서 복부나 대퇴부의 피하지방량이 점차 증가한다. 여성의 경우 중년이 되면서 피하조직이 두꺼워진다.
- 영양상태: 에너지원인 지방을 축적하며 영양 과잉섭취 시 피하조직이 더 두꺼워진다.

■ 기능

① 체온의 손실을 막는 보온기능을 한다.
② 외부의 압력이나 충격을 흡수하여 뼈와 근육의 손상을 막는 쿠션 역할을 한다.
③ 인체에서 소모되고 남은 영양분이나 에너지를 저장한다.
④ 여성호르몬과 깊은 관계가 있어 여성의 신체윤곽을 부드럽게 하고 몸매를 결정한다.

■ 셀룰라이트

영양 과잉으로 피하조직이 두꺼워지거나 지방이 너무 많이 축적되면 나이가 들면서 지방덩어리를 감싸고 있는 교원섬유의 탄력성이 떨어지므로 지방이 피부 표면 위로 밀려올라와 피부가 오렌지 껍질처럼 울퉁불퉁해지는 현상이 나타난다. 이것이 셀룰라이트(cellulite) 현상이며 지방과 체내의 수분 및 노폐물이 혼합된 스폰지 형태로 생긴 물질이 수분을 흡수해 부풀어 오른 것이다. 일반적으로 지방은 운동으로 연소되고 저칼로리 식이를 통해 지방을 줄일 수 있지만, 셀룰라이트는 단순지방이 아니므로 신진대사 에너지로 전환되지 않는 지방 아닌 지방이다. 여성호르몬, 사춘기, 임신, 신진대사 저하, 지방과다, 림프순환 저하, 유전, 스트레스, 염분 과다섭취, 불규칙한 식습관으로 발생한다.

2. 피부의 부속기관

치아, 젖샘, 손발톱, 털, 땀샘, 기름샘, 신경 등은 피부에 붙어서 함께 피부를 이루고 있는데, 이것들을 총칭하여 '피부 부속기관'이라고 한다.

1) 땀샘

뇌의 체온중추는 체온이 0.01℃만 올라가도 이를 감지하고, 땀의 분비를 촉진시키는 자율신경을 자극하여 땀이 나게 된다. 이 땀을 몸 밖으로 내보내는 외분비선을 땀샘(sweat glands)이라고 한다. 땀샘은 진피와 피하지방세포 조직 사이에 실뭉치 모양으로 엉켜 있고, 신체부위에 따라 분포상태가 다르며 크게 소한선과 대한선으로 나누어진다. 우리 신체에는 약 300만 개의 땀샘이 있으며 피부온도, 외부온도 상승, 발열, 흥분, 스트레스, 공포로 인한 긴장, 자극적 음식물 섭취, 운동, 그리고 땀의 증발을 도와 주는 의약품 복용 등 여러 가지 이유로 인해 중추 및 교감신경이 자극되면 땀의 분비가 증가한다.

땀 분비가 많은 사람의 손발바닥 각질이 벗겨지는 이유는 땀의 성분 중 젖산이 각질을 분해하는 특성을 갖고 있기 때문이다. 정상인의 경우 하루 평균 1.2ℓ 정도 땀이 분비되고, 격한 운동을 하였을 경우 10ℓ 정도의 땀이 분비된다. 1ℓ의 땀이 분비될 때 585kcal가 소모된다.

(1) 종류

① 소한선

소한선(작은땀샘, eccrine sweat glands)은 입술과 생식기의 일부분을 제외한 전 신체에 분포되어 있는 땀샘으로 손, 발바닥, 이마, 코, 겨드랑이, 대퇴부 안쪽에 밀집해 있다. 땀샘의 수는 태어날 때부터 약 300만 개 정도로 정해져 있으므로, 성장하여도 수에는 변화가 없다. 체표면적이 적은 어린아이일수록 피부면적당 땀샘의 수가 어른보다 많다고 할 수 있다.

진피층에는 실뭉치 모양으로 위치하며, 표피까지는 길게 수직으로 뻗어 있다. 혈액에서 만들어지는 땀은 색깔과 냄새가 없으며, pH 4.5~5.5의 약산성을 띤다. 땀의 성분은 99% 물과 그 외 1%의 전해질(NaCl, K, Ca, Fe, P 등), 요소, 지방산, 아미노산과 미네랄이다. 맛은 시면서 짜다. 땀은 지속적으로 분비되지만, 사람에게 이 과정은 인지되지 않는다.

② 대한선

대한선(큰땀샘, apocrine sweat glands)은 체취선 또는 향기선이라고 불리며, 겨드랑이, 성기 주변, 배꼽 둘레, 유방, 항문 주위 등 특정한 부위에만 분포한다. 대한선은 소한선과

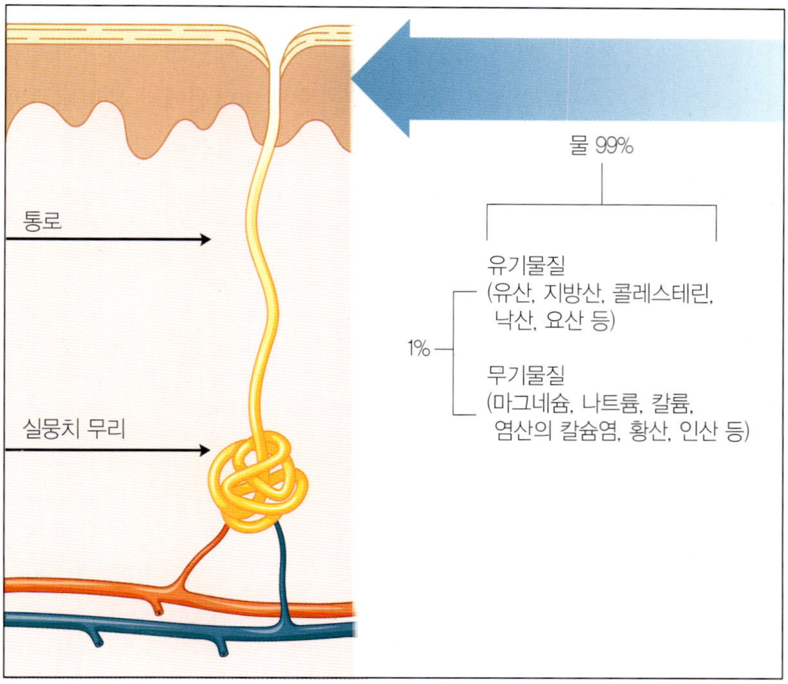

그림 1-7 소한선의 구조

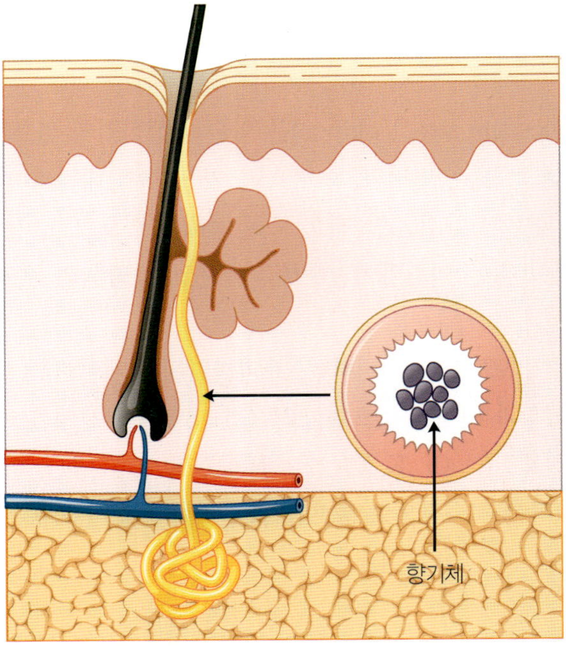

그림 1-8 대한선의 구조

는 달리 모낭과 연결되어 있으므로 모낭 · 피지선과 함께 분비물을 만들고, 해부학적 위치와 각 기능이 서로 연결되어 있기 때문에 모낭, 피지선, 대한선을 하나의 단위로 묶어서 해석하기도 한다. 사춘기 이후 성호르몬의 영향을 받아 대한선에서 분비되는 땀은 개인 특유의 체취를 형성하고, 갱년기 이후 그 기능이 저하된다. 땀샘은 단백질을 많이 함유하고 있으므로 세균에 의해 땀의 성분이 분해되면 부패되어 고약한 냄새가 나는데, 액취증이 겨드랑이 땀이 박테리아에 의해 부패되어 냄새가 나는 질환이다.

(2) 땀의 기능

① 체온을 조절한다.
② 피부의 피지막과 산성막 형성에 관여한다.
③ 신체 내 노폐물을 배설시킨다.
④ 수분을 공급하여 표피를 부드럽게 한다(단, 과다하게 분비되면 영양분과 미네랄을 외부로 빼앗기게 된다).

(3) 땀의 이상 분비

① 다한증: 에크라인선의 이상, 전해질 이상, 심리적 위축, 기타 질병으로 땀이 많이 분비되는 현상이다.

② 소한증: 땀이 적게 분비되는 현상이며, 갑상선기능저하, 금속성 중독, 신경계 질환 등으로 나타난다. 땀 분비가 감소하면 피부의 수분이 부족해져 노화가 빨라진다.

③ 무한증: 땀이 분비되지 않는 상태이다.

④ 액취증(취한증): 아포크라인선의 이상으로 겨드랑이 부위의 땀이 세균에 의해 부패되어 악취가 나는 현상으로, 원인은 유전과 저급지방산 및 피부단백질의 파괴이다. 보통 소한선의 pH는 4.5~5.5이지만, 발한작용에 문제가 있을 경우 pH 8.3까지 올라간다.

2) 피지샘

피지샘(sebaceous glands)은 진피층에 위치하고 있으며 모낭선이라고도 한다. 장미꽃처럼 생긴 주머니 모양으로 털을 중심으로 35개 정도 있으며, 태아기 때 자궁 속에서 모낭과 함께 만들어진다. 피부 표면에 지방을 분비하여 땀과 함께 피부와 모발을 윤택하게 하지만 전체 피부에 골고루 분포되어 있지는 않다. 하루 평균 1~2g의 피지가 분비되며 피지선과 모발의 굵기는 반비례하고 피지분비는 나이, 질병, 신체기관의 장애, 호르몬, 기분, 계절 등에 영향을 받는다.

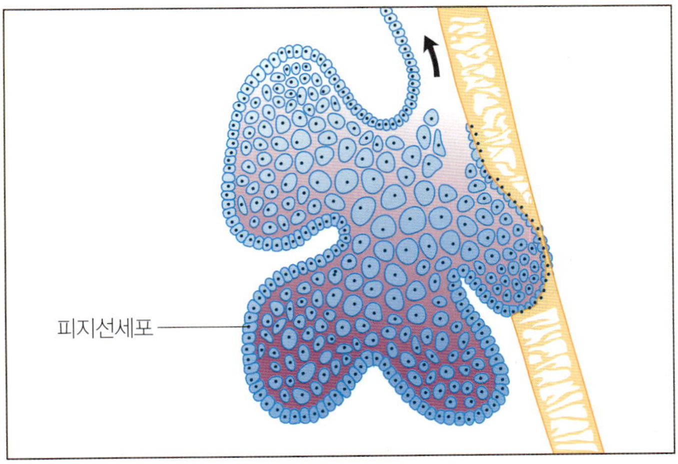

그림 1-9 피지 생성

(1) 종류

① 큰 기름샘: 얼굴의 T 영역, 목, 가슴, 등 부위
② 작은 기름샘: 손 · 발바닥을 제외한 전 신체
③ 독립 기름샘: 털과 연결되지 않은 부위, 입술, 생식기 주변, 유두, 눈 점막
④ 기름샘이 없는 부위: 손, 발바닥

(2) 피지샘의 발육

피지샘은 임신 4개월부터 모낭과 함께 만들어지며 출생 시엔 거의 완전하게 발달된 상태이다. 출생 직후 크게 발달해 있다가 점점 줄어들게 된다. 출생 후 신생아의 얼굴이나 머리에 생기는 '태지'는 출생 직후 발달한 피지샘에서 분비된 피지가 뭉친 현상이다. 사춘기가 시작되면서 분비되는 성호르몬의 영향을 받아 피지샘은 다시 커져 집중적으로 분비되고, 성인기에 가장 커졌다가 40세 이후 점차 감소된다.

성호르몬 중 안드로겐(androgen)은 사춘기 이후 주로 남성의 고환과 여성의 부신(콩팥 위에 붙은 기관)에서도 많이 만들어진다. 이 안드로겐 호르몬은 피지분비 작용에 밀접하게 관여하며 흔히 사춘기 이후부터 여성보다 남성의 모공이 더 커지게 되는 것은 안드로겐이 더 왕성하게 분비되기 때문이다. 따라서 피지선 크기가 큰 부위에 피지가 많이 분비되어 결국 모공도 넓어지게 되는 것이다. 피지 분비량은 성별, 연령, 민족에 따라 상당한 차이를 나타내는데 주로 여성보다 남성, 황인종보다 백인종의 경우 더 많이 분비되며, 특히 사춘기에 분비량이 많다. 또한 부위에 따라서도 차이가 있는데 얼굴, 특히 이마와 코 부위에 피지샘이 집중적으로 분포되어 다량 분비된다.

(3) 얼굴 피부의 피지 재생과정

세안 후 피부의 지방이 제거된 경우 다음과 같은 과정으로 피지가 다시 생산되지만 대체로 초반에 더 빠른 속도로 분비된다.

① 처음 25분 동안 모공의 입구에서만 피지가 발견된다.
② 약 1시간 지나면 피부의 소구와 소릉 무늬에 피지가 채워지고 분비된 피지 방울들은 서로 결합하여 그물 모양을 이룬다.
③ 1시간 이상 경과한 후에는 피부 전체에 피지가 완전히 덮일 때까지 지속적으로 분비되어 3~6시간 후에는 개인의 피지 분비량이 완전하게 재생된다. 개인의 피지 분비 정도는 피지선의 작용과 피부 속의 피지샘 밀도 및 크기에 의해 좌우된다.

(4) 피지샘과 여드름

피지샘에서 분비되는 지방은 트리글리세라이드(triglyceride), 왁스(wax), 스쿠알렌(squalene), 지방산(fatty acid), 콜레스테롤(cholesterol) 등으로 구성되어 있는데 이 중 트리글리세라이드가 가장 큰 비중을 차지하고 있다. 분비된 이 지방은 모공 주위에 사는 여드름균(propioni bacterium acne)의 리파제 효소에 의해 가수분해되어 유리지방산으로 변하고 표피에 나오게 된다. 유리지방산은 자극성이 큰 물질로 모공 주변 피부의 각질을 두텁게 하여 모공을 막아 버린다.

결국 모공이 막혀 피지가 피부 표면으로 배출되지 못하고 모낭 안에 갇히게 되고, 모낭 내에서 세균이 번식을 하여 염증성 여드름이 발생한다. 그러나 피지가 많이 분비될지라도 모공을 통하여 잘 배출되면 결코 여드름은 발생하지 않는다.

(5) 피지샘의 기능

① 피지막을 형성한다(피부에 윤기 부여, 피부 보호).
② 물, 미생물 또는 이물질 등이 피부 내로 침투하는 것을 방지한다.
③ 피부 표면의 세균발육을 억제하는 살균작용을 한다.
④ pH 약산성 유지를 도와준다.

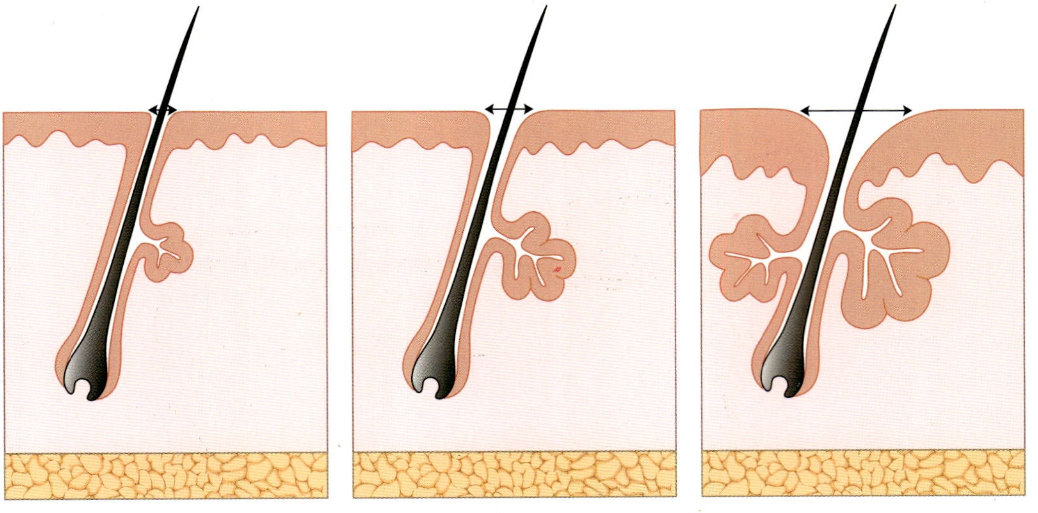

그림 1-10 피지샘과 모공의 크기

3) 손발톱

(1) 개요

손발톱(nails)은 표피의 각질층이 변화한 피부 단백질 케라틴(keratin) 중 단단한 케라틴인 방수단백질로 되어 있으며 손·발가락의 끝마디 뼈의 등쪽에 있는 각질판으로 조체(nail body)라고도 한다. 손발톱은 표피의 깊은 층인 유극층과 기저층으로만 구성되어 있으며, 그 밑에 진피능선이 있으나, 땀샘과 털주머니가 없다. 손발톱과 손·발바닥을 이루는 말피기층(malphiggi)은 투명하여, 진피에 분포해 있는 혈관이 비쳐 보이므로 분홍색을 나타낸다.

흑인의 손발톱을 보면 검붉은색으로 착색되어 있는데 이것은 손발톱에 멜라닌세포가 형성되어 있음을 의미한다. 손톱은 하루 평균 0.1mm 성장하며, 손톱 하나가 완전히 교체되려면 약 6개월이 소요된다.

■ 손톱의 기능

① 산, 알칼리로부터 피부를 보호한다.
② 장식하여 꾸밀 수 있다.
③ 손끝과 발끝을 보호한다.

손톱은 수분 7~10%, 유분 0.1~1%를 함유하고 있으며 이것은 손발톱의 습기와 투명도, 광택을 유지하고, 그중 한 가지가 손실되면 탄력성을 잃고 약화된다. 손발톱은 계절, 연

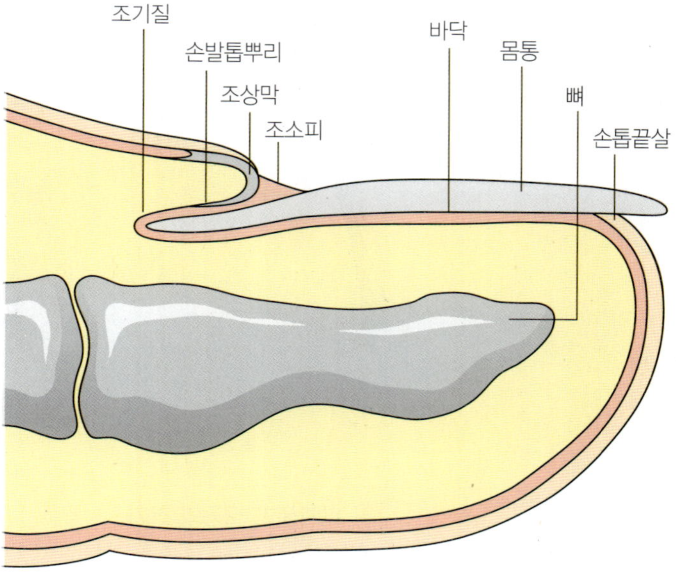

그림 1-11 손톱의 구조(1)

령, 건강상태에 따라 다르게 나타난다.

(2) 해부 및 생리

① 손톱뿌리

손톱뿌리(조근, nail root)는 손톱 기저부의 피부 밑 표피의 유핵층에 위치해 있으며 손톱의 성장이 시작되는 곳이다.

② 손톱끝살

손톱끝살(조하막, 조갑선단, hyponychium)은 손가락 끝까지 뻗어 있는 손톱의 끝을 말하며, 박테리아의 침입으로부터 손발톱을 보호해 준다.

③ 손톱바닥

손톱바닥(조상, nail bed)은 손톱을 지지하고 있는 손톱 밑의 피부이며, 조상에는 손톱의 성장에 필요한 영양분을 공급하는 혈관과 신경이 분포되어 있다.

④ 손톱끝

손톱끝(free edge)은 손가락 밖으로 나와 있는 여유 부분이다.

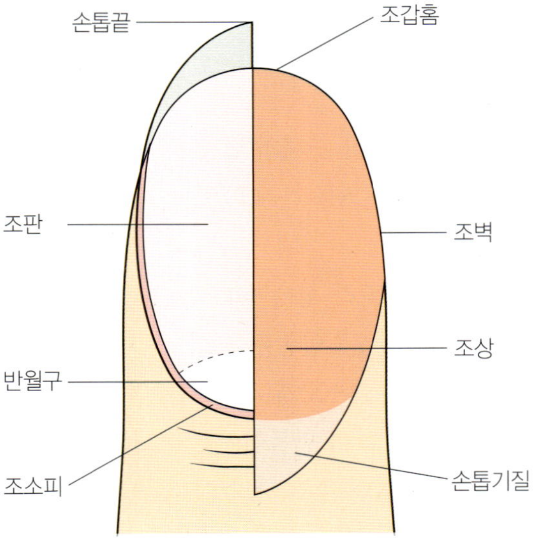

그림 1-12 손톱의 구조(2)

⑤ 손톱기질

손톱기질(조기질, nail matrix)은 손톱의 성장을 통제하고 손톱을 만드는 조모세포를 생산하는 부분으로, 림프관과 혈관이 분포되어 있다. 아주 예민하여 손상을 입으면 손톱이 불균형하게 성장하고 비정상적인 손톱이 형성된다.

⑥ 손톱반월

손톱반월(lunula)은 손톱 기저부에 위치한 반월형의 백색 부분을 말하며, 이 부분은 조모와 조상이 연결되어 있는 곳이다.

⑦ 조소피

조소피(cuticle)는 손톱 기저 부위를 덮고 있는 피부이며, 정상적인 조소피는 느슨하면서 유연하다.

⑧ 조갑홈

조갑홈(nail groove)은 손톱과 조상이 연결되어 있는 손톱 측면의 가느다란 홈이다.

⑨ 조벽

조벽(nail wall)은 조갑홈 옆에 있는 손톱 양측면의 피부이다.

⑩ 조상막

조상막(eponychium)은 조벽으로부터 손톱 위까지 확장되어 덮여 있는 얇은 피부이다.

4) 털

손, 발바닥, 생식기, 입술 등을 제외한 신체의 털은 총 130~140만 개에 이르며, 육안으로 보았을 때 피부 밖으로 나온 단순한 구조를 가지고 있는 것처럼 보이지만, 실제로는 피하조직에 뿌리를 두고 있다.

털은 민족, 성별, 연령, 개인에 따라 형태가 다양하다. 일반적으로 황인종은 직모(곧은 머리), 백인종은 파상모(파도형 머리), 흑인종은 구상모(곱슬머리)이다. 머리카락은 평균 하루 0.2~0.3mm 자라고, 하루에 약 25~100개 정도가 자연적으로 빠진다. 털은 단단한 각질층이 표피의 기저층에서 세포분열을 하여 만들어지듯 모낭의 모유두에서 세포분열하여 만들어진 각질세포의 덩어리로, 각질층과 털 모두 각질세포로 되어 있다.

(1) 털의 굵기에 따른 분류

① 성모: 굵고 긴 모발로 성인의 모발, 생식기 주위, 액와, 수염 등이다.

② 단모: 눈썹, 속눈썹, 콧털이 속한다.

③ 취모: 섬세하고 엷은 솜털로 태아의 피부에 있다.

④ 연모: 성인의 피부를 덮고 있으며 부드럽다.

(2) 부위별 분류와 특징

① 얼굴, 몸, 겨드랑이, 생식기 주위: 성호르몬의 영향을 받는다.

② 머리카락: 성적 매력을 나타내며 태양광선으로부터 두피를 보호한다.

③ 눈썹, 속눈썹: 햇빛, 땀으로부터 눈을 보호한다.

④ 코, 귀: 외부의 이물질 침입을 막아주는 필터 역할을 한다.

⑤ 회음부, 겨드랑이: 마찰을 감소한다.

(3) 털의 기능

① 추위나 더위, 햇빛, 충격으로부터 신체를 보호한다.

② 체온을 조절한다.

③ 먼지와 땀으로부터 신체를 보호한다.

④ 미적 기능이 있다.

(4) 털의 해부와 생리

① 모낭(follicle): 모낭은 털을 만들어 내는 기관으로, 표피세포들이 진피 쪽으로 밀고 내려와 만든 주머니 모양의 구조물이 모근을 싸고 있다.

② 모근(hair root) : 피부 속 모낭 안에 있는 털을 말한다.

③ 모구(hair bulb) : 전구 모양이며, 모질세포와 멜라닌세포로 구성되어 있다.

④ 모포: 결합조직의 일종으로 내부와 외부를 보호하는 피막이다.

⑤ 모유두(hair papilla): 혈관과 림프관을 통해 산소와 영양분을 공급받아 털의 성장에 관여하는 가장 중요한 부분으로, 피하지방에 둘러싸여 외부의 충격으로부터 보호된다.

⑥ 모간(hair shaft) : 피부 표면 밖으로 나와 있는 헤어이다.

⑦ 입모근(arrector pili muscle): 긴장을 하였을 때나 갑작스런 냉기에 피부가 노출되었을 때 입모근이 수축하여 모근부를 잡아당기게 되면 털이 서게 된다.

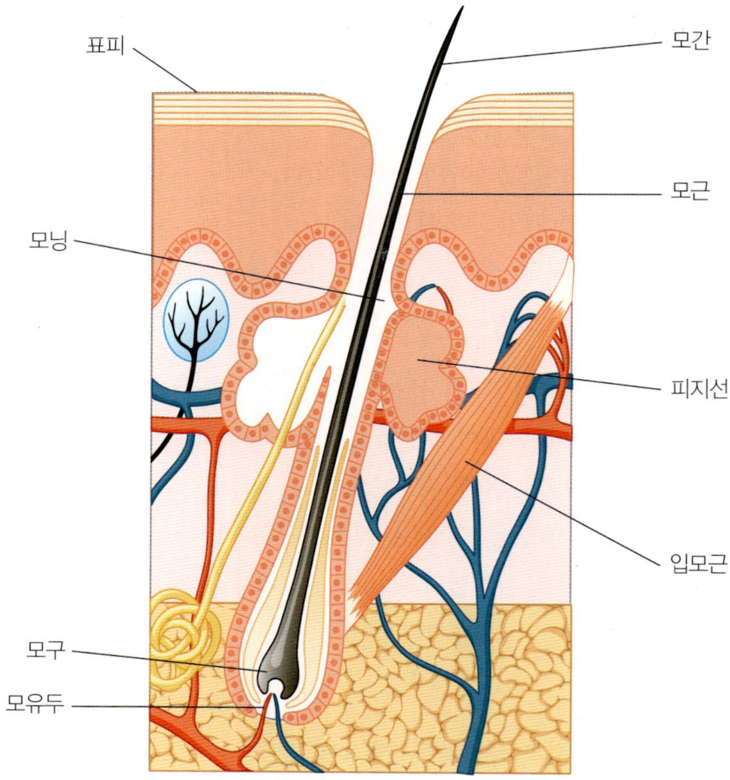

그림 1-13 모발의 구조

■ 횡단면의 구조

① 모표피(cuticle): 모소피라고도 하며 털의 가장 외부에 위치하고 탈 한 개 중 10~15%를 차지하고 있다. 7~8층의 비늘이 서로 겹쳐진 모양을 하고 있으며, 털을 역방향으로 만져보면 매끄럽지 않은 저항을 느낄 수 있다.

② 모피질(cortex): 모발 중 85~90%가 모피질로 가장 두꺼운 부분이며 헤어의 중간층에서 자라면서 점차 핵을 소실하게 된다. 피질의 케라틴, 각화세포, 세포 간 결합물질로 구성되어 있는데, 이 중 각화세포는 친수성을 띠고 멜라닌을 함유하고 있다.

③ 모수질(hair medulla): 모발의 맨 안쪽 중심부에 자리하고 있으나, 솜털 같이 가느다란 모발에는 모수질이 없다.

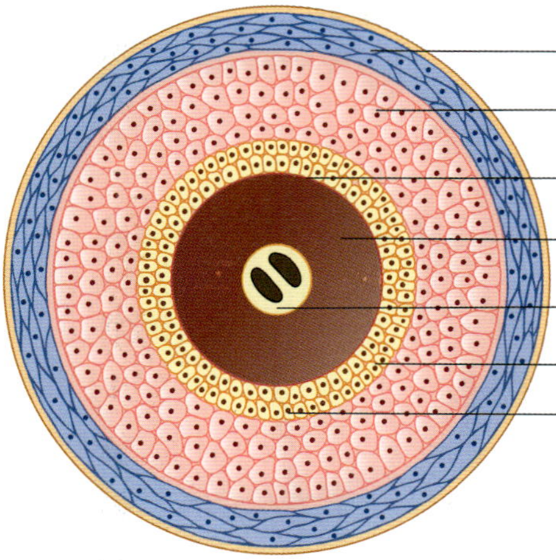

그림 1–14 모발의 횡단면

(5) 털의 성장주기

세포분열을 통해 모발이 자라는 성장기, 세포분열이 중지되는 퇴행기, 모발이 빠지는 휴지기가 일생 동안 약 15~20번 정도 반복된다. 털의 성장주기는 약 3~5년이며, 모낭의 성장주기는 각각 다르므로 일시에 탈모가 일어나 머리카락이 모두 빠지는 일은 거의 없다.

① 생장기

생장기(anagen stage)는 모유두조직의 모모세포가 분열하여 머리카락이 계속 자라는 시기이며, 정상적인 헤어의 85~90% 정도는 성장기에 속한다. 나이가 들어 성장기 모발의 수가 감소하면 머리숱이 줄어들게 된다. 세포가 모유두의 혈관을 통해 영양분과 산소를 받아 분열하여, 새로운 털을 만들어 내는 것이기 때문에 개인의 건강상태와 영양상태는 모발 성장에 직접적인 영향을 미친다.

② 퇴행기

퇴행기(catagen stage)는 세포분열이 정지된 상태로 더 이상 털이 성장하지 않는 단계다. 전체 털의 2%가 속하고 약 3주 동안 진행된다.

③ 휴지기

휴지기(telogen stage)는 전체 헤어의 14%가 3개월 정도의 휴지기를 거쳐 모유두만 진피 모낭 안에 남고 털은 빠지게 된다. 보통 하루 25~100개 정도가 저절로 빠지고, 다시 생장기로 돌아오게 된다.

④ **모발의 성장주기 결정요소**

- 영양상태
- 스트레스, 수술, 감염, 외상
- 호르몬의 변화(갑상선 이상, 임신 등)
- 족집게, 왁스를 이용한 제모(단, 자르는 것은 예외다)

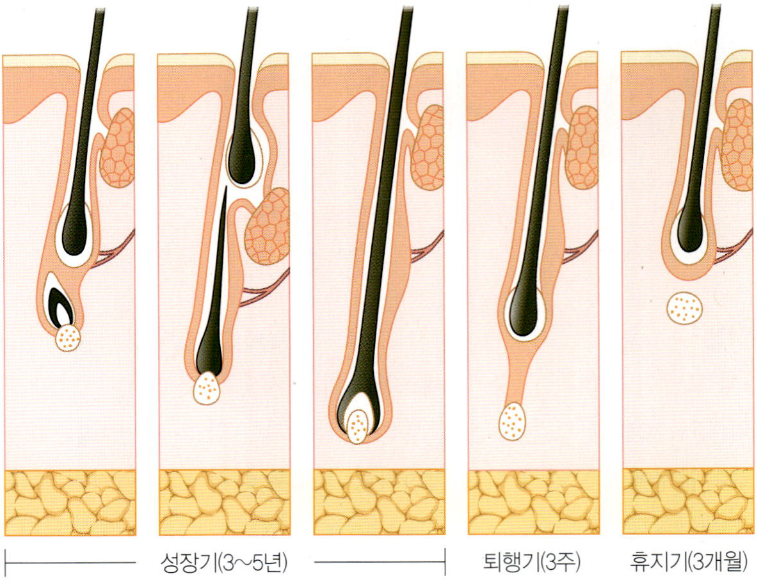

그림 1-15 모발의 성장과정

5) 치아

치아는 음식물을 잘게 부숨으로써 소화와 흡수를 도와주는 역할을 하고, 미적인 기능도 한다.

6) 유선

임신 초기에 발달하고 생식기에 포함된다.

3. 피부의 기능

1) 신체 보호기능

(1) 외부의 물리적 자극으로부터 보호

피부는 3층 구조이므로 타박이나 압박이 가해졌을 때 각질층의 케라틴, 진피의 교원섬유와 탄력섬유, 피하지방층이 쿠션작용을 한다. 물리적으로 어떠한 유해성분도 통과할 수 없도록 정교하게 만들어져 있고 피부의 수분, 혈액, 영양소 등의 성분이 외부로 빠져 나가지 못하게 방어한다.

(2) 화학적 자극으로부터 보호

피부의 피지막은 약산성으로 외부의 알칼리 성분과 독극물을 중화하는 기능을 하고 케라틴은 산, 약알칼리성 유기용매, 물 등에 강한 저항력을 가지고 있다. 중화는 건강한 피부의 경우 30분이 소요되며, 피부의 화학적 상해 정도에 따라 피지막 → 각질층의 케라틴 → 교원섬유 3단계 순서로 피부가 상하게 되는 것을 방어한다.

(3) 세균 침입으로부터 보호

건강한 피부는 자정작용을 하므로 세균이 자라기 힘들다. 특히 피부 산성막은 pH 5.2~6.0 약산성이므로 세균발육을 억제하고 또한 피지에 포함된 지방산도 살균 · 억제작용을 한다.

(4) 광선으로부터 보호

피부가 자외선에 노출되면 홍반현상, 색소침착 등이 발생한다. 그러나 이러한 경우 1차적으로 멜라닌세포가 자외선을 흡수하여 피부를 보호한다.

(5) 장기기능의 활성화

외부의 자극에 대해 특수물질을 만들어 내어 체내의 여러 장기기능을 활성화시키고 보호한다.

2) 분비 및 배설기능

피부의 분비 및 배설기능은 내분비와 외분비 작용으로 나누어진다. 아름다운 피부의 특징인 매끄러움과 윤기는 외분비작용과 아주 밀접한 관계가 있다. 주요한 외분비작용은 땀과 피지 분비이며, 이는 피부 표면에 습기와 윤기를 주어 피부의 pH를 일정하게 조절한다. 땀은 물이외 요소, 염소, 지방 등을 배설하여 신장의 기능을 도우며 또한 요오드, 브롬, 비소 등의 약물을 배설하기도 한다.

3) 체온 조절기능

외부의 온도가 높든지 낮든지 인체는 일정한 체온을 유지한다. 이러한 체온의 항상성(homeostasis) 유지 작용에는 각질층, 털, 땀샘이 중요한 역할을 하며, 피부는 체외 기온과 반응하여 체온의 항상성 유지를 위해 혈액순환의 양이나 땀의 분비를 조절한다. 즉 외부 온도가 올라가면 혈관을 확장시켜 땀을 배출하여 증발하게 함으로써 체온을 낮추고, 내려가면 지방층이 혈관과 피부를 수축시켜 열의 발산을 막아 준다.

4) 호흡기능

피부의 호흡은 폐호흡의 1/180보다 적은 양으로 호흡한다. 즉 피부호흡이란 피부조직 내 신진대사에 의해 생기는 이산화탄소(CO_2)를 피부 밖으로 보내고 신선한 산소를 흡수하는 것을 의미한다. 지나치게 유분이 많은 화장품은 피부호흡을 방해한다.

5) 흡수기능

건강한 피부는 각질층, 과립층, 진피에서 이물질 침투를 막고 각질층, 한선 모공을 통해 지방이나 수분에 용해된 물질을 흡수한다. 수용성 물질은 피부에 흡수가 잘 되지 않으나 알코올이나 지방에 녹인 것은 흡수가 잘 된다. 그러나 수용성 물질도 장시간 피부에 접촉하게 되면 흡수가 잘 되며 화장품을 바르는 것도 바로 피부에 흡수시키고자 하는 목적에서다.

- 흡수가 용이한 물질: 지용성 비타민 A, D, E, F, 스테로이드계 호르몬, 유기물로는 페놀, 살리실산, 금속으로는 수은, 비소, 납, 유황 등이 속한다.
- 흡수가 어려운 물질: 수용성 비타민 B, B6, 니코틴산, 염화나트륨 등이 속한다.

6) 감각기능

피부진피층에는 신경섬유가 존재하여 말단인 감각소체를 통해 압각, 촉각, 통각, 온각, 냉각 등의 다양한 감각을 느낄 수 있다. 피부의 이러한 신호로 뇌는 위험을 인식하고 즉시 몸의 각 기관에 지령을 내려 위험으로부터 멀어지도록 한다. 피부감각에는 외부 자극뿐만 아니라 신체의 내부관절이나 내장에 일어나는 감각도 포함된다. 피부의 감각수용기는 전신에 210만~400만 개 분포하고 있다.

7) 비타민 D 합성기능

우유 등의 음식으로만 비타민 D 1일 권장량을 섭취하기 어려우므로 자외선에 피부를 노출시켜 합성되도록 해야 한다. 생체에서 만들어진 7-디하이드로 콜레스테롤이 자외선을 받으면 비타민 전 단계의 프로비타민 D_3로 변화되고 대사과정을 통해 활성이 있는 비타민 D가 된다. 비타민 D가 부족하면 구루병에 걸리므로 1일 2,000~4,000단위를 섭취해야 한다.

8) 감정 표현

피부는 인체의 표면을 덮고 있으며 안면의 피부는 전두근에 밀착되어 있으므로 뼈와 함께 움직여 희노애락의 표정과 함께 인상을 결정 짓는다.

9) 영양소 저장

지방은 창고 역할을 하는 피하조직에 보관되어 필요할 때 에너지원으로 사용된다.

10) 면역작용

피부는 단순하게 우리 몸을 기계적으로 보호하는 보호막의 개념에서 더 나아가 몸속에 유해한 것이 들어오면 그것에 대항하는 물질을 만들어 낸다. 즉 이물질이나 세균에 대항하는 작용을 하는 것이다.

11) 미적 기능

피부의 상태에 따라 사람의 외모가 달라진다. 즉 피부에 따라 인상과 아름다움이 좌우되기 때문에 적극적으로 보호하고 관리하는 것이 좋다.

4. 피부의 생리

1) 피부 표면 지질

인체의 피부 표면은 다음과 같은 지방의 혼합체로 구성되어 있다.

(1) 피부 표면 구성 지방

- 트리글리세라이드(triglyceride)
- 모노아실글리세롤(monoacyl glycerol)
- 디아실글리세롤(diacyl glycerol)
- 유리지방산(fatty acid)
- 왁스에스터(wax ester)
- 스쿠알렌(squalene)
- 스테롤(sterol), 스테롤에스터(sterol ester)
- 세라마이드(ceramide)

① 과정

위의 지방은 피지선세포와 각질형성세포에서 생성된다. 피지를 조성하고 있는 스쿠알렌, 콜레스테롤, 콜레스테롤에스터, 왁스에스터, 트리글리세라이드의 지방은 모낭을 거쳐 피부 표면에 도착할 때 리파제라는 지방분해효소에 의해 유리 지방산으로 변한다.

② 피지선세포

피지선세포의 생존주기는 2~3주이며, 죽기 8일 전 지방합성이 최고상태에 이르며, 피지선세포가 파괴되면서 지방이 1일 1~2g 분비된다. 피지의 지방 성분은 인종, 나이, 각 개인에 따라 다르며, 소아의 경우 성인보다 콜레스테롤 양이 많으며, 피지 분비는 남성호르몬의 영향을 받는다.

(2) 표피 지질

각질형성세포가 증가하면 인지질(phospholipid)과 트리글리세라이드는 감소하고, 콜레스테롤과 유리지방산은 위층에 증가한다. 표피 인지질은 특히 과립층에 풍부하고, 라놀린산이나 아라키도믹산 같은 불포화지방산을 많이 함유하고 있다.

① 구성

- 층판소체: 과립층과 각질층이 인접하는 세포 간격 사이에 존재한다.
- 세포간지질: 인지질의 분해 산물이며, 유리지방산과 스테롤이 주성분이다.

② 기능

- 표피의 수분증발에 대한 장벽 역할을 한다.
- 표피의 각질층의 박리작용에 관여한다.

2) 표피장벽

표피의 가장 큰 기능은 장벽의 기능이며, 주로 표피의 가장 바깥층에 존재하는 각질층과 함께 있다.

① 표피 건조화 예방
② 표피의 정상적인 생화학적 대사를 할 수 있는 환경을 제공해 준다.
③ 화학적 · 물리적 손상으로부터 보호한다.
④ 세균, 곰팡이, 바이러스 침입에 대한 방어기능을 수행한다.

(1) 표피장벽의 구성물질

주로 단백질이 풍부한 각질세포, 세포 사이의 층상구조를 이루는 세포간 지방질(intercellular lamellar sheet)로 구성되어 있다.

(2) 표피장벽의 주요 지질

• 세라마이드
• 콜레스테롤
• 유리지방산

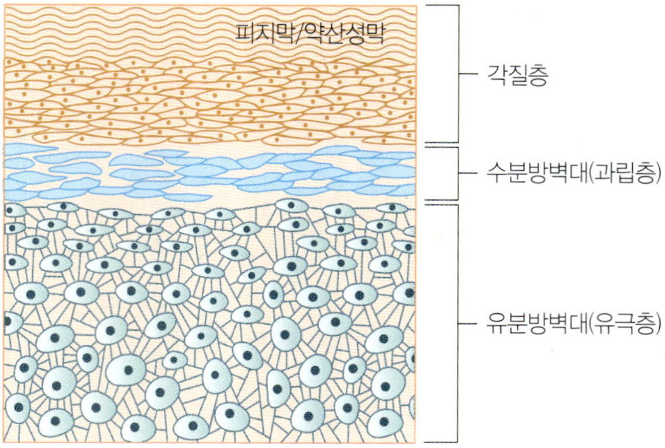

그림 1–16 피부 방벽 기능의 도해

3) 피부의 투과성

피부 표면의 어떤 물질이 표피를 통해 진피까지 들어가는 것을 의미한다. 피부의 2대 기능은 방어장벽 기능과 열, 수분 손실 방지의 기능이라 할 수 있으며, 각질층은 표피장벽 기능을 수행하는 가장 큰 책임자이다. 이와 같은 이유로 어떤 물질이 피부를 통과하여 진피까지 들어갈 때 투과하기 가장 힘든 곳이 각질층이며, 기타 다른 부분은 각질층보다는 투과가 쉽게 이루어진다.

(1) 화장품의 경피흡수 경로

피부 표면의 어떤 물질이 투과하여 진피까지 들어가는 것을 경피흡수(percutaneous absorption)라고 하며, 흡수된 물질은 혈액을 통하여 전 신체로 운반된다. 물질의 투과는 부속기관을 통한 것과 피부 사이를 통한 것 두 가지로 나눈다.

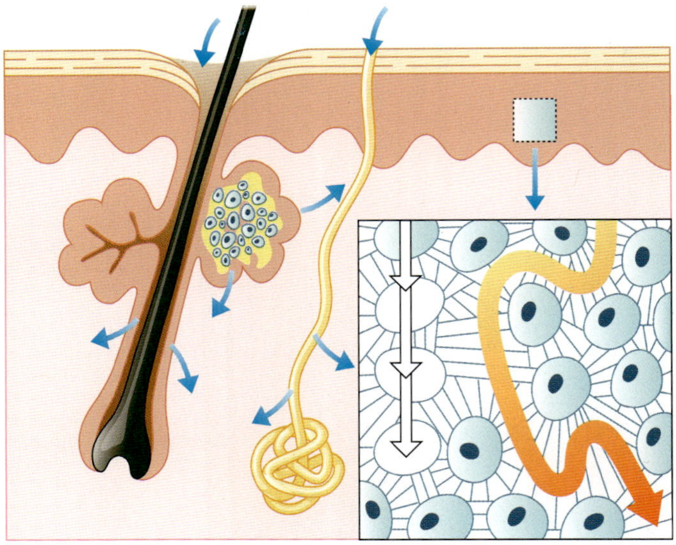

그림 1-17 피부의 경피흡수 경로

① 표피 각질층을 통한 흡수경로

피부 사이를 통과하는 흡수로 세포와 세포 사이를 통과하는 경로(친유성 물질의 경로)와 세포를 통하는 경로(친수성 물질의 경로)로 구분할 수 있으며, 이 경우 각질층이 흡수의 장벽으로 작용한다. 각질층의 세포와 세포 사이를 통한 경로가 주요 흡수경로이다.

② 부속기관을 통한 흡수경로

모낭, 피지선, 에크라인 한선, 아포크라인 한선을 통하여 흡수된다.

(2) 경피흡수에 영향을 주는 요인

① 친지성 물질

피부 표면은 유화상태인 얇은 피지막으로 덮여 있고 표피의 주 구성물질이 지방이므로, 유용성 물질의 투과가 용이하다. 따라서 어떤 성분을 유분에 섞어서 사용하면 흡수효과가 더 크다.

② 피부의 습도와 온도 상승

피부 각질층의 습도를 높여 주면 각질층이 연화되어 세포상의 물질이 잘 흡수되고, 피부 온도를 상승시키면 모공이 열려 흡수가 잘 된다. 피부관리 시 온도상승을 위하여 스팀, 마사지, 팩, 기기관리 등을 활용할 수 있다.

③ 피부에 바르는 용액의 산도

보통 피부는 약산성인데, 피부의 pH가 바뀌면 흡수가 잘 된다. 즉 산도 변화는 이온화를 촉진시킨다.

④ 각질층의 두께

일반적으로 점막에서는 흡수가 잘 되며, 손바닥, 발바닥과 같이 각질층이 두꺼운 부분은 흡수가 잘 되지 않는다.

⑤ 연령

피부가 얇은 유아와 노인의 경우 흡수가 잘 된다.

(3) 경피흡수 촉진방법

① 물리적 방법

피부관리 시 갈바닉기기를 이용하여 이온화요법(iontophoresis)을 시행하며, 흡수가 어려운 수용성 물질도 잘 흡수된다(앰플 침투 또는 의학적으로 다한증 치료 시 적용한다).

② 화학적 방법

살리실산(salicychic acid)과 요소(urea) 등으로 각질층의 장벽의 기능을 와해시켜 각질층을 분해하여 흡수가 잘 된다. 그 외 흡수촉진물질로 에탄올과 글리콜 등이 있다.

③ 밀폐요법

피부를 비투과성막으로 밀폐하면 피부에 수분의 양이 증가하고, 각질세포가 부풀며, 피부 온도가 상승하기 때문에 경피 흡수가 급격히 증가한다. 그러나 삼출액(exudate)이 있으면 감염이 될 수 있으므로 주의해야 한다.

4) 피지막

피부 표면은 피지샘에서 나오는 지방과 땀샘에서 나온 물이 서로 섞여 자연스럽게 유화상태를 이루는데, 이 천연 유화막을 피지막이라고 하며 두께는 약 50μm이다. 이 피지막은 피부 자체의 기능 또는 외적인 환경의 영향을 받아 피부성상에 따라 W/O(water in oil) 또는 O/W(oil in water) 유화 형태로 변화하며 W/O 형의 유화를 이룰 때 피부는 지성화되고, O/W 형의 유화를 이룰 때 피부는 건성화된다.

(1) 기능

① 피지막은 피부에 윤기와 매끄러움을 부여하여 피부를 보호해 준다. 예를 들어 강한 알칼리성 비누세안이나 각질관리를 하였을 경우 피지막은 손상을 입을 수도 있으며, 피지막이 손상되면 피부가 민감해지고 피부열이 발생할 수 있다.

② 수분 증발을 막아 수분 조절 작용을 한다(각질층 수분 15~20% 유지).

③ 피지조성지방은 피부 표면으로 나올 때 분해를 거쳐 최종적으로 지방산이 되어 피부 표면에 도착한다. 이 지방산은 산의 특성을 보유하고 있어 세균을 살균하는 작용을 한다.

④ 피지막은 피부의 표면의 pH를 약산성막으로 유지시켜 준다. 즉 피부 표면에 알칼리성이 접촉되면, 자연적으로 중화하여 다시금 약산성의 피지막을 형성하게 된다(알칼리 중화 능력).

5) 피부의 약산성막

피부의 피지막은 약산성의 특성을 가지고 있으며, 피부의 pH가 약산성을 유지하는 것은 지방산과 땀의 아미노산과 같은 성분 때문이다. 산자체는 세균을 살균하는 작용을 가지고 있으므로, 피부의 약산성막 역시 외부의 세균, 박테리아로부터 피부를 보호해 준다. 그러나 어떤 이유에서 건강한 피부의 약산성인, pH 5.2~5.8이 깨어지게 되면 세균이나 박테리아 침입이 용이해져 피부염이 발생하게 된다. 즉 우리 피부는 산에 강하고, 알칼리에 약하다고 할 수 있다.

예를 들어 피부가 노화되어 피부가 얇아지는 위축현상이 나타났을 때 알칼리성 비누로 세안할 경우, 얇아진 피부는 알칼리를 흡수하여 더 건조해지고, 방어막인 피지막이 손상되어 피부염이 발생하며, 심하면 균열현상까지 나타나게 된다. 지성피부일 경우 pH가 낮고 건성피부일 경우 높게 나타나지만, 보통 피부는 큰 문제가 없는 한 항상 약산성의 pH를 유지한다.

일시적으로 pH가 알칼리화되었다고 해도, 개인의 피부특성에 따라 15분에서 2시간이 경과하면 피지가 재생되고 원래 상태의 pH를 유지한다. 이처럼 알칼리성을 중화하여 원래의 pH로 회복시키는 표피의 기능을 알칼리 중화능력이라고 한다. 알칼리 중화가 빠른 사람은 피부 회복력이 왕성하고 피부가 건강한 것이며, 알칼리 중화가 늦은 사람은 피부 회복력이 약하고, 피부 자체에 이상이 있는 것이다.

그림 1-18 pH 구분

■ pH

어떤 물질에 있는 수소이온의 수를 일컫는 말이다. 피부의 pH(power of hydrogen ions, potencial hydrogen)는 피지막의 pH를 의미하며, 연령, 계절, 목욕 또는 세수 조건에 따라 달라진다. pH는 7을 기준으로 하여 7 이하는 산성, 7은 중성, 7 이상은 알칼리성이다.

chapter 02

피부미용의 개요

Introduction of Skin Care

1 피부미용의 개념 및 목적

2 피부미용과 위생

3 피부미용사의 직무능력과 이해영역

4 피부미용의 역사

1. 피부미용의 개념 및 목적

'cosmetic'은 고대 그리스어 'cosmos(kosmein)'에서 유래하였으며, '관리하다'와 '장식 · 치장하다'라는 두 가지 뜻을 내포하고 있다. Cosmetic은 오늘날 피부미용(피부관리)이라는 단어로 통용되고 있으며 현재 피부미용을 지칭하는 용어에는 여러 가지가 있다.

- 피부미용: cosmetic, beauty therapy, kosmetik, esthetic(aesthetic), skin care, skin treatment, esthetique, esty 등

1) 피부미용의 개념

'esthetique'에는 미학적 의미가 있으며, 약 200년 전 독일의 미학자 바움가르텐(A. G. Baumgarten)이 미에 대한 해석으로 처음 사용하였다. 유럽에서는 화장품과 피부미용을 구별하기 위해 '예술적인', '심미적인', '조화된', '미학의'라는 형용사적 의미와 '아름답게 꾸미다'라는 동사적 의미를 지닌 esthetic(aesthetic)이라는 단어를 피부미용에 도입하였다.

외국에서 피부미용은 머리미용을 제외한 전신 피부미용, 얼굴 피부미용, 제모, 페디큐어, 매니큐어, 메이크업 등 얼굴에서 발끝까지 전체를 포함한 것을 의미하고 이를 'beauty therapy'로 지칭하며, 국제기능경기 올림픽 대회 피부미용 종목(beauty therapy)에서도 일련의 관리가 과제로 제시되고 있다.

우리나라에서 피부미용은 얼굴과 신체 부위의 피부에 따라 물리적 · 화학적 방법을 적절하게 사용하여 피부를 보호하며 아름답고 건강하게 유지 · 개선하는 것을 의미한다. 피부미용의 업무범위는 의료기기나 의약품을 사용하지 않는 피부상태 분석, 피부관리, 제모, 눈썹 손질 등을 포함한다.

최근 들어 학문적으로 체계화되고 있는 피부미용학은 인체 해부생리학에 대한 이해를 토대로 피부과학, 화장품화학, 전기물리학 및 피부미용기기학, 안면관리학, 전신관리학, 림프관리학 등의 학문을 포함하고, 과학적인 근거를 토대로 확립되고 있다. 따라서 피부미용학은 과학적이고 합리적인 학문이며 그 저변에 피부미용기술이 요구되는 기능적인 예술의 개념도 포괄하고 있다.

2) 피부미용관리의 적용범위

(1) 화장품을 사용한 관리

기초 화장품 및 전문 기능성 화장품을 사용한다.

(2) 에스테틱 관리

건강한 피부의 문제를 다루며 현재 피부의 상태를 유지하고 기능 저하나 과다 상태의 피부를 개선함으로써 아름답고 건강한 피부를 유지 · 회복하는 노화 예방 차원의 관리이다. 이를 목적으로 손을 이용한 관리, 도구 및 미용기기를 이용한 테크닉적 트리트먼트를 실시한다. 성형수술 전후 피부미용관리를 함으로써 수술의 결과를 호전시키고 빠른 회복을 가져올 수 있다. 피부미용은 성형 및 피부과 치료 후의 관리에 필수적인 사항이므로 상호 윈윈전략으로 시너지를 낼 수 있다.

3) 피부의학의 적용범위

병든 피부를 치료하고 치료효과를 높이기 위해 약물 투여의 의학적 처방을 내린다. 성형수술로 얼굴과 신체의 윤곽을 고쳐 결점을 수정하고 레이저기기와 약물을 이용한 치료로 기미, 주름 등을 제거하거나 완화시킬 수 있다.

4) 피부미용관리의 목적

첫째, 지속적인 관리를 통하여 현재의 활발한 피부생리 기능을 유지시켜 건강하고 매끈하며 탄력 있는 피부를 유지 · 보호하는 것이다. 대기오염, 운동부족, 스트레스로부터 피부를 보호하고 보호적 관리를 통해 노화예방 및 지연 효과를 얻을 수 있다.

둘째, 피부생리 기능 저하나 과다의 문제가 있는 경우 피부생리와 기능을 원상태로 회복시켜 피부 고유의 특징과 성질을 찾도록 도와준다. 즉 정상 피부상태로의 개선과 건강한 피부 유지를 위한 것이다. 피부의 정상적인 대사 및 기능 복원이 목적이다.

셋째, 기초 및 색조 화장품을 사용하여 피부와 외모를 수정하고 개선함으로써 표면적인 아름다움을 부여해 주는 것이다.

넷째, 피부미용관리를 수행하여 고객에게 만족감을 느끼게 함으로써 심리적 · 정신적인 안정과 자신감을 회복시켜 준다.

2. 피부미용과 위생

1) 위생의 필요성

위생(hygiene)이라는 용어는 그리스 신화에 나오는 건강의 여신 히기에이아(Hygieia)에서 유래하였다. 피부미용은 인체를 구성하는 피부를 다루는 업무이므로 피부미용숍에서 사용하는 기구와 소모품 일체 그리고 피부미용사의 위생은 필수 요소이다.

2) 관리실 기구 및 소모품의 위생

에스테틱숍에서 손님을 맞이할 때는 내부의 모든 것들이 청결하게 정리정돈되어 있어야 한다.

- 숍에서 사용하는 기구, 용구, 수건 등을 고압증기 멸균기 또는 자외선 소독기에 넣거나 습식 살균법으로 소독한다.
- 팩 브러시와 기기 부속품 등은 사용 후 중성세제로 세척하여 자외선 소독기에 넣는다.
- 해면 및 분첩은 소독하지 않은 상태로 재사용하지 말고 사용 후 반드시 소독한다.
- 소 · 중 타월과 터번은 관리 후 새 것으로 교체한다.

3) 피부관리 제품 사용과 위생

- 크림류를 소량 사용하는 경우 스파출라(spatula, 유리 또는 플라스틱)로 덜어낸다.
- 튜브에 든 크림도 스파출라에 짠 후 사용한다.
- 마사지 크림, 팩, 오일처럼 많은 양이 요구될 때는 유리볼에 덜어서 사용한다.
- 일단 덜어낸 제품은 용기에 다시 담지 말고, 소량씩 적정량을 덜어서 사용한다.
- 스파출라는 사용 후 알코올을 적신 솜으로 소독한다.
- 크림이나 팩은 덜어낸 후 즉시 뚜껑을 닫는다.
- 보습용 제품은 특히 상하기 쉬우므로 유의한다.
- 젤, 크림, 점토 타입의 팩과 딥클렌징 종류는 브러시로 바른다.

4) 관리실 인테리어와 위생

- 환기가 잘 되어야 한다.
- 은은한 조명과 냉난방 시설을 갖추어야 한다.
- 감염원이 될 수 있는 바닥, 벽, 가구 등은 소독하기 쉬운 재질로 한다.
- 냉 · 온수 사용이 가능해야 한다.
- 휴지통은 뚜껑이 있는 것으로 선택하고, 비닐봉지를 넣어 사용한다.

• 화장실 바닥도 소독하기 용이한 재질로 되어 있어야 한다.

5) 피부미용사와 위생

'cosmetician'은 그리스어로 화장품 제조인, 화장품 판매인, 미용사를 의미한다. beauty therapist, esthetician(aesthetician), skin carelist, beauty doctor라는 용어도 사용한다. 현대에 들어서 다양한 직업이 생기면서 뷰티산업에도 '피부미용사'라는 직업이 새롭게 등장하였다.

(1) 피부미용사의 개인 위생

- 목욕 또는 샤워를 해 체취가 나지 않도록 한다.
- 구취가 나는 경우 의사의 치료를 받는다.

(2) 피부미용사의 손 위생

- 관리 전후 소독비누나 알코올솜으로 손을 소독한다.
- 여드름 압출 관리 전후 항상 손을 씻는다.
- 마사지 전후의 청결을 유지한다.
- 관리 중 전화를 받거나 다른 물건을 만지는 경우 티슈를 대고 만진다.
- 돈을 만진 후 손을 씻어 청결을 유지한다.
- 색깔 있는 네일 폴리시를 바르지 않는다.
- 관리 중 자신의 머리카락을 만지지 않는다.
- 매니큐어와 페디큐어 전후 손을 씻어 청결을 유지한다.

(3) 피부미용사의 이미지

- 자연스러운 메이크업을 한다.
- 중간 굽 정도의 편안한 흰색 신발을 착용한다.
- 엷은 색의 피부관리 가운을 착용한다.
- 손톱은 짧게 하고 끝은 매끄럽게 정돈한다.
- 긴 머리는 단정하게 묶어 올린다.
- 관리 중 반지와 팔찌 등 장신구 착용을 삼간다.
- 상냥하고 친절하며 부드러운 표정을 짓는다.
- 신뢰감을 주는 이미지를 연출한다.

3. 피부미용사의 직무능력과 이해영역

찬미할 정도의 아름다움은 유감스럽게도 자연적으로 얻어지거나 만들어지는 경우가 거의 없다. 클레오파트라와 양귀비가 그러했듯이 성실한 자기관리와 부단한 노력으로 얻을 수 있는 것이다.

맑고 고운 피부와 날씬한 몸매, 그리고 건강은 피부미용관리사의 도움과 조언뿐만 아니라 과거 미인들이 그랬던 것처럼 개인의 강도 높은 부지한 관리의 결과라고 할 수 있다. 개인은 아름다움과 건강을 위해 숍을 방문하여 전문 피부미용관리사를 믿고 피부미용과 체형관리를 맡기기 때문에 미와 건강에 대한 조언과 도움을 주기 위해서 피부미용사는 '미와 건강에 관한 전문가'라는 이미지와 직무에 관한 능력을 구축하여야 한다.

1) 피부미용 전문가의 직무능력

- 정확한 피부상태 분석과 유형 판별 능력
- 효율적인 마사지 테크닉
- 피부미용 전문 화장품과 성분에 대한 풍부한 지식
- 피부미용 제품 및 도구의 숙련된 사용과 응용능력
- 피부미용기기 사용 및 응용능력
- 바디분석능력
- 상담을 성공적으로 이끄는 대화능력
- 고객을 사랑하는 마음

2) 피부미용사의 이해영역

피부미용사는 이러한 신뢰가 가는 이미지 구축을 위하여 다음 3가지 영역에 대한 전문적 지식을 겸비하고 이해하여야 한다.

(1) 보호적 피부미용

보호적 피부미용(care-esthetic)이란 먼지, 오염, 세균, 일광 등으로 피부가 손상되는 것을 방지하고 좋은 피부상태를 유지함으로써 피부의 노화를 예방하고 지연하는 것을 의미한다. 이를 위하여 피부미용학의 이론, 클렌징과 얼굴 및 전신 마사지 테크닉, 피부유형 분석, 피부관리 화장품 처방과 소모품 사용법, 도구 및 피부기기 사용법, 자가 피부관리 조언(홈케어), 건강한 식생활, 그리고 좋은 생활습관에 대하여 이해하여야 한다.

(2) 의학적 · 치료적 피부미용

피부손상, 미용상의 결점 수정을 위한 코 높임, 쌍꺼풀, 광대뼈, 사각턱의 얼굴윤곽 등의 성형, 주름제거 성형, 흉터제거를 위한 박피 등의 의학적 · 치료적 피부미용(medicine-esthetic)은 전문의의 영역이다. 그러나 피부미용사는 고객에게 가장 적합한 수술 및 치료방법이 무엇인지, 성형 및 치료 전과 후 관리는 어떻게 해야 하는지에 대한 지식을 이해하고 있어야 한다. 고객에게 피부미용관리 결과에 대한 그릇된 확신을 주는 우를 범하지 않을 것은 물론 의사를 방문할 것을 조언하여 신뢰감을 줄 수 있다. 또한 성형수술과 미용치료를 받기 전후에 고객이 숍을 방문했을 경우 수술과 치료의 회복을 빠르게 하고 효과를 극대화시킬 수 있는 적절한 피부미용관리의 전문가임을 밝힌다.

(3) 장식적 피부미용

장식적 피부미용(decorative-esthetic)을 위해서는 색조 화장품을 사용하여 화상이나 사고로 인한 흉터, 오타씨 모반 등의 피부결함을 커버하거나 조정하는 카모플라지 기법은 물론 아름다운 개성을 창출할 수 있는 메이크업 기술과 지식을 이해해야 한다.

4. 피부미용의 역사

1) 우리나라 역사

(1) 고조선시대

희고 깨끗한 피부를 선호하여 미백효과를 위해 쑥과 마늘을 이용하였으며 도구를 이용한 제모, 문신을 하였다. 추위로부터 피부를 보호하기 위하여 돼지기름을 이용한 돈고라는 연고를 사용하였다. 말갈족들은 미백을 위해 오줌으로 세안을 하였다.

(2) 삼국시대

불교의 전래로 눈썹과 입술화장이 유행하였다. 신라인들은 청결을 강조하여 목욕문화가 대중화되었으며 향낭을 몸에 지니고 다니는 등 향수와 향료를 즐겨 사용하였다. 백분과 연분의 사용과 제조기술이 발달했다. 고구려인들은 신분과 빈부구별 없이 치장을 즐겨 하였다. 뺨과 입술에 연지화장을 하였으며 여인들은 보름달 같은 눈썹화장을 하였다. 백제인들은 은은한 화장을 좋아하여 연지화장은 하지 않았고 화장품 제조기술이 발달하여 일본인들이 배워 갔다.

(3) 통일신라시대

여성들 사이에서는 분과 화려한 색조화장이 유행하였고 화랑 등 남자들도 화장을 하였다.

(4) 고려시대

청결관념이 강조되어 목욕문화가 발달하였고 복숭아 꽃물, 난탕 목욕법이 등장하였다. 눈썹과 분을 바르는 분대화장을 즐겼으며 봉선화로 손톱을 물들이는 풍습이 발달하였다. 향 문화가 나타났고 피부보호 및 미백을 위하여 면약이라는 얼굴용 화장품을 남녀가 사용하였다.

(5) 조선시대

유교사상과 함께 청결미를 중시하였고 목욕문화와 부분목욕이 발달하였다. 기초화장에서 색조화장에 이르기까지 다양한 화장법이 유행하였다. 숙종 때 화장수가 제조 · 판매되었다. 기본의 아름다움이 강조되어 피부청결을 중시하였으며 자연스러운 눈썹을 그리고 연지와 분을 사용하였다. 피부미용을 위하여 미안수와 미안팩을 하였다. 규합총서에는 조선여인들이 몸을 향기롭게 하는 법, 머리카락을 윤기 나게 하는 법, 목욕법, 겨울철 피부관리법 등이 소개되어 있다. 혼례미용법이 발달하였고 조선 말기에는 '구르무'라는 크림과 수입화장품이 등장하였다.

(6) 개화기 이후

개화기 초 중국과 일본 등에서 크림, 백분, 비누, 향수 등의 화장품이 수입되었으며 1915년에는 박승직의 부인 정정숙이 자택에서 부업으로 우리나라 화장품의 효시인 박가분을 제조 판매하였다. 이는 1918년 특허국으로부터 상표등록증을 받은 우리나라 최초의 화장품이다. 이어 박가수, 박가구르무 등도 소개되었고 유사 박가분인 서가분과 장가분이 판매되기도 하였다. 박가분의 재료는 납과 활석가루로 1937년 신식화장품 등장으로 없어지게 되었다. 1920년 미백작용이 있는 연부액을 동아 부인상회에서 제조 · 판매하였다. 1922년에는 머릿기름, 미백로션, 연향유 등이 개발되었고 조선부인 약방의 금강액과 주근깨, 여드름, 마른 버짐, 어루러기에 효과가 있는 유백 금강액이 사용되었다.

1945~1950년 수세미와 오이를 이용한 화장수가 등장했고 미백을 위해서 팩, 오일, 면약, 각종 깨, 살구씨, 미곡을 사용하였다. 콜드 크림, 바니싱 크림, 눈썹 문신이 소개되었다. 1960년 화장품 산업이 발달하고 기초 화장품의 종류가 다양화되면서 미용꿀이 등장하였다.

(7) 1970년 이후

피부관리 제품이 개발되기 시작하였고 1980년대에는 기능성 화장품과 색조 화장품이 출시되었으며, 1981년 YMCA에서 전문교육을 통한 피부관리사를 양성하면서 피부미용 발전의 시발점이 되었다. 1986년에는 시데스코(CIDESCO) 협회에 가입하여 세계대회에 참가하였다. 2007년 국가에서 사단법인 한국피부미용사 중앙회를 승인하였고 2008년 1월 1일 미용사(피부)와 미용사(일반)으로 미용의 업무영역이 분리되었고 국가자격증 시험제도가 도입되었다. 2011년 국제 CIDESCO 총회가 한국에서 개최되었다.

2) 서양 역사

(1) 이집트

고대미용은 종교의식에서 비롯되었다. 머리와 피부손질을 위해 향유를 이용한 체계적인 목욕 피부미용법이 개발되었고 오일마사지, 향수, 체조, 안마 등은 오늘날 피부미용의 기원이 되었다. 또한 향유는 벌레와 햇빛으로부터 신체를 보호하기 위해서도 사용되었다. 검은 눈화장을 위해 숯을 사용하기도 하였다.

(2) 그리스

건강한 정신은 건강한 신체에서 비롯된다는 사상을 바탕으로 식이요법, 운동요법, 목욕, 마사지 등이 이루어졌다. 4세기경 히포크라테스는 아름다움과 건강을 위하여 미용식, 목욕, 일광욕, 마사지, 향유 등을 권장하였다. 일반 여성들은 기초 피부손질을 하였고 창부들은 식물성 기름에 장미를 섞은 연고를 바르기도 하였다.

(3) 로마

청결을 강조하는 문화로 냉수욕, 온수욕, 약초욕 등의 다양한 목욕법이 발달하였다. 미용을 중요시하여 오일, 향수, 화장이 생활의 필수품이 되었다. 피부미용 방법과 재료가 다양화되었다. 갈렌(Galen)은 장미수, 벌꿀, 왁스, 올리브오일을 희석한 콜드크림을 처음 개발하였다. 희고 깨끗한 피부를 위하여 염소젖, 레몬과 오렌지즙, 우유, 효모를 이용해 팩을 하고 마사지를 하였다.

(4) 중세

보리수, 로즈마리, 사루비아 등의 약초를 추출하는 증기증류법이 15세기 아랍의 이븐 시나(Ibn Sina)에 의해 개발되었다.

(5) 르네상스

목욕이 터부시되면서 악취를 없애기 위하여 향수를 사용하였고 귀부인은 향 장갑에 향수를 넣어 휴대하였으며 스팀 미용법과 화장수가 사용되었다. 16세기 프랑스 학자 몽테뉴는 크림과 팩의 처방에 대해서 기술하고 있다. 피부와 머리손질을 위한 화장품이 발달하였다.

(6) 바로크

화장이 천연두의 흔적을 감추는 데 사용되었고 향수가 애용되었다. 또한 클렌징 크림을 제조해 사용하였다. 독일 의사 후페란트(Hufeland)는 젊음과 숙면을 위하여 마사지를 권장하였다.

(7) 로코코

머리에 백색분을 발라 노인처럼 백발을 즐겼다. 귀부인들은 스폰지를 이용해 얼굴과 치아를 닦았다.

(8) 19세기

화장이 여성의 전유물이 되었고 청결을 중시하는 문화로 인해 비누와 화장품이 일반 시민에게 보급되었다. 1866년 인체에 무해한 산화아연이 개발되어 파우더에 사용되었고 흰 피부를 위해 즐겼던 백납분 사용이 사라졌다.

(9) 20세기

다양한 화장품이 개발되어 다양하게 대량생산되는 획기적인 발달을 이루었고, 화장품은 필수품이 되었다. 마사지 크림, 샴푸, 네일제품이 개발되었고 1912년 폴란드 화학자 풍크(Funk)는 비타민을 발견하였다. 1920년대 이후 미국과 유럽에서 미용업이 성업하였고 1947년 프랑스 바렛 교수는 전기를 이용한 기계를 개발하여 피부미용 효과를 증명하는 새로운 시대를 열었다. 1950년 이후 피부관리와 보호를 위한 많은 제품이 개발되었다.

(10) 21세기

웰빙 트렌드와 함께 피부미용 산업이 초고속으로 성장하였다. 피부미용에 기능성 화장품과 다양한 마사지 기법을 비롯한 피부미용기기의 활용 및 의학적 원리가 도입되어 그 영역이 광범위해졌다. 아름다움과 함께 건강을 관리해 주는 피부미용은 미래에도 각광받는 산업으로 발달할 것이다.

chapter 03

피부미용의 영역과 피부관리 시스템

Skin Care Area & System

1 피부미용의 영역

2 살롱 피부관리 시스템

1. 피부미용의 영역

건강하고 아름다운 피부, 날씬한 체형, 동안의 외모, 심리적 안정과 휴식을 위하여 현대인들은 피부미용관리를 받는다. 이러한 건강과 아름다움을 가져다 줄 수 있는 피부미용의 영역은 상당히 광범위하다.

1) 안면관리

(1) 일반 피부관리

중성, 건성, 지성, 복합성, 민감성 등의 피부유형을 포인트 메이크업과 페이스클렌징, 딥클렌징, 매뉴얼 테크닉(마사지), 팩, 기초 마무리와 같이 일반적인 프로그램으로 관리한다.

(2) 특수 피부관리

심한 수분 부족 피부, 모세혈관확장 피부, 기미와 같은 색소침착 피부, 과다한 피지와 코메도성 여드름 피부 등 문제가 있는 피부 또는 중성, 건성, 지성, 복합성 피부에 특수 딥클렌징이나 특수 마스크 등의 제품 라인, 특수한 마사지 테크닉을 이용하여 관리한다. 주로 집중관리가 이루어지고 일반관리보다 관리 가격이 고가이며 관리 후 피부상태 개선과 피부미용 효과를 좀 더 크게 얻을 수 있다.

2) 바디관리

바디 클렌징, 각질 제거, 손, 기구, 피부미용기기를 사용하는 마사지, 팩 등의 관리이다. 바디마사지를 시행하여 노폐물 배설과 혈액순환을 원활하게 함으로써 신체 및 피부의 미용과 건강을 향상시킬 수 있다. 체형관리를 위해 토닝 시스템과 같은 운동식 기구와 기계를 사용하여 균형 있는 몸매를 만들고 관리할 수 있다.

3) 메이크업

화장을 통하여 자신의 결점은 수정하고 장점은 더욱 돋보이게 꾸미는 영역으로, 내추럴 메이크업(natural make-up), 스모키 메이크업(smokie make-up), 계절 메이크업(season make-up), 신부화장(bridal make-up), 판타지 메이크업(fantasy make-up) 등이 있다. 그러나 피부미용관리 후 하는 메이크업은 일반적인 데이 메이크업에 속한다.

4) 카모플라지

카모플라지(carmouflage)는 사고나 화상으로 생긴 흉터, 보기 흉하거나 큰 오타 모반과 같은 점 등 피부에 비정상적인 문제나 이상이 있을 경우 이러한 부위에 화장을 하여 정상 피부와 최대한 똑같은 상태로 감추는 화장법이다.

5) 눈썹 정리와 속눈썹 및 눈썹 염색

고객과 상담한 후 족집게, 눈썹 전용 면도칼, 가위 등을 이용하여 고객 얼굴형에 맞게 눈썹 모양을 수정하고, 눈썹 염색약으로 눈썹과 속눈썹을 컬러링하는 것이다.

6) 제모

보기 흉하거나 불필요한 털을 왁스를 이용해 제거하는 방법으로 아름다움과 자신감을 준다.

7) 매니큐어와 페디큐어

매니큐어는 일반적으로 손톱과 손 관리를 뜻한다. 손톱 및 큐티클 정리, 핸드크림을 이용한 마사지, 파라핀 팩을 이용한 특수 손 관리, 네일아트 등이 포함된다. 페디큐어는 발톱을 관리하는 것이다.

8) 발 관리

발바닥의 각질 및 굳은살 정리, 발 피부 손질, 신체건강을 증진시키는 다양한 기법의 매뉴얼 테크닉(발 반사요법, 근육 마사지 등), 발 팩 등을 이용하여 관리한다.

9) 기기를 이용한 관리

과학적인 원리를 적용한 기기를 이용하여 얼굴과 전신을 관리함으로써 손으로 하는 관리효과에 시간을 절약하고 관리 효율성과 효과를 더 높일 수 있다.

10) 스파관리

스파(spa)란 광천 또는 온천의 뜻을 지닌다. 에스테틱 영역에서 스파란 물을 이용한 스팀 및 거품기기와 수중 요법식 욕조를 설치하여 관리하는 것을 뜻한다. 스파에는 프랑스식 샤워(vichy shower), 전신 진흙팩 관리, 하맘베스, 딸라소테라피(해양요법), 욕조요법 등이 있으며 피부미용관리가 접목된다.

■ 딸라소테라피(thalasso-theraphy)

해수, 해조, 해니(바다의 밑바닥에 있는 진흙) 등의 해양자원을 질병의 치료, 인체의 건강, 피부관리를 위해 이용하는 것이다.

11) 피부유형에 적합한 화장품 조언과 판매

고객의 피부유형에 알맞은 화장품을 선택하여 관리하고 고객에게 적합한 화장품과 사용법을 조언하고 판매한다.

12) 가정에서의 피부관리 조언

많은 한국 여성이 잘못된 자가 피부관리(홈케어)를 하고 있으므로 피부유형을 정확하게 주지시켜 적합한 홈케어 방법을 조언한다.

13) 기타이미지 메이킹/이미지 컨트롤 조언

개인의 이미지는 첫인상에서 결정되므로 전문적이며 호감 가는 이미지 구축과 컨트롤을 위한 미소, 인사, 어법, 예절, 그리고 옷, 액세서리 코디를 고객에게 조언한다.

2. 살롱 피부관리 시스템

1) 피부관리 시스템

- 고객방문
- 고객상담: 고객이 피부관리실을 방문한 목적, 고객의 신상, 건강, 피부관리 습관 등 피부와 관련한 생활환경을 조사하여 피부관리카드에 기록한다.
- 피부분석: 문진, 견진, 촉진, 피부분석기기를 이용하여 피부상태를 관찰하고 파악하여 특성을 기록한 뒤, 종합적인 판단을 하여 피부유형을 결정한다.
- 피부관리 프로그램 계획: 피부미용사는 고객상담, 피부분석을 통해 얻은 피부상태와 피부유형에 적합한 관리 프로그램을 계획하고 수립한다.
- 피부관리 프로그램 작업: 적당한 화장품을 처방하며 클렌징-토너 정리-딥클렌징-토너정리-앰플-마사지-앰플 영양-마스크의 관리를 실행한다.

• 마무리 및 홈케어 조언: 마무리 기초케어를 하고 고객을 스트레칭시켜 전체 마무리를 한다. 관리 후의 개선된 피부상태를 기록 및 설명하고 가정에서의 자가 피부관리 방법을 조언해준다.
• 예약: 재방문 날짜와 시간을 결정해 관리 스케줄표에 기록해 놓는다.
• 배웅: 밝은 미소로 친절하게 배웅한다.

3. 피부관리 시술 순서

(1) 고객은 베드에 눕게 하고 이불을 정갈하게 덮어 보온이 유지되게 하고 터번을 맨다.
(2) 색조화장(눈과 입술)을 아이 메이크업 리무버(eye make-up remover)로 지운다.
(3) 피부타입에 적합한 클렌징 제품을 선택하여 얼굴, 목과 가슴에 클렌징제를 도포하고, 적당한 동작으로 클렌징한다.
(4) 티슈로 클렌징제를 닦고 해면이나 젖은 코튼으로 클렌징제와 메이크업 잔여물을 닦은 다음 온습포로 깨끗이 닦는다.
(5) 피부타입에 적합한 스킨토너를 골고루 닦아내듯이 바른다.
(6) 문진법으로 피부관리 고객신상카드, 확대경이나 우드램프 등을 사용하여 직접 육안으로 피부를 관찰하고 분석하여 진단카드를 작성한 후 피부유형을 진단한다. 진단 시 기기 사용법과 피부분석 방법을 준수한다.
(7) 눈썹이나 속눈썹을 염색하고 고객의 얼굴 형태와 원하는 눈썹 모양에 따라 눈썹 수정을 한다.
(8) 피부유형에 알맞은 딥클렌징제를 선택하여 도포한 후 각질을 관리한다. 관리 시 딥클렌징제 특성에 알맞게 스팀기를 함께 사용한다(3~5분간 클렌징 동작으로 죽은 각질을 제거한다).
(9) 해면과 스팀타월로 딥클렌징제를 깨끗하게 제거한다.
(10) 피부유형에 적합한 스킨토너를 미용솜에 묻혀 피부결대로 바른다.
(11) 여드름 압출용 기구, 니들 또는 란셋침을 이용하여 여드름을 압출해 낸다. 여드름 압출에는 숙련된 기술이 필요하다. 함부로 압출하여 다른 피부조직을 상하게 해서는 안 된다.
(12) 여드름 압출 후 모공을 수축시키는 성분이 함유된 항염 화장수를 미용솜에 묻혀 압출 부위를 닦아 준다.
(13) 고농축 영양앰플(또는 에센스)을 정리된 피부에 누르듯이 발라 침투시킨다. 앰플을 효율적으로 침투시키기 위해서 갈바닉기기를 사용할 수 있다.

(14) 피부타입에 알맞는 영양크림, 나이트 크림, 마사지 크림을 선택하여 손을 밀착시키며 지나치게 빠르지 않게 적절한 동작으로 피부결에 따라 마사지한다.
(15) 온습포를 얼굴에 올려 지압한 후 마사지 크림을 깨끗하게 닦아 준다.
(16) 미용솜에 화장수를 묻혀 닦아내듯이 발라 준다.
(17) 남은 앰플을 영양 침투를 위해 얼굴 전체에 골고루 바른다.
(18) 아이크림과 립크림을 바른다(특수관리로 아이관리를 할 경우 먼저 아이 마스크를 도포한다).
(19) 피부유형에 적합한 팩을 선정해 관리하다. 특수팩은 적절한 사용방법을 준수한다.
(20) 팩의 유효성분이 작용하는 시간(15~20분) 동안 팔 마사지 또는 매니큐어 관리를 하도록 한다.
(21) 적절한 시간이 지나면 팩제를 해면으로 닦아 냉습포로 정리한다.
(22) 마무리 관리로 기초제품을 피부유형에 맞게 선택하여 발라준다.
- 낮: 스킨토너 → 아이크림 → 앰플(에센스) → 낮 전용 보습 · 보호크림 → 자외선 차단크림 → 메이크업
- 저녁: 스킨토너 → 아이크림 → 앰플(에센스) → 밤 전용 영양크림

(23) 고객의 두피, 팔, 어깨 등의 근육을 주물러 마무리 스트레칭을 한다.
(24) 정성스럽게 고객을 침대에서 일으켜 준다.
(25) 고객이 원할 경우 적당하게 메이크업을 해 준다.
(26) 피부관리를 하는 동안 불편함이 없었는지 기타 등등에 대해서 문의한다.
(27) 고객의 의복을 챙겨 주고, 다음 예약 날짜를 확인한다.
(28) 정중하게 배웅하고 피부관리카드에 관리내용을 기록한다.
(29) 주변을 깨끗하게 정리정돈하고 다음 고객을 맞이할 준비를 한다.

chapter 04

고객 응대법과 피부관리 세팅

Customer Service and Skin Care Setting

1 접객 서비스

2 피부관리를 위한 세팅

1. 접객 서비스

피부미용은 서비스업이므로 실무에 종사할 때는 무엇보다도 신뢰를 주는 인성이 필요하다. 즉 지식과 기술보다는 고객의 입장을 먼저 배려하고 마음을 헤아려 주는 친절함과 예의를 갖추는 것이 중요하다.

1) 전문 뷰티 테라피스트의 이미지 메이킹

- 평소 미소 짓는 연습으로 부드러운 이미지의 표정을 훈련한다.
- 상대방을 먼저 배려하는 매너 좋은 사람이 된다.
- 청결한 이미지의 패션감각을 키운다.
- 밝고 안정된 목소리를 연습한다.
- 바르고 세련된 자세를 취한다.
- 의사소통 능력을 기른다(미소, 열린 자세, 상대방을 향해 몸 앞으로 기울이기, 시선 마주치기, 상대가 말할 때 고개 끄덕이기).
- 말하거나 들을 때 진지하게 바라본다.

2) 고객맞이 준비

(1) 피부관리실

- 피부미용실의 모든 물품이 정리정돈되어 있는지 점검한다.
- 피부미용실의 내 · 외부가 청결상태를 유지하고 있는지 점검한다.
- 냉난방의 온도가 적당한지 체크한다.
- 기계, 기구, 도구가 청결하며 사용할 위치에 제대로 있는지 점검한다.
- 관리용 화장품과 소모품이 부족하지 않은지 점검한다.
- 기기가 잘 작동되는지 점검한다.
- 불쾌한 냄새가 없는지를 점검한다.
- 조명의 점등상태가 양호한지 확인한다.

(2) 카운터

- 금고의 잔돈 준비
- 사무용품의 구비

- 카드체크기
- 전화기 옆에 명함, 펜, 메모지, 관리 스케줄표 구비

(3) 진열장

- 청결하고 산뜻한 상태 유지
- 누락 제품과 판매용 제품의 재고량 보유 여부 확인
- 홍보효과를 줄 수 있는 이상적인 제품 진열
- 신제품 진열

(4) 뷰티 테라피스트

- 헤어, 화장, 손톱, 구취 등 개인의 위생을 청결하고 단정하게 유지해야 한다.
- 신발, 가운 역시 청결하고 단정하게 유지한다.
- 가운에 명찰을 부착한다.
- 자신의 업무를 숙지하여야 한다.
- 항상 프로의식을 지녀야 한다.
- 매일매일 자신의 각오와 목표를 설정하고 있어야 한다.

3) 전화응대

- 전화벨이 두 번 울리면 받는다.
- 미소를 띠며 바른 자세로 인사하고 숍 이름을 말한다.
- 왼손으로 수화기를 들고 복창하며 오른손으로 메모를 한다.
- 밝은 목소리의 적절한 '솔' 톤으로 말한다.
- 성의 있게 대답하고 설명한다.
- 반드시 고객이 전화를 끊은 후 끊는다.
- 정중히 감사의 인사를 한다.
- 통화 후 고객을 평가하지 않는다.

4) 살롱 입구로 들어오는 고객응대

- 고객을 바라보며 환영하는 마음을 담아 "어서 오십시오"라고 상냥한 '솔' 톤으로 미소 지으며 정중하게 고개 숙여 인사한다.

- 접객 중일 때는 고객을 바라보며 가볍게 고개를 숙인다.

5) 고객의 물건 및 옷 보관 시 응대

- 미소를 짓고 부드럽게 눈을 쳐다보며 "옷과 가방을 보관해 드리겠습니다"라고 말한다.
- 정성스럽게 보관한 후 열쇠를 고객에게 건네 준다.
- 보관 후 고객의 이름을 기억하여 존칭(사모님, 손님 등)을 하며 고객에게 곧바로 관리에 들어가는지 또는 얼마 정도 기다려야 되는지 정확한 시간을 안내해 준다.

6) 대기고객 응대

- 공손하고 아주 상냥하게 "사모님, 죄송하지만 여기 앉으셔서 5분만 기다려주시겠어요?"와 같이 부드럽게 말을 건네며 대략의 대기시간을 안내한다.

7) 베드 안내

- 고객 가까이 가서 미소를 띄우며(손바닥을 위로 향하여 장소를 가리키며 "오래 기다리셨습니다. 이쪽 베드로 오시기 바랍니다")라고 응대한다.

8) 피부관리 시 고객 응대

- 사전에 필요한 관리재료와 도구 등을 준비해 놓는다.
- "알겠습니다", "준비하는 동안 조금만 기다려주십시오"
- "실례합니다", "불편하지 않으십니까?"

9) 피부관리 후 고객 응대

- 고객에게 추가 희망사항이 있는지 문의한다.
- 거울을 건네며 "수고하셨습니다", "편안하게 관리 잘 받으셨는지요?"를 물어보고 베드에서 내려오기 편하게 배려한다.
- 파우더 룸으로 안내한다.
- 고객이 카운터로 왔을 때 보관했던 물품에 이상이 없는지 확인한 후 친절하게 돌려준다.
- "보관했던 가방과 옷입니다." "이상 없으시지요?"

10) 배웅

- 돌아갈 때까지 상냥하고 친절하게 응대한다.
- "감사합니다. 다음에 또 뵙겠습니다"
- 고객이 현관문을 나가기 전 본인의 등을 보이지 않는다.
- 비가 오면 우산을 챙겨 준다.
- 차를 가지고 온 경우 주차해 둔 곳까지 안내하고 주차에 문제가 있으면 해결해 주도록 한다.

2. 피부관리를 위한 세팅

1) 정리대 세팅

청결한 이미지를 주도록 흰 타올을 깔고 정리대(wagon, trolly)를 세팅하며, 사용하기 편리하고, 효율적인 피부관리를 수행할 수 있게 한다.

(1) 화장품 세팅

① 안면관리 화장품: 아이메이크업 리무버, 클렌징, 스킨토너, 딥클렌징(효소, 고마쥐, 스크럽, AHA), 마사지 크림, 피부유형별 팩, 아이크림 및 립크림, 데이크림, 자외선 차단 크림, BB크림, 알로에 젤, 앰플, 특수 마스크, 알코올 등

② 바디관리 화장품: 바디 클렌징, 바디오일, 바디 스크럽, 바디토너, 바디팩, 수딩 젤, 바디 밀크로션 및 크림 등

③ 눈썹 수정: 눈썹브러시, 눈썹가위, 족집게, 쉐이퍼, 수딩젤, 소독제

④ 제모: 왁스, 나무 스파출라, 종이컵, 부직포, 알로에 젤, 탈컴 파우더, 가위, 족집게, 위생장갑, 소독제

(2) 기타 소모품 세팅

품명	용도
원형 스테인레스 바트 2개	미용솜과 알코올솜을 보관
사각 스테인레스 바트	여드름 압출기구, 족집게, 핀셋 등 소독한 기구 보관
미용솜	스킨토너를 바르는 용도, 아이패드 등(적당한 크기로 자른 후 물에 적셔 물기를 뺀 후 적당한 두께로 나누어 바트에 담음).
해면볼	따뜻한 물을 담아 해면 세척 용도로 사용
해면(스폰지)/젖은 코튼	클렌징, 딥클렌징 등 제품을 닦는 용도(물기를 적당히 짜 놓음).
온습포와 냉습포	관리 중 화장품을 닦아내는 용도(온습포와 냉습포 준비).
브러시	딥클렌징과 팩을 바르는 용도
유리볼	제품을 덜어 쓰는 용도(클렌징, 딥클렌징, 마사지 크림, 팩 등)
스파출라(대, 소)	작은 것은 크림류를 덜어 내는 용도, 큰 스파출라는 팩제를 희석하는 등의 용도
믹싱고무볼	석고 및 고무 모델링 마스크의 분말과 물을 담아 희석해 팩을 개는 용도
증류수	효소, 석고 및 고무 모델링 마스크 등 분말을 희석하는 용액
면봉	포인트 메이크업 제거, 눈과 콧구멍의 제품 제거, 여드름 압출 등의 용도
티슈	사용 화장품의 제거, 고마쥐 딥클렌징 시 사용 등의 용도
보관통 2개(플라스틱)	보관통 1: 깨끗한 스파출라, 눈썹도구, 브러시 등 보관 보관통 2: 도구 사용 후 보관
거즈	효소 딥클렌징, 석고, 파라핀 등 특수 마스크, 기기 적용 시 사용
바구니	습포, 해면 등을 담는 용도로 2~3개 정도
쓰레기통	미용솜, 티슈 등 쓰레기 처리용(뚜껑이 있는 것이나 1회용 비닐 준비)
랩과 호일	팩 관리 시 상승효과 용도, 남은 제품의 랩핑 등의 용도
여드름 니들 또는 기구	여드름 압출 용도
가위	미용 솜, 거즈, 콜라겐 벨벳 등을 자르는 용도
마른 수건	관리사의 손을 닦는 등 필요 시 사용
눈썹가위 및 눈썹브러시	눈썹 정리용

2) 기기 세팅

- 피부미용기기: 확대경, 스티머, 고주파기, 갈바닉기, 초음파기, 패러딕기기 등 관리에 사용하고자 하는 기기의 부속품, 용도에 적합한 제품 등을 준비한다. 기기는 반드시 사용법을 숙지한 후 사용하며 사용 후 세척하고 정리정돈한다.
- 온장고: 처음에는 온도를 100℃도 정도로 설정했다가 어느 정도 따뜻해지면 60℃로 내려 놓는다.
- 물에 적신 소타월의 물기를 적당하게 짠 후 사용하기 쉽게 접어 습포를 만들어 온장고에 넣는다.
- 자외선 소독기: 유리 벤토즈, 프리마톨 등의 기구 부속품, 브러시, 유리봉 등을 씻은 후 소독기에 넣어 둔다.

3) 고객 세팅

- 상담이 끝나면 관리실 내부가 청결하게 정리정돈된 상태에서 고객을 맞이한다.
- 고객을 탈의실로 안내하여 마사지 가운을 갈아 입도록 하고 의상은 옷장에 걸어 보관하게 한다. 이때 꼭 조이는 옷(스타킹, 기능성 속옷)은 느슨하게 풀거나 탈의하도록 한다.
- 반지, 시계, 목걸이, 귀걸이 등 고객의 액세서리를 빼게 하여 봉투에 넣어 고객의 이름을 적은 후 고객에게 맡긴다.
- 콘택트렌즈 착용자는 렌즈를 빼게 한 후 보관해 둔다.
- 고객 머리가 베드 맨 끝에 오게 고객을 눕히고 이불을 덮어 준 다음 가슴 위에 타올을 덮어 준비한다.
- 불편한 사항이 없는지 확인한 후 손을 청결하고 따뜻하게 한다.
- 머리카락이 흘러나와서 피부관리 제품이나 물이 묻지 않도록 귀를 밖으로 오픈하여 터번으로 머리를 잘 감싼 뒤 피부관리를 시작한다.

chapter 05

세안제와 클렌징

Face Cleansing Products and Cleansing

1. 의의

“피부손질은 세안부터”라는 광고문구에서 알 수 있듯이 피부미용에 있어 세안은 매우 중요하다. 과학문명이 발달한 현대생활에서 피부는 항상 심각한 환경오염에 노출되어 먼지, 유해산소 등에 의해 피해를 받고 있다. 메이크업은 외모를 아름답게 가꾸어 주기는 하지만 파운데이션, 콤팩트, 아이섀도우 등 가루 형태의 색조 화장품은 피부에 부착되어 모공을 막는다. 또한 피부생리현상으로 분비되는 땀, 피지, 각질, 노폐물로 피부는 더러워지고 피부호흡이 방해받게 된다.

이러한 피부의 오염물질은 정상적인 분비작용과 생리기능을 비롯한 신진대사를 방해하여 과각질, 여드름, 피부노화, 색소침착 등의 문제를 발생시킨다. 그러므로 외부 오염물질, 피부분비물, 화장으로 인한 메이크업 잔여물을 제거하여 피부를 아름답고 건강하게 하기 위하여 클렌징이 필요하다.

1) 세안의 종류

세안을 할 때는 반드시 이중세안을 해야 한다. 파운데이션, 크림과 같은 유성물질은 유성류에, 땀과 먼지 같은 수성물질은 물에 의해 잘 제거된다. 피부 표면의 피지막은 유성과 수성의 때가 혼합되어 있기 때문에 잘 닦이지 않는데, 이 모두를 없애기 위해 이중세안을 하는 것이다.

(1) 유성세안

유성세안은 클렌징 밀크로션, 크림, 오일 등의 클렌징 화장품을 이용하여 유성의 성질을 띠고 있는 피부의 피지, 파운데이션 등을 제거하는 방법이다. 유성세안제에는 메이크업 제품의 잔여물이나 피지 산화물 등 유성성분을 세정하는 오일이나 스쿠알렌 등의 성분이 함유되어 있다.

(2) 수성세안

수성세안 제품은 보통 계면활성제를 포함하고 있는 고형비누, 젤이나 크림 타입의 폼클렌징 등이 있다. 이것을 물과 섞어서 사용함으로써 피부 표피를 연화시켜 노폐물을 제거하는 것이다. 그러나 수성세안제를 과도하게 사용하면 피부 표면이 지나치게 연화되어 세포 간 조직이 느슨해지고 외부 자극에 대한 방어능력이 저하될 수 있다. 또한 계속 소량씩 사용하는 경우에도 점차 피부가 건조하고 저항력이 약해지기도 한다.

2. 수성세안제의 종류

1) 물

- 물: 일반적으로 온도에 따라 찬물(10~15℃), 미지근한 물(15~21℃), 따뜻한 물(21~35℃), 뜨거운 물(35℃ 이상)로 나눈다. 세안에는 15~21℃ 정도의 미지근한 물이 가장 좋다.
- 수증기: 피부미용관리 시 사용하는 스티머기기의 스팀(수증기)은 모공 클렌징 효과, 노폐물 제거, 수증기 흡수를 통한 피부보습, 각질 제거의 수월성, 혈액 및 림프순환 촉진, 모공 확장을 통한 수월한 코메도 압출의 효과가 있으며 피부유형에 적합한 아로마와 약초(허브)를 함께 사용하면 시너지 효과가 있다.

  예) 쑥: 염증, 진정, 수렴효과, 소독효과, 모세혈관 강화

  라벤더: 소독 및 진정효과

2) 비누

비누(soap)는 '고급 지방산염'을 총칭하며, 일반적으로 천연유지(소기름과 야자유)와 지방산 알칼리염(수산화나트륨, 수산화칼륨)의 계면활성 작용을 이용하여 만든다. 거품을 일으켜 사용하며 수용액의 pH는 10~11 정도로 알칼리성이다. 알칼리성이 피부의 산성막과 피지막을 파괴하지만(피부는 약산성 pH 4.5~6.5) 클렌징 효과와 살균력이 뛰어나다.

8세기경 이탈리아의 항구도시 사보나(Savona)에서 시작한 비누 제조 공업은 그 후 다양한 기술혁신으로 현재는 가정용뿐만 아니라 공업용으로도 이용되고 있으며 다양한 형태로 개량되어 판매되고 있다.

(1) 투명비누

투명비누(transparent soap)는 일반 화장비누와 같은 고급 지방산으로 마라리염을 주로 한 것이며 투명성을 주기 위해 야자유를 사용한다. 여기에 글리세린, 설탕, 에틸알코올 등의 투명화 제재를 배합해서 비누에 투명성을 더하게 된다. 투명비누는 외관이 예쁠 뿐만 아니라 비누 자체도 매끈하고 첨가되는 글리세린과 설탕이 보습제의 성질을 가지고 있으므로 사용감이 순하고 부드럽다. 그러나 세정력이 약하므로 지성 피부와 같이 피지 분비량이 많은 피부에는 부적합하다.

(2) 불투명비누

대부분의 비누는 불투명하며 함유된 성분에 따라 일반적인 미용비누, 약용비누, 방취비누, 향수비누 등이 있다.

① 유분 함유 비누

유분이 함유된 비누(super fatted soap)는 오일과 유지를 많이 함유하고 있어 세안할 때 기름기(피지)가 잘 제거되지 않으므로 사용 후에 약간의 유분감이 남게 된다. 따라서 피부의 건조를 막아 줄 수 있으나 오일의 양이 너무 많으면 비누의 세정력이 다소 감소된다. 세안 후에 당김을 느끼는 중성 피부나 건조한 건성 피부에 사용한다. 올리브유가 들어 있는 캐스탈 비누(castal soap)나 코코아 버터 비누가 이 범주에 속한다.

② 약용비누

약용비누(medicated soap)는 피부를 소독하고 살균할 목적으로 사용하는 비누이다. 얼굴에 있는 피부세균은 비누의 세정력에 의해서 대부분 씻겨 나가지만 대한선이 있는 겨드랑이(액와) 부위는 세균이 번식하기 쉽고 냄새도 나므로 땀을 많이 흘리는 사람은 이 부위를 씻을 때, 특히 여름철 목욕에 약용비누를 사용하면 좋다.

③ 프렌치 마일드 비누

프렌치 마일드 비누(french mild soap)는 알칼리 성분의 비율을 감소시키는 특별 가공법으로 피부가 건조해지지 않게 만든다. 가격이 매우 비싼 반면 다른 비누에 비해 건조화되는 현상을 줄였으므로 민감한 피부나 건성 피부에 효과적이다.

④ 과일, 야채 및 식물성 추출물 함유 비누

대부분의 일반적인 비누가 이런 종류이나 과일, 야채 추출물이 비누에 독특한 특성을 주지는 못한다. 신선한 과일, 야채, 약초(herb)가 들어 있다는 것은 그 원료들이 주는 이미지 때문에 흥미를 끌지만 비타민 또는 효소를 함유한 추출물 성분의 효능은 제조과정에서 파괴되기 때문에 특별한 미용효과를 기대할 수는 없다.

(3) 폼클렌징 비누

고체형의 비누와 달리 부드러운 크림 형태의 비누로 미용비누 대용으로 사용할 수 있다. 거품을 일으켜 물에 용해되도록 제조하였으므로 거품을 충분히 낸 후 얼굴에 문지르면 오래된 피지를 유화시키고 죽은 각질층을 용해하여 노폐물이 제거된다. 최근 작은 알갱이가 첨가된 것도 판매되고 있는데 모공 깊숙이 있는 피지 등의 노폐물을 제거해 주므로 일반적인 비누보다 세정력이 우수하다.

(4) 액상비누

액상비누(liquid soap)는 비누, 물, 알코올 그리고 광물유 등의 성분으로 만들어지며 폼클렌징 비누(cream foam cleansing soap)보다 묽고 계면활성제는 적게 유효성분은 더 많이 함유하고 있다.

- 올바른 비누 세안법: 적당량을 손에 덜어 손바닥으로 여러 번 마찰하여 충분히 거품을 일으킨 후 피부결에 따라 가볍게 문지른다. 피지가 많은 부위는 더 세심하게 문질러 준 후 피부에 비눗기가 남아 있지 않도록 여러 번 맑은 물로 씻은 다음 마지막에는 찬물로 헹구어 준다.

3. 유성세안제의 종류

화장품, 피지와 같은 피부의 유성물질 및 더러운 노폐물 제거와 화장을 지울 목적으로 사용한다. 유성세안제는 클렌징 제품으로 다양한 종류가 있다.

1) 아이메이크업 리무버

포인트 메이크업, 즉 눈과 입술화장을 지울 때 사용하는 제품으로 워터 타입이며 소량의 오일이 함유되어 있기도 하다. 눈물과 비슷한 정도의 pH로 만들어져 눈에 들어가도 따갑거나 화끈거리지 않으므로 지방성 잔여물을 남기지 않고 눈 화장을 깨끗하게 지울 수 있다.

젖은 미용솜에 적당량의 아이메이크업 리무버를 적셔 눈의 안쪽에서 바깥쪽으로 눈 주위의 아이섀도, 마스카라, 아이브로우 펜슬, 아이라이너를 닦아 낸다. 면봉으로 아이라인과 마스카라를 지우고 깨끗한 미용솜으로 여러 번 닦아 내고 마무리한다.

2) 클렌징 밀크로션

클렌징 밀크로션(cleansing milk lotion)은 밀크 타입의 클렌징 제품은 클렌징 크림처럼 유화형태로 만들어진 것이지만 O/W 유화(oil in water emulsion)로 수분 함유량이 더 많다. 특정한 기능성 성분이 포함되어 있는 모든 피부용과 화장품 성분에 따른 타입별 피부용으로 나누어지고 내추럴 메이크업을 지울 때 적합하며 사용 시 감촉이 산뜻하다.

3) 클렌징 크림

옛날에는 동물유, 식물유를 그대로 클렌징 용도로 사용했지만, 과학의 발달로 유화시켜 현재의 클렌징 크림(cleansing cream) 형태로 만든 것은 콜드크림이 발명된 이후라고 한다.

비누가 계면활성에 의한 세정작용을 하는 데 비하여 클렌징 크림은 주로 유화된 수분과 유분의 용해작용으로 세정이 이루어지므로 피부의 피지와 같은 노폐물을 잘 용해시키고 특히 유성 화장과 두터운 메이크업을 지울 때 좋다. 지성과 여드름을 제외한 모든 피부에 사용할 수 있지만 특히 건성과 예민성 피부에 추천할 만하다.

클렌징 크림은 친유성(w/o emulsion)과 친수성(o/w emulsion)형태로 나누어지며, 클렌징 크림을 얼굴에 골고루 발라 가볍게 문지른 후 티슈로 닦아낸다. 티슈로 닦아도 약간의 끈적임이 남게 되므로 클렌징 워터(cleansing water)로 유분기를 한번 더 닦아 내고 비누 세안을 하면 더욱 좋다.

4) 클렌징 오일

클렌징 오일(cleansing oil)은 오일 형태의 클렌징 제품이지만 물로 씻으면 물에 용해되는 친수성(hydrophilic)으로 제조되어 있다. 친수성 오일의 경우 가격이 고가이며 건성, 민감성, 노화 피부와 진한 화장을 지울 때 적합하다.

5) 클렌징 젤

클렌징 젤(cleansing gel)은 유성성분이 전혀 없는 투명한 젤 형태의 수성 클렌징으로 지방에 예민한 알레르기 피부, 지성 또는 여드름 피부에 적합하다.

6) 클렌징 워터

클렌징 워터(cleansing water)는 워터 타입이지만 소량의 오일이 섞여 있고, 시원하고 산뜻한 느낌을 주며, 연한 화장을 지울 때 사용한다.

7) 클렌징 왁스

클렌징 왁스(cleansing wax, balm)는 왁스와 같은 광물성 기름을 넣어 제조하여 클렌징 제품 중 가장 고체형에 가깝다. 고체인 왁스는 따뜻한 피부와 접촉되면 액체 형태로 녹으면서 두꺼운 피부 화장을 함께 녹여 잘 제거해 준다. 악건성 피부와 오페라, 연극, 영화 등 유성이 짙은 무대분장을 지울 때에 사용한다.

8) 클렌징 티슈

클렌징 티슈(cleansing tissue)는 여행 시 클렌징 화장품이 없는 상황이나 밖에서 화장을 고칠 때 사용할 수 있다. 하지만 전문 클렌징 제품은 아니며 지속적으로 사용하면 피부가 민감해질 수 있다.

4. 클렌징의 개요

- 1차 클렌징(point make-up cleansing): 아이메이크업 리무버를 이용하여 눈과 입술의 색조화장을 지운다.
- 2차 클렌징(face & décollet cleansing): 피부유형에 적합한 클렌징 제품으로 얼굴과 데콜테 부위를 약 5분 정도 클렌징한다.
- 3차 클렌징: 적절한 영양물질이 함유되어 있는 화장수로 닦는다.

1) 클렌징의 목적

클렌징 밀크로션, 클렌징 크림, 클렌징 오일 등을 사용하여 1차적으로 세안하는 것은 메이크업의 색조, 유분, 피지, 먼지 등을 제거하는 것이다.

2) 클렌징의 효과

① 피부의 땀과 피지, 먼지 등 노폐물을 내어 피부가 청결해진다.
② 메이크업 제품이 깨끗이 지워진다.
② 표피층의 죽은 각질이 제거되어 피부 표면이 부드러워진다.
③ 혈액순환이 원활해져 피부의 생리적인 기능이 정상적으로 유지된다.
④ 다음 단계에 사용되는 화장품의 흡수 효율이 좋아진다.

3) 품질 좋은 클렌징제 선택

① 클렌징이 양호하게 잘 이루어져야 한다.
② 피부 피지막이 손상되지 않아야 한다.
③ 피부 타입에 적합해야 한다.
④ 피부 표면이 자극되어 상하지 않아야 한다.
⑤ 사용감이 부드러워야 한다.

⑥ 너무 뻑뻑하거나 지나치게 묽지 않아야 한다.

5. 클렌징 순서와 동작

1) 포인트 메이크업 클렌징

(1) 유의할 점

① 눈 주위의 피부는 가장 민감하므로 반드시 눈화장 제거용 아이메이크업 리무버를 사용한다.

② 콘택트렌즈를 뺀 후 시술한다.

③ 일반 클렌징 제품으로 눈화장을 지워내지 않는다(알레르기, 따가움, 눈 침침함, 눈물샘 막힘 등을 유발할 수 있다).

④ 깨끗하게 지우지 않으면, 눈 주위의 색소침착과 세균 번식을 유발시킬 수 있다.

⑤ 눈화장을 비누로 지우면 눈에 자극을 주고 다크서클을 유발할 수 있으므로 삼간다.

(2) 포인트 메이크업 클렌징 순서

① 적당한 크기로 자른 미용솜 3~5장과 면봉에 아이메이크업 리무버를 적신다.

② 아이메이크업 리무버를 적신 미용솜을 양 눈과 입술에 10~20초간 정도 덮어둔다.

③ 중지에 미용솜을 끼우고 왼쪽 눈부터 안쪽에서 바깥쪽으로 아이섀도우를 2~3회 닦아낸다.

④ 아이브로우를 지운다.

⑤ 아이라인을 지운 후 속눈썹 아래에 미용솜을 놓고, 면봉으로 아이라인을 닦는다.

⑥ 면봉으로 속눈썹의 마스카라를 눈썹 성장 방향으로 닦아낸 후 미용솜을 반 접어 한 번 더 닦아 준다.

⑦ 오른쪽 눈을 ③~⑥번과 같은 방법으로 시행한다.

⑧ 눈화장이 잘 제거되었는지 확인하고 눈화장이 남아 있으면 깨끗한 미용솜과 면봉으로 한 번 더 닦아 준다.

⑨ 입술 끝을 가볍게 잡아 당긴 후 오른손 중지에 미용솜을 끼워 입술 모양을 따라 2~3회 립스틱을 닦아낸 후 다시 위아래 입술의 세로 주름 방향을 따라 립스틱을 지워준다.

⑩ 입술의 색조화장 클렌징이 잘 되었는지 다시 확인한다(잔여물이 남아 있을 때 미용솜과 면봉으로 한번 더 깨끗하게 처리한다).

2) 얼굴 클렌징

(1) 클렌징제 도포

① 피부 타입에 적합한 클렌징제를 덜어서 데콜테, 턱, 뺨, 코, 이마 순으로 찍어 발라 놓는다.

② 손에 남은 제품을 양 손바닥으로 따뜻하게 문지른 후 데콜테 → 목 → 턱 → 인중 → 뺨 → 코 → 이마 → 눈의 순서로 손을 떼지 않고 동작을 연결하여 얼굴 전체에 부드럽고 신고하게 클렌징 제품을 바른다.

(2) 순서

■ 클렌징 동작

클렌징 동작은 부드럽고 가볍고 경쾌하게 시행하며, 마사지 동작보다 빠른 속도로 시술하고, 너무 오래 동안 문지르는 것을 삼간다.

제품 도포: 턱, 인중, 뺨, 코, 이마, 전체, 목, 데콜테

양손(좌우) 교대로 데콜테 쓰다듬기

양손 동시에 써클링하며 데콜테 중앙에서 어깨까지 문지르기

양손 교대로 좌우측 물결 모양 쓰다듬기

양손 교대로 목을 위 방향으로 쓰다듬기

양손바닥으로 목 전체를 가볍게 원을 그리며 문지르기

양손 교대로 턱 중앙에서 귀 쪽으로 쓰다듬기

중지, 약지로 구륜근 주위 써클링하며 문지르기–쓰다듬기

양 뺨 2, 3, 4, 5지로 써클 문지르기(3부위 나누어서)

2, 3(3, 4)로 코벽 써클 문지르고 콧등으로 쓰다듬으며 올라와 코벽으로 내려가기

콧망울과 측면을 8자로 써클 문지르기

코벽을 위아래로 쓰다듬기

양손으로 내측 방향으로 써클 문지르기

한 손씩(좌, 우) 내측방향으로 써클 문지르고 1회 쓰다듬기

안륜근을 내측 방향으로 쓰다듬고 관자놀이 지압, 턱을 감싸 쓰다듬으며 마침

6. 클렌징 마무리

클렌징 동작이 끝나면 티슈로 가볍게 눌러준 후 적당하게 접어서 클렌징제를 닦는다.

1) 티슈

① 티슈를 삼각형으로 접어 왼쪽 뺨에 댄다. 피부결 방향을 고려하여 왼손으로 아래에서 위쪽을 향해 가볍게 누르며 쓰다듬는다.

② 오른쪽 뺨으로 티슈를 넘겨 같은 방법으로 가볍게 누르듯 쓰다듬는다.

③ 티슈를 역삼각형으로 코 밑에 대어 가볍게 누른다.

④ 티슈를 삼각형으로 코 위에 대고 가볍게 누른다.

⑤ 티슈를 접어 손가락에 잘 감아 남은 화장품을 턱에서부터 위쪽으로 피부결 방향에 따라 닦아 낸다.

2) 해면 또는 젖은 코튼

해면으로 남은 클렌징 제품과 메이크업의 잔여물 및 찌꺼기를 깨끗이 닦아 낸다. 한 번 사용한 부분은 재사용하지 말고 해면을 돌리며 부위를 바꾸어 가며 닦아 준다. 해면은 피부에 자극을 줄 수도 있으므로 코튼을 사용하기 좋게 오린 후 적셔서 닦으면 피부자극 완화 효과는 물론 위생적으로 최고의 효과를 얻을 수 있다.

① 피부관리 볼에 담가놓은 해면의 물기를 적당하게 짜 준다.

② 양손의 검지 · 중지로 해면을 잡고 눈 부위부터 부드럽게 닦아 준다.
③ 눈 → 이마 → 양 뺨 → 코 → 인중 → 턱 → 목 → 데콜테 → 목 뒤→ 귀

3) 습포

피부관리 중 사용한 제품을 닦아 피부를 청결히 하고자 할 때 젖은 타월을 이용하여 닦아 내는데 이것을 습포라고 한다. 따뜻한 온습포와 차가운 냉습포를 선택적으로 사용할 수 있다. 혈액순환 효과를 증가시키기 위한 목적으로 온 · 냉습포를 교대로 사용할 수 있다.

(1) 온습포

따뜻한 습포를 지칭하며 피부관리 시 적합한 온습포 온도는 47~50℃ 정도이다. 오래된 지방을 녹이고 표피층의 죽은 각질을 자연스럽게 제거시켜 준다.

① 효과

- 혈액순환 촉진
- 모공 확장
- 먼지와 피지 제거
- 죽은 각질 제거
- 피지선 자극
- 적절한 수분 공급
- 적절한 습도 유지
- 다음 단계 사용하는 화장품 흡수율 상승
- 면포 연화

② 유의점

- 사용 전 반드시 팔 안쪽에 온도를 체크한 후 사용
- 50℃ 이상의 뜨거운 습포 사용 금지
- 민감성, 모세혈관확장 피부, 염증 유발 가능성이 있는 피부에 뜨거운 습포 사용 금지
- 제모나 강한 필링관리 후에 온습포 사용금지
- 피부관리 시작 단계에 사용하면 효과적
- 소독된 타월을 사용

(2) 냉습포

차가운 습포를 뜻하며 피부관리 시 적합한 냉습포 온도는 약 17~20℃ 정도이다. 이것은 진정작용이 있으므로 아하 딥클렌징과 팩 관리 후 사용한다.

① 효과

- 피부 긴장감과 주어 탄력 부여
- 모공 수축 효과
- 혈관 수축작용을 통한 염증 완화
- 소양감 피부의 진정효과

② 유의점

- 민감성, 모세혈관확장 피부는 17℃ 이하의 아주 차가운 냉습포 금함
- 냉습포 역시 반드시 소독해 사용함
- 피부관리 마지막 단계에서 사용하면 효과적

4) 습포사용법

피부타입과 사용제품에 따라 적절하게 냉 · 온습포를 병행하여 사용한다. 지나치게 뜨거운 스팀타월 사용을 삼가고, 핫박스에서 막 꺼낸 스팀타월은 반드시 팔 안쪽에 대어 뜨거운지 여부를 체크한 후 얼굴에 사용한다.

① 양손바닥에 습포를 받쳐 고객 얼굴에 스치듯 신호를 준다. 얼굴의 1/2, 즉 코의 윗부분에서 이마에 대고 부드럽게 누르고, 다시 코밑 1/2 얼굴 부위에 대고 약하게 압을 주어 눌러준 후 다시 위로 당겨준다.

② 코의 숨구멍만 내고 왼쪽부터 접어 삼각형 형태로 만든다.

③ 왼손은 턱에, 오른손은 이마에 얹어 누른 다음 양손을 뺨에 올려 감싸주듯이 살짝 누른다.

④ 양손바닥을 옆으로 하여 양 눈동자를 부드럽게 돌리듯 문지른 후 팔목 힘을 이용해 수근으로 관자놀이를 지그시 누르고 뺨을 감싸고 이마를 누른다.

⑤ 그림과 같은 순서로 얼굴을 지압한다.

⑥ 지압이 끝나면 습포의 접힌 부분에 손을 넣고 수건을 턱밑을 내려 놓은 후 눈 주위 → 이마 → 코 → 인중 → 뺨 → 턱 → 목 → 데콜테 → 귓불 순으로 닦는다.

⑦ 습포를 뒤집어 목 → 데콜테 → 승모근 주위를 깨끗이 닦는다.

⑧ 깨끗한 부위를 선택하여 손바닥에 습포를 올려놓은 후 왼손을 머리 뒷부분에 잘 받친 후 오른손의 습포로 목 뒤를 시원하게 주무른다.

⑨ 습포를 접어 헤어라인 부분과 목과 턱선 부위를 다시 닦아준 후 스킨토너로 정리정돈 한다.

5) 습포 지압 순서

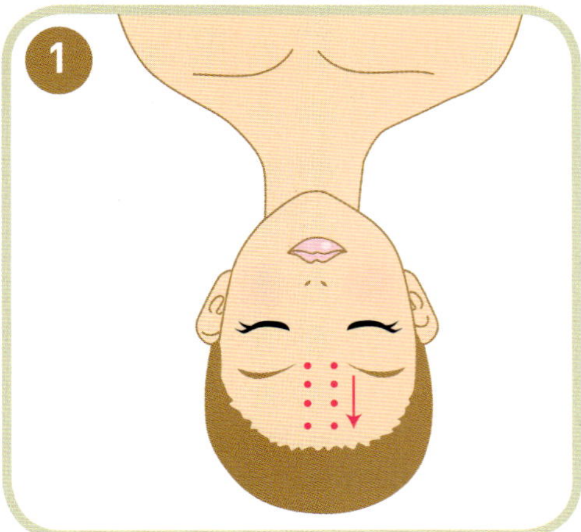

이마를 누른다(아래 → 위).

헤어라인을 누른다.

눈 밑 → 인중을 누른다.

턱 중앙을 누른다.

턱에서부터 관자놀이까지 누른다.

양 2, 3, 4, 5지로 3차 신경라인을 지압한다.

양손을 포개어 지그시 누른다.

7. 화장수

클렌징 후에 사용하는 스킨토너는 보습, pH 조절의 효과로 있지만 얼굴 화장을 지운 후에도 여전히 남아 있을 수 있는 색조화장품, 먼지 등의 잔여물을 닦아주는 효과가 있기 때문에 3차 클렌징의 의미도 있다.

1) 화장수의 종류 및 작용

화장수는 일반적으로 정제수, 알코올(메틸알코올), 보습제를 기본원료로 한 용액이 대부분이다. 여기에 화장수의 사용목적이나 효과에 맞게 산이나 알칼리 혹은 점액질 등 기타 성분을 배합한 것이 일반적인 화장수의 기본구성이다. 화장수의 작용이나 사용목적은 약간의 차이가 있겠으나 그 본질과 기능에 따라 크게 다음과 같이 나눌 수 있다.

(1) 유연 화장수

클렌징 크림으로 제거되지 않은 유분이나 비누, 세안 후의 잔여물을 제거하여 불균형해진 피부를 정돈시킨다. 보습제, 유연제의 함유로 각질층을 촉촉하고 부드럽게 하면서 다음 단계에 사용할 제품의 흡수를 용이하게 한다.

(2) 수렴 화장수

흔히 아스트린젠트(astringent) 또는 스킨토닉(skin tonic)이라고 불리며 각질층에 수분을 보급하고 발한, 기름(피지)분비의 속도를 억제한다. 또한 모공을 수축시켜 피부결을 곱게 조절해 주고 피부에 부착되기 쉬운 세균으로부터 피부를 보호하고 소독해 준다.

(3) 소염 화장수

수렴과 소염을 동시에 해 주는 화장수이다. 주요 성분은 아연화, 알란토인, 캄퍼이며 과잉피지를 흡수하거나 여드름 및 염증이 생긴 피부를 진정시켜 주는 효과가 있다.

2) 화장수의 시술방법

① 클렌징 후에도 남아 있는 메이크업 잔여물, 노폐물 제거에 효과도 있으므로 제3차 클렌징이라고도 한다.
② 피부에 알맞는 화장수를 선택하여 미용솜에 묻힌다.
③ 화장수를 묻힌 화장솜을 한 (양)손의 중지에 끼워 각각 이마, 뺨, 코, 턱, 목 순서로 가볍게 닦아 내듯이 화장수를 바른 후 흡수시켜 준다.
④ 가볍게 피아노를 치듯이 두드려서 마무리해 준다.

chapter 06

눈썹 수정과 염색

Eyebrow Correction and Dyeing

1 눈썹 수정 및 정리

2 눈썹과 속눈썹 염색

1. 눈썹 수정 및 정리

고객이 눈썹 수정을 원하거나 눈썹이 정리되지 않아 모양이 보기 흉할 때 고객과 상담하여 눈썹 수정가위, 쉐이퍼, 족집게, 눈썹브러시, 눈썹쉐이퍼 등을 이용하여 눈썹을 정리정돈해 주도록 한다.

눈썹을 정리정돈할 때는 고객의 얼굴형, 현재 눈썹 상태, 눈의 위치, 연령, 현재 미용 트렌드, 고객 취향 등을 고려하여 수정하고, 수정이 끝난 후 진정 화장수나 젤을 묻힌 미용솜으로 닦아 주거나 수정 부위에 1분 정도 아이패드를 올려 놓는다.

■ 눈썹 수정 방법

준비: 소독제, 눈썹브러시, 족집게, 눈썹가위, 쉐이퍼, 미용솜, 진정 젤, 티슈

- 수정 부위를 소독한다.
- 브러시로 쓸어 주고 원하는 눈썹머리, 눈썹길이, 눈썹산의 형태를 정한다.
- 눈썹을 쓸어 자르고자 하는 부위에 브러시를 고정시킨 후 가위로 자른다. 잘라 낸 눈썹을 젖은 미용솜으로 정리한다.
- 검지와 중지를 제거하고자 하는 부위에 텐션을 준 후 족집게로 눈썹이 자라는 방향으로 신속하게 뽑는다.
- 눈썹쉐이퍼로 정리한다.
- 진정 젤이나 진정 화장수를 미용솜에 묻혀 바른다.

2. 눈썹과 속눈썹 염색

동양인의 눈썹 색깔은 대부분 진하고 검은색이 주를 이루므로 눈썹 염색 시술이 널리 보급되지 않았지만 눈썹 색상이 연하고 다양한 색깔을 가지고 있는 서양인들에게 눈썹 염색은 헤어컬러링만큼 널리 보급되어 있다. 진한 검정, 검정, 갈색, 군청색, 회색 등 다양한 색상의 눈썹 염색제를 이용하여 눈썹을 물들이는 눈썹 컬러링은 눈매를 더욱 뚜렷하고 매혹적으로 가꾸어 준다.

뿐만 아니라 눈썹 염색은 계절이나 상황에 맞게 색상 변화를 줄 수 있고 눈썹 형태도 고정시켜 주어, 마스카라를 하지 않더라도 아름다울 수 있고 화장 시간을 절약할 수 있는 장점도 있다. 눈썹 염색은 보통 4~5주 동안 지속되며 부작용이 거의 없다.

1) 눈썹 염색의 금기사항

① 피부장애와 질환이 있을 경우
② 안과장애가 있을 경우
③ 첩포 시험(patch test)을 해 부작용이 나타나는 경우
④ 심한 건성 피부일 경우
⑤ 눈썹 수정을 한 다음

2) 준비물

눈썹 염색약, 3%의 과산화수소, 바셀린, 화장솜, 면봉, 염색브러시, 염색막대, 눈썹 염색 전용 유리볼, 깨끗한 물, 가위

3) 눈썹 염색 시술

깨끗이 클렌징한 상태에서 시술하며 15~30분 정도의 시간이 소요된다.

■ 주의: 눈에 염색약이 들어가지 않도록 하며, 눈에 들어 갔을 경우 식염수를 넣어 흘러 나오게 한다.

(1) 눈썹

① 눈썹 이외의 피부에 염색이 되지 않도록 눈썹을 제외한 주위 피부에 바셀린을 바른다(바셀린을 눈썹에 발라서는 안 된다).
② 원하는 칼라의 염색제를 염색볼에 짠 다음 과산화수소수 몇 방울을 떨어뜨려 잘 혼합하여 염색막대로 젓는다.
③ 눈썹 성장 방향을 따라 염색브러시로 제품을 바른다(피부에 도포되지 않도록 주의).
④ 염색제가 작용하도록 약 3~5분 동안 둔다.
⑤ 준비해 둔 미용솜으로 염색제를 제거한다.
⑥ 깨끗한 물을 적신 미용솜으로 염색 부위를 여러 번 닦아주도록 한다.

(2) 속눈썹

일반적으로 속눈썹은 눈썹보다 좀 더 진하게 염색해야 한다.

① 미용솜을 물에 적셔 물기를 짜낸 후 가위로 눈 밑 선 모양대로 잘라 놓는다(2장).

② 고객이 눈을 뜨게 한 상태에서 속눈썹 가장자리에 바셀린을 바른다.
③ 준비해 둔 미용솜을 눈 밑에 바짝 붙여 얹어 놓는다.
④ 원하는 색상의 염색제와 과산화수소를 염색볼에 혼합한다.
⑤ 고객의 눈을 감게 한 후 염색제를 눈썹뿌리에서부터 바깥쪽으로 바른다.
⑥ 염색제가 작용하도록 약 5~7분간 미용솜을 반으로 접어 아이패드해 놓는다.
⑦ 염색이 되었으면 접어놓은 아이패드를 아래쪽으로 미끄러뜨리듯 떼어낸 후 면봉으로 속눈썹의 염색제를 깨끗이 제거한다.
⑧ 미용솜을 깨끗한 물에 적셔 속눈썹 염색제와 바셀린을 여러 번 닦아 준다.

chapter 07

딥클렌징과 필링

Deep Cleansing and Peeling

1 개념

2 에스테틱 필링의 종류

3 효능

4 적용방법과 유의사항

5 특수 필링

6 의료 필링기기

1. 개념

필링(peeling)은 '껍질을 벗기다'라는 의미로 에스테틱과 의학분야에서 이루어지는 작업이다. 표피층을 구성하는 여러 가지 세포 중 각질세포(keratinocyte)는 기저층에서 세포분열을 하여 점차 위층으로 이동한다. 유극층 → 과립층 → 투명층 → 각질층으로 이동한 후 각질층에서 사세포 상태로 얼마 동안 잔류하다 일정시간이 되면 죽은 각질세포는 건조되어 자연 탈락한다. 이러한 과정을 각화과정 또는 각화현상(keratinization)이라 하며, 정상적인 각화과정을 수행할 때 피부는 매끈하고 건강한 상태를 유지할 수 있다.

그러나 각질세포가 정상적인 생리기능을 수행하지 못하여 각화과정 주기, 즉 각질 탈락주기가 너무 빠르거나 늦어지면 피부상태에 문제가 발생한다. 각화과정 주기가 빨라지면 피부는 민감성을 나타내게 되고 주기가 늦어지면 피부에 과각질화 현상이 나타나 주름이 형성되고 노화가 촉진된다. 뿐만 아니라 과각질화 현상으로 인하여 피부색이 칙칙해지고 여드름 발생의 원인이 되기도 한다.

이러한 경우 에스테틱 영역의 딥클렌징과 필링 관리는 여드름, 주름, 색소, 칙칙한 피부를 개선시켜 준다. 또한 주기적인 필링관리는 정상적인 각질상태를 유지시켜 줌으로써 항상 아름답고 건강한 피부를 유지할 수 있게 도와주어 피부노화를 지연하고 억제시키기도 한다. 필링제품은 고객의 피부유형과 피부상태에 따라 적합한 것으로 선택하여 관리한다.

2. 에스테틱 필링의 종류

에스테틱 필링은 불필요한 과각질을 제거하는 관리로 흔히 딥클렌징 또는 익스폴리에이션(exfoliation)으로 부르고 있다.

1) 스크럽 딥클렌징

밀기울, 아몬드씨, 살구씨, 조개껍데기 가루, 고령토, 규석(규조토)같은 천연재료뿐만 아니라 폴리에틸렌과 같은 인공재료 등 연마제가 되는 미세한 알갱이를 첨가해 만들어진 크림 타입의 제품으로 각질과 모공관리에 사용된다. 스크럽제의 알갱이와 피부의 물리적 마찰에 의해 피부 각질층이 1~3층 벗겨지기 때문에 물리적 딥클렌징이라고 한다. 스크럽을 손으로 문지르거나 프리마톨 기기의 브러시를 이용하여 마사지하듯이 문질러 각질이 제거되는 것이므로 약한 압을 주어 동작을 행한다.

■ 적용

- 지성 피부, 과각질 피부, 칙칙한 피부, 정상 피부, 복합성 피부

■ 금기

- 금기: 화농성 여드름, 모세혈관확장 피부, 민감성 피부

■ 사용법

- 적정한 사용량을 유리볼에 덜어 브러시로 바른다
- 손에 압을 약간 주어 피부 근육결에 따라 문지르고 칙칙하거나 두꺼운 T존 부위를 더 세심하게 문지른다. 스티머가 있는 경우 스크럽제를 도포하고 3~4분 동안 스팀을 쏘여 주고 적당한 동작으로 문지르면 매우 효과적이다.
- 필링제가 마르면 손에 물을 적셔 가며 동작을 행한다.
- 러빙 동작 후 해면과 습포로 알갱이가 남지 않도록 깨끗이 닦아 낸다.
- 스킨토너로 정리정돈한다.

2) 효소 딥클렌징

단백질 물질을 흡수하는 단백질 분해효소(enzyme)를 섞어서 만든 제품으로 췌장에서 얻어지는 판크레아틴, 트립신, 펩신, 곰팡이균의 효소, 파파야의 파파인, 파인애플의 브로멜라인, 바나나의 효소 등이 주로 딥클렌징의 효소물질로 많이 사용되고 있으며 천연에서 얻어지는 물질이므로 생물학적인 필링이라고 한다. 주로 파우더 타입이 많고 효소의 촉진을 위하여 물과 희석하여 35~45℃의 온도와 70%의 습도를 유지시키면 탁월한 효과를 얻을 수 있다. 각질 분해능력이 탁월해 자극 없이 피부의 죽은 각질층을 제거하고 표피층에만 작용함으로 피부에 부작용을 유발하지 않으며 피부의 새로운 세포층 생장을 촉진시켜준다.

■ 적용

- 과각질화된 피부, 두껍고 혈액순환이 잘 안 되는 피부, 모공이 넓은 피부, 지성피부, 여드름 상흔이 있는 피부 등 모든 피부

■ 사용법

- 깨끗이 클렌징된 피부에 사용한다.
- 눈에 아이패드를 덮는다.
- 효소가루 1~2스푼을 유리볼에 덜어 따뜻한 물과 섞어 거품을 약간 낸 후에 바른다.
- 온습포를 올려 덮어두거나 거즈를 올린 후 온습포를 덮어 둔다(스티머가 있는 경우 도

포 후 바로 5~10분간 수증기를 쏘이면 된다).

- 효소가 작용할 수 있도록 잠시 동안 시간을 준다.
- 온습포와 아이패드를 걷어 내고 해면으로 닦아 낸다(거즈를 사용한 경우 올려진 습포로 효소를 바로 닦아 내도 된다).
- 새 온습포로 깨끗이 효소를 제거한다.
- 스킨토너로 정리한다.

3) 아하

아하(AHA)는 천연과일, 사탕수수, 우유에서 추출한 무독성의 천연 과일산으로 글리콜릭산, 락틱산, 만델릭산, 시트릭산, 타타릭산 등이 있다. 이 가운데 분자구조가 가장 작은 글리콜릭산이 많이 이용되고 있다. 에스테틱 영역에서는 10% 이하의 아하를 이용하여 각질관리를 한다. 아하는 각질 용해 효과뿐만 아니라 피부 보습과 세포 재생 효과도 가지고 있다.

■ 적용

- 모든 피부 사용이 가능 예민피부에는 주의

■ 금기

- 심한 모세혈관확장 피부, 상처피부
- 단순포진 경험자
- 4~6개월 간 아주탄 복용자
- 염증 · 발적의 문제피부

■ 사용법

- 눈에 아이패드를 얹는다.
- 유리볼에 적당량을 덜어낸다. 브러시로 바르거나 또는 면봉에 젖은 미용솜을 말아 아하를 묻혀 T존의 이마 부위부터 도포한다.
- 피부상태에 따라 시간을 적용한다(3~5분).
- 아이패드를 걷어내고 해면으로 아하를 닦아낸다.
- 냉습포로 깨끗이 닦아낸다.
- 스킨토너로 정리한다.

4) 고마쥐

고마쥐(gommage)는 '지우기', '제거하기', '각질제거'라는 뜻으로 사용 시 밀어내는 마찰과정에서 각질이 제거되는 딥클렌징이다. 물리적 자극을 주고 크림 타입이라는 점이 스크럽과 동일하다. 고마쥐는 전분성분인 셀룰로즈가 기본원료이지만 최근 자극을 줄여주기 위하여 효소를 첨가하여 제조된 고마쥐 제품도 있다. 도포 후 어느 정도 건조된 상태에서 피부 근육결 방향대로 밀어낸다.

■ 적용

- 지성 피부, 두꺼운 피부, 건성 피부, 정상 피부

■ 금기

- 민감성 피부, 각질 없는 피부, 모세혈관확장 피부

■ 사용법

- 유리볼에 적당량의 고마쥐를 덜어 낸다.
- 터번을 풀어 터번 테두리에 티슈 2장을 댄 후 터번을 귀까지 싼 상태로 매고 티슈를 보기 좋게 정리한다.
- 브러시로 고마쥐를 일정한 두께로 도포하고 눈에 아이패드를 올려 주며, 목 옆의 베드 위에도 티슈를 깔아 놓는다.
- 적당하게 건조되었으면 작업 부위에 텐션을 준 상태로 피부 근육결 방향으로 밀어 정리한다.
- 터번을 풀어 티슈를 제거하고 다시 터번을 맨다.
- 손에 물을 묻혀 부드럽게 문지른다.
- 해면과 습포로 닦아 준다.
- 스킨토너로 정리한다.

5) 기기를 이용한 딥클렌징

- 직류전류의 음극을 연결하여 모공세정용 디스인크러스테이션 앰플을 침투시켜 피지를 녹이고 모공의 각질과 노폐물을 제거하는 관리이다.
- 프리마톨을 이용한 딥클렌징
- 진공흡입기를 이용한 면포 압출 시 사용

3. 효능

① 죽은 각질 제거로 안색이 정화된다.
② 피부 표면의 능선과 고랑을 매끈하게 하여 피부결을 좋게 해 준다.
③ 모공 속의 노폐물이 제거된다.
④ 면포를 연화시켜 피지 배출을 용이하게 해 준다.
⑤ 혈색이 맑고 좋아진다.
⑥ 죽은 각질이 제거되어 다음 단계에 사용하는 제품의 흡수율이 좋아진다.

4. 적용방법과 유의사항

1) 적용방법

① 클렌징이 깨끗이 된 상태에서 적용한다.
② 적당량을 유리볼에 덜어낸다.
③ 브러시에 약간의 물을 적셔 제품을 저은 뒤 브러시에 묻혀 중앙에서 바깥쪽으로, 아래 부위에서부터 위쪽으로 바르고 예민한 눈과 입 주위에는 바르지 않는다. 종류에 따라 아이패드를 덮는다.
④ 피부유형과 종류에 따라 작용시간을 두고 딥클렌징 종류에 따라 스티머를 쏘여준다.
⑤ 스크럽은 손에 약간의 힘을 주어 부드럽게 클렌징 동작으로 문질러 준다.
⑥ 해면으로 깨끗하게 닦아 낸다.
⑦ 습포로 마무리한다.
⑧ 스킨토너로 정리한다.

2) 유의사항

① 모든 피부에 적용이 가능하나 심한 모세혈관확장 부위, 예민한 피부 또는 부위, 상처부위, 피부염 부위는 삼간다.
② 도포 시 눈과 입 주위에는 바르지 않는다.
③ 문지르는 동작을 할 때 눈의 점막에 스크럽 등의 제품이 들어가지 않도록 조심한다.
④ 딥클렌징 직후 바로 피부를 자외선에 직접 노출시키는 것을 삼가하고, 반드시 자외선 차단 크림을 바르도록 한다.

5. 특수 필링

1) 아하

에스테틱 딥클렌징에 사용되는 농도보다 높은 농도(15~20%)의 아하를 이용하여 각질세포의 응집력을 와해시켜 각질을 없애는 관리이다. 고농도 아하를 사용하는 경우 피부상태에 따라 반응이 다르기 때문에 도포 시 일정하게 도포하되 잘 관찰하여 얇은 부위에 홍반이 나타나면 바로 닦아내야 한다. 고농도 사용 시에는 아하를 닦고 클렌징제로 중화시켜 제거해 준다. 피부탄력, 보습 부여, 각질 제거, 안색 정화, 피지 분비 완화, 모공 청결, 여드름 완화 등의 효과가 있다.

2) 해초필링

효소성분이 함유된 심해에서 추출한 해초와 이스라엘의 사해에서 추출한 미네랄로 구성된 해초가루와 활성액을 희석하여 얼굴에 발라 마사지하듯 문지른다. 피부상태에 따라 시간과 문지르는 강도를 조절해야 한다. 여드름 흉터, 넓은 모공, 색소피부, 주름피부 등에 사용하며 피부톤 정화, 탄력 증가 등의 효과가 있다. 시술 당일부터 세안과 화장이 가능하다.

3) 메디컬 필링

메디컬 필링(mediical peeling)제는 대부분 고농도로 된 화학적 필링이며 인위적으로 얼굴에 화상을 일으켜 피부의 기저층까지 벗겨내는 방법으로 반흔이 생길 수도 있다.

화학적으로 합성된 성분을 함유한 화학적 필링요법에 사용되는 제품은 대부분이 의약품이며, 대표적 성분은 TCA(tricarboxy1 acids), 벤조일 페록사이드(benzoyl peroxide), 페놀(phenol), 레티노이드(retinoids), 설파(sulfar), 아미노산, 피루빈산 등이며 의사의 지시 없이 사용해서는 안 된다. 이들 성분은 필링 효과가 탁월하지만 필링 후 사후관리가 매우 어렵다. 예를 들어 피부과와 성형외과에서 행하는 박피술에 흔히 페놀이 이용되는데 이 화학성분은 각질층을 일시에 벗겨낼 수 있을 정도로 효과가 우수하지만 박피 후 "속살"이 노출되어 상당기간 특별한 의학적 처치로 보호해 주어야 하는 번거로움과 사후 관리가 어려운 문제가 있다. BP나 레티노이드는 효과가 뛰어나지만 박피술 후 자외선에 노출되면 피부가 심하게 손상된다. 사용된 물질로 인하여 내부기관이 장기간 좋지 않을 수 있고 화학적 박피시술을 받은 고객은 8~10일간 직업 또는 사회활동을 할 수 없다. 의학적 박피시술 후 전문 피부관리실에서 반드시 재생관리를 해야 한다.

① 아하: 피부과에서 농도 50% 정도의 아하를 이용하여 화학박피를 시술한다.
레틴 A(retin A): 비정상적인 비후화된 과각화 증상에 사용하여 정상적인 각화를 유도한다. 어린선, 여드름 등에 사용되지만 과하게 사용하면 예민성이 나타난다.

② BHA(Beta -Hydroxy-Acids): 피부과에서 면포를 용해와 각질 분해 박피를 할 때 이용하며 20~30% 농도는 광노화 피부와 여드름 피부 박피를 하는 경우 사용한다.

③ BP제(benzol peroxide): 여드름 관리나 박피에 사용된다. 모공 속에 서식하는 프로파이오니 박테리아 아크네균(Propioni bacteria acnes)활동을 둔화시키고 피지를 줄여줌으로 피부건조화를 초래하기도 한다.

④ 설파(sulfur); 피부각질 탈락을 유도하여 피부를 매끈하게 하고 방부작용이 있어 여드름 유발균을 억제시켜 여드름을 완화시켜 준다.

⑤ 살리실릭산(salicylic acd): 필링을 목적으로 여드름 피부에 주로 사용하며 방부기능도 있다. 살리실릭산은 설파와 BP제와는 다르게 노화피부는 물론 저농도인 경우 민감성 피부에도 사용할 수 있다.

6. 의료 필링기기

1) 레이저 필링기

1960년부터 의학분야에서 치료목적으로 이용하였으며 특수한 매질을 사용해서 에너지원을 증폭하여 원하는 파장의 빛을 원하는 강도만큼 방출하는 기기이다. 최근 피부 박피용으로 많이 사용하고 있으며 IPL, 탄산가스 레이저기 등이 있다.

2) 다이아몬드 필링기

다이아몬드는 가장 단단한 천연 광물질로 어떠한 화학적 반응을 일으키지 않는 인체의 무해한 물질이다. 다이아몬드 필링기는 팁에 고정된 다이아몬드 입자와 강한 진공압을 이용하여 조직을 탈피시키는 필링기기로 각질층과 표피의 일부를 깎아 낸다.

3) 크리스탈 필링기

1990년 개발된 크리스탈 필링기는 미세한 크리스탈 입자를 흡입하여 이를 피부에 강하게 분사하여 피부의 가장 외층을 세밀하게 갈아내면서 박피가 일어나도록 하는 방법이다. 색소침착, 여드름 흉터, 잔주름, 노인성 반점, 닭살, 튼살 관리에 효과적이며 표피두께와 진피 콜라겐층이 증가된다.

4) 더마브레이션기

현대의 더마브레이션은 1905년 독일의 피부과학자 크로마이어(Kromayer)에 의해 시작되었다. 여드름 흉터를 치료하기 위하여 이산화탄소 얼음으로 피부를 딱딱하게 한 후 마취를 시켜 외과용 드릴로 피부를 회전시키면서 깎아내는 방법이다. 피부 깊이에 따라 효과를 볼 수 있으며 망상층까지 더마브레이션이 침투하지 않는다면 흉터가 남지 않는다는 연구결과가 있다. 최근 더 현대화된 더마브레이션 기법이 여드름 흉터와 찰과상 후 흉터 등 치료에 사용되고 있다.

chapter 08

매뉴얼 테크닉의 종류와 특징

Manual Technique Type and Features

1. 정의

매뉴얼 테크닉(마사지)은 기원전부터 여러 가지 형태로 시행되었으며, 1886년 의학사전에 의하면 "마사지는 고대 그리스에서 유래되었으며 '근육을 주무르는 것'을 뜻한다. 즉 안마하는 것을 의미한다."고 서술되어 있다. 마사지(massage)의 어원 'Masso'는 의학사전에서 설명한 것처럼 그리스어에서 유래하여 오늘날 마사지(massage)란 단어로 정착되었으며 '문지르다', '이기다', '반죽하다', '쓰다듬다'를 의미한다.

원시시대 손으로 아픈 곳을 접촉하여 쓰다듬고 문지르는 등의 동작을 행함으로 통증을 완화시켜 질병을 치료했던 행위에서 출발해 오늘날의 손을 이용한 피부미용 매뉴얼 테크닉(마사지)에까지 이른 것이다. 피부미용 매뉴얼 테크닉은 손기술을 사용하여 피부에 물리적 자극을 줌으로써 신체조직의 기능을 회복시키거나 건강하게 지속시키기 위해 피부에 가하는 과학적인 체계를 말한다. 즉 피부관리 제품을 바르고 일정한 동작을 시행하면서 화장품을 흡수시키는 것이다. 피부 신진대사를 촉진하고 근육의 긴장과 정신적 피로, 스트레스를 풀어주는 매뉴얼 테크닉을 시행하려면 인체의 해부생리학을 이해하고 올바른 테크닉을 습득해야 한다.

1) 에스테틱 매뉴얼 테크닉의 종류

- 클래식 마사지(classic/swedish massage)
- 반사 마사지(reflexology massage)
- 림프 마사지(lymph drainage)
- 경락 마사지(meridian massage)
- 스포츠 마사지(sports massage)
- 아유르베다 마사지(ayurveda massage)
- 딥티슈 마사지(deeptissue massage)
- 타이 마사지(thai massage)
- 시아츠 마사지(siatsu massage)
- 결합조직 마사지(connective tissue massage)

2. 클래식/스웨디시 매뉴얼 테크닉의 개요

1) 얼굴 마사지

얼굴 마사지(face massage)는 얼굴, 목, 데콜테를 포함하며 보통 이마 또는 가슴에서 시작하여 가슴이나 어깨에서 끝낸다. 정맥과 임파선은 평행하여 흐르므로 마사지 방향은 정맥과 임파선이 흐르는 방향을 따른다.

(1) 효능 및 유의점

① 효과

- 피부의 세정작용을 도와 피부를 청결하게 한다(피지 제거, 각질 제거, 노폐물 제거).
- 혈액 및 림프순환을 원활하게 한다.
- 피부 내 산소와 영양공급을 도와 신진대사를 촉진시킨다.
- 결합조직의 긴장도를 높여 탄력성을 증가시키고 노화를 지연시킨다.
- 피부를 부드럽고 윤기 있게 한다.
- 피부온도가 상승되므로 적용된 유효물질의 경피 흡수력이 좋아진다.
- 근육을 이완시키고 강화시켜 준다.
- 심리적 안정감을 부여하여 피로를 회복시켜 준다.
- 메이크업을 오랫동안 촉촉하게 유지시켜 준다.
- 모세혈관벽을 튼튼하게 한다.

② 마사지를 삼가야 하는 경우

- 임산부의 가슴, 배 마사지
- 외상, 염증, 피부에 질환이 있는 경우
- 화장품 등의 부작용으로 알레르기반응이 일어났을 경우
- 정맥벽이 부분적으로 확장된 경우
- 피부에 홍반현상이 나타났을 경우
- 심한 화농성의 여드름 피부

(2) 바람직한 마사지 방법 및 자세

① 지나치게 빠른 동작은 일시적 효과만 있으므로 마사지 동작은 빠르지 않게 일정한 속도를 유지하며 리드미컬하게 한다.

② 피부의 근육 방향과 주름 생성 방향을 고려하여 마사지한다.

③ 마사지 부위에 최대한 손을 밀착시킨다.

④ 손 동작이 얼굴에서 정지되거나 머뭇거려서는 안 되고 손목이나 손가락의 움직임은 유연해야 한다.

⑤ 양손이 동시에 얼굴에서 떨어지면 안 된다.

⑥ 동작과 동작 간 연결 시 손을 떼지 않고 부드럽게 연결한다.

⑦ 마사지 시 동작과 고객의 피부타입에 따라 압의 세기를 변화시킨다.

⑧ 마사지는 가능한 일정한 속도로 천천히 한다. 피부관리 임상에 따르면 느리지만 적극적인 마사지가 빠르고 표면적인 마사지보다 더 효과적이며 유리한 것으로 증명되었다.

⑨ 각 동작의 횟수는 보통 3회로 하지만 동일한 피부 부위에 동일한 동작을 여러 번 반복할 경우 피부 자극도가 올라간다. 따라서 마사지할 때 고객의 민감도와 반응도를 고려하여 동일한 테크닉의 횟수를 가감하여 실행한다.

⑩ 정맥과 임파선은 평행하여 흐르므로 원칙적으로 마사지 방향은 정맥과 임파선이 흐르는 방향을 따른다. 심장 쪽을 향해 실행하며 심장 쪽으로 갈 때는 체중을 실어 압을 주고, 되돌아올 때는 힘을 뺀다.

⑪ 마사지 제품은 피부유형에 적합한 나이트 크림, 영양 크림, 전용 마사지 크림, 아로마 오일 등을 사용한다. 제품을 너무 적게 사용할 경우 마사지 시술 중 자극을 주어 피부를 붉게 하거나 민감하게 만들 수 있고 과량인 경우 미끄러워 테크닉의 압을 조절하기 어렵기 때문에 적당량을 잘 조절해 사용해야 한다.

2) 안면 마사지를 위한 근육

마사지 동작은 피부의 근육 방향과 주름생성 방향을 고려하여 시행한다. 피부의 결합조직 섬유는 모두 일정한 방향을 향하고 있고 주름은 섬유의 조직과 평행하게 생성된다. 즉 주름살은 진피층의 콜라젠 섬유조직과 일치된 방향으로 생성되므로 마사지를 근육과 반대 방향으로 시행하여 수직으로 늘어나 손상을 입게 되면 피부가 찢어져 주름이 커진다. 그러므로 마사지 시 주름 생성 방향을 고려해야 한다. 또한 근육의 방향은 주름 형성 방향과 거의 일치하기 때문에 근육의 방향을 고려하여 마사지해야 한다. 특히 표정근육이 늘어나면 주름을 만들 수 있으므로 안면 마사지 시 근육방향을 고려하여 실행함으로써 표정근육을 강화시키는것이다.

근육과 근육결을 이해하는 것은 중요하다. 두부의 근육은 크게 표정근과 저작근으로 나누어지는데 표정근은 안면의 피하에 있어 피부를 움직이고 안면 신경지배를 받으며 저작근은 악관절의 운동에 관계하고 3차 신경기지인 하악신경의 지배를 받는다.

(1) 안면근(표정근)

얼굴의 근에는 뼈에서 뼈, 뼈에서 피부, 피부에서 피부에 붙은 것이 있다. 이 중에서 피부에 붙은 근을 수축하면 얼굴에 표정이 생기는데, 이것을 안면근(표정근)이라고 한다. 표정근은 횡문근으로 자신의 의지대로 움직일 수 있는 얇고 작은 근육이며 사람에게는 감정 표현과 깊은 관계가 있는 표정근이 발달해 있다.

- 전두근: 눈썹에서 앞머리 부분에 걸쳐 있고 이마의 피부를 위쪽으로 당기는 역할을 한다. 이 근은 주의나 놀람, 고통 등의 표정에 관계하며 이마 주름을 만든다.
- 추미근: 코의 상부에 있으며 눈썹의 중앙을 향해서 있으며 수축되면 미간에 세로 방향의 주름이 만들어지거나 눈이 작아진다.
- 미모하체근: 코의 위쪽과 좌우, 눈썹 사이에 가로 방향의 주름을 만들고, 눈썹을 밑으로 당기는 역할을 한다.
- 안륜근: 눈 주위를 둥글게 싸고 있는 평탄한 근으로 눈을 감게 하는 일을 한다.
- 비근근: 미간의 피부를 끌어내리는 이 근은 전두근과 반대의 일을 한다. 찬 표정이나 엄한 표정을 만든다.
- 비근: 횡부, 익부, 비중하제근의 세 부분이 있으며 횡부는 코를 좁게 하여 얼굴을 찡그리게 하며 익부는 비익을 밑으로 끌어 당긴다.
- 상순비익거근: 코밑을 밑으로 당기는 근으로 입을 다물게 하고 성난 표정을 만든다.
- 구륜근: 입 주위를 감싸고 있어 입을 개폐하는 일을 한다.
- 하순하체근: 아래 입술을 바깥쪽으로 당기는 일을 하며 혐오감을 나타낸다.
- 구각거근: 밑턱 피부의 깊은 곳에 있으며 아랫입술을 위로 올리는 일을 한다.
- 구각하체근: 수축하면 구각 및 윗입술이 밑으로 당겨져 입이 밑으로 일그러진다.
- 상순거근: 코 옆과 윗입술을 위로 당기는 근으로 울 때 움직인다.
- 상순비익거근: 코 옆 세로 방향으로 있고, 코에 주름을 잡거나 콧구멍을 움직이거나 비익과 입술 상부를 들어 올리는 일을 한다.
- 소근: 볼에 있으며 구각을 바깥쪽으로 당겨 비순강의 아래쪽을 같은 방향으로 당긴다. 웃는 표정을 만들고 사람에 따라서는 보조개를 만든다.
- 대협골근: 웃거나 할 때 작용하는 근으로 역시 볼에 있으며 상하순의 구각부를 상외방면으로, 상순은 비순강까지 좌우로 끄는 일을 하며 기분 좋은 표현을 할 때 작용한다.
- 소협골근: 상순을 상후방으로 당겨 비순강의 중앙에 부를 만들어 억지웃음 등의 표정을 만든다.
- 협근: 구각을 밖으로 당겨 입을 닫거나, 볼을 불룩하게 하는 일을 한다.

(2) 저작근

아래턱 관절을 움직여 음식물을 씹고 먹는 근육으로 교근, 측두근, 내측 및 외측 익돌근이 있다. 이들은 삼차신경의 제3지(하악신경)에 지배된다.

(3) 경부의 근

목 부분에는 작고 긴 근이 많이 있으며, 이들 여러 근육은 얼굴을 들게 하는 운동, 턱을 밑으로 당기는 운동, 옆으로 움직이게 하는 운동 등을 한다. 흉골이나 쇄골에 분포하는 근은 흉곽의 광경근, 흉쇄유돌근, 흉쇄설골근, 승모근이 있다.

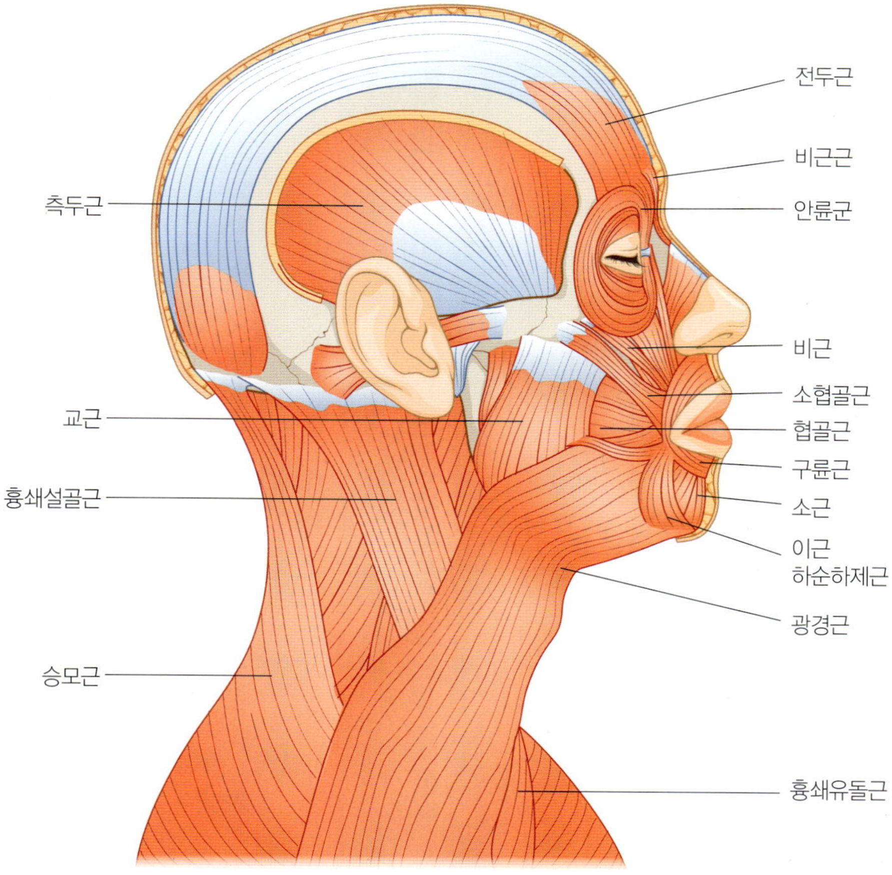

그림 8-1 안면근(측면 1)

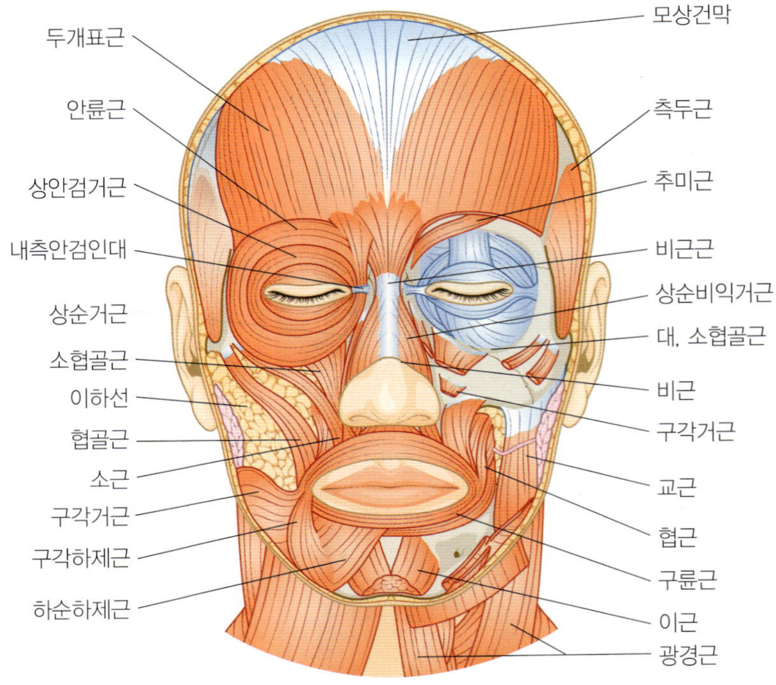

그림 8-2 안면근(전면)

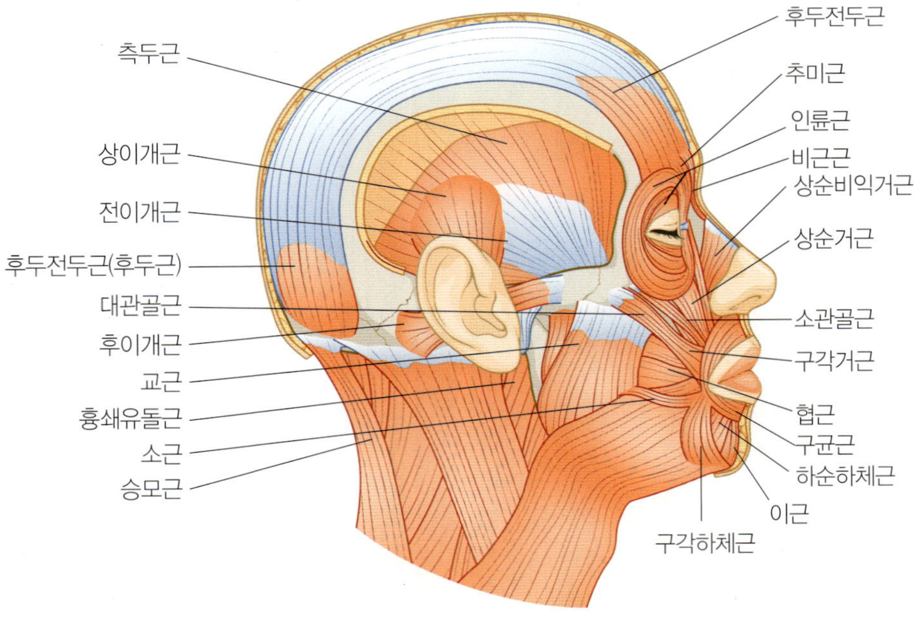

그림 8-3 안면근(측면 2)

3) 클래식 매뉴얼 테크닉 5가지 기본동작

(1) 쓰다듬기(경찰법/effleurage, stroking, streichung, ausstreich)

Stroking 동작은 모든 마사지의 처음과 끝에 실행할 수 있고, 부드러운 마찰작용과 관련이 있으며, 부드럽게 진정시키는 작용을 하므로 '진정 마사지'라고도 한다. 그러므로 자극적인 마사지 동작 후에 실행하면 효과적이다.

① 방법

심장을 향해 수영하는 방향으로 동작하며 넓은 부위에선 손바닥 전체를 밀착시키고 좁은 부위에서는 중지 및 약지의 손가락 끝 또는 약지로만 쓰다듬기를 실행한다.

② 압의 세기

시작할 때 아주 약하게 압을 주고 그 다음 점점 더 강하게 최대 압을 준 후 시작 부위로 돌아올 때 서서히 압을 줄이며 처음 시작 때의 부드럽고 약한 압으로 쓰다듬기를 마무리한다.

③ 시술 부위

이마, 얼굴 전체, 목, 턱, 데콜테 등을 쓰다듬을 때 이용한다. 눈썹 사이의 양미간, 눈 주위는 작은 원으로 쓰다듬고, 턱, 볼, 목, 데콜테는 큰 동작으로 쓰다듬는다.

④ 효과

- 표피층의 각질화 죽은 각질이 부드러운 마찰작용으로 물리적으로 제거된다.
- 혈액과 림프액의 순환을 원활하게 해 준다.
- 신진대사를 증가시켜 준다.
- 피부의 영양 공급을 도와준다.
- 쓰다듬기 동작은 진정작용, 균형 및 조절작용을 통해 심리적 안정감을 준다.

(2) 마찰하기, 문지르기(강찰법, 마찰법/friction, rubbing, reibung)

① 방법

이 동작은 손가락 끝 마디 반쪽 부분을 마사지 부위에 대고 원을 그리는 환형의 마사지 동작으로 부위를 점차적으로 옮겨가며 시행한다. 손가락 끝은 피부에서 계속 회전을 하는 동작으로 중지와 약지, 엄지손가락을 사용하기도 한다. 또한 바디관리 시에는 손바닥 전체로 원을 그리며 동작할 수도 있다.

② 압의 세기

쓰다듬기보다 더 강한 동작이며 원 동작시 안쪽(바깥쪽) 중앙방향에서 압을 주고 바깥(안쪽)방향으로 갈 때는 압을 서서히 빼고, 다시 압의 균형을 맞춘다. 이 동작의 압 세기는 마사지 부위 깊숙이까지 영향을 미치고 또한 측면 피부에까지 영향을 준다.

③ 부위

이마 주름, 코와 입 주위, 턱, 눈 가장자리 등 주름이 생기기 쉬운 부위에 적용한다.

④ 효과

- 리드미컬하게 힘을 주어 조직 내 유동 성분을 한 곳에 모았다가 다시 세포와 세포 사이로 이동시켜 준다.
- 결체조직의 탄력섬유를 팽창 · 수축운동시켜 자극을 줌으로써 결합조직을 튼튼하게 한다.
- 혈액순환을 촉진시켜 준다.
- 피지샘을 자극하여 피지분비에 영향을 주어 노화를 예방하고, 건성 피부에 효과적이다.
- 표정 근육의 조직을 이완시켜 근육을 강화시켜 준다.
- 면포 제거에 도움을 준다.
- 이상이 있는 피부조직을 회복시켜 준다.

(3) 주무르기, 안마하기(반죽하기, 유연법, 유찰법/kneading, petrissage, knetung)

① 방법

피부 근육을 주무르기할 때는 한 손 또는 양손을 이용한다. 엄지와 검지 또는 엄지와 네 손가락으로 근육 부위를 잡고 반죽하듯이 주무르는 동작이다. 마사지 동작 중 아주 강한 동작이다.

② 부위

얼굴, 볼, 턱, 어깨나 목, 다리, 팔의 세로 근육 부위에 주로 적용한다.

③ 효과

- 근육의 경련을 이완시켜 준다.
- 조직의 유동성분과 노폐물을 혈관과 림프관으로 모아 배설작용을 원활하게 해 준다.
- 결합조직에 영향을 주어 탄력성을 증가시킨다. 결합조직의 탄력성 유지를 위한 가장 좋은 동작이다.
- 이 동작은 염증현상을 긍정적으로 지연시켜 준다.

(4) 두드리기, 안마하기(고타법/tapotement, percussion, klopfung)

① 방법

활기, 생기 및 자극을 주기 위해서 선택하는 마사지 동작이며 손바닥, 손가락, 주먹 등 여러 기법이 있다. 자극에 예민한 피부에는 조심스럽게 시행한다.

- 손가락으로 두드리기(tapping): 손가락 끝 두 마디를 피부에 대었다 반동작용을 주어 튕기는 동작이다. 가볍게 탄력을 주는 방법으로 손가락이 피부에 맞닿기 전에 동작을 준비해야 하며, 절대 통증을 느끼게 해서는 안 된다.
- 손바닥을 오므려 두드리기(cupping): 바디 마사지에 주로 사용되며, 손목관절을 이용하며 실행하며, 뼈가 있는 부위에 직접적으로 동작하는 것을 삼가야 한다.
- 손바닥 옆면을 이용하여 두드리기(slapping)
- 손의 주먹 또는 맨주먹으로 두드리기(beating)

② 압의 세기

마사지 부위에 따라 적당하게 고려해 준다.

③ 효과

- 혈액순환과 신진대사 작용을 높여 준다.
- 근육 위축을 예방해 준다.
- 말초 신경조직을 자극한다.
- 순환장애가 있는 사람, 피부가 두꺼운 사람에게 시행하면 적합하다.
- 이중턱, 목덜미, 살찐 어깨 등 과잉 지방이 축적된 부위의 지방을 감소시켜 준다.

(5) 진동하기, 떨기(진동법/vibration, erschttuern)

① 방법

일정한 피부 부위를 빠르게 율동적으로 진동시키는 동작이다. 손가락 끝을 피부에 대고 손가락이나 손목관절에 팽팽히 힘을 주어 손, 어깨, 팔꿈치 관절을 이용하여 진동하는 듯한 움직임으로 집중적으로 동작을 행한다. 이 동작을 시행하면 자연 발생적으로 피부가 붉어짐으로 민감한 자극의 동작이라 할 수 있다. 이 기법을 기술적으로 하기 어려운 동작이므로 '진동 마사지기' 또는 '파동전류기기'를 사용하면 더 확실한 효과를 얻을 수 있다.

② 효과

- 근육을 이완시켜 경직된 근육의 경련을 풀어 준다.

- 결체조직 단련에 효과가 있어 피부 탄력성이 좋아진다.
- 혈액순환과 림프순환을 도와 신진대사를 증가시킨다.

(6) 기타: 재큐어트 기법(잡아당기기, 꼬집기, pinching)

1950년대 미국의 물리요법사 재큐어트(Jaquet) 박사가 고안한 새로운 기법으로, 엄지와 중지를 이용하여 피부를 약하게 들어 올렸다가 다시 놓는 방법으로 꼬집듯이 잡아당겨 준다.

3. 특수 매뉴얼 테크닉의 종류

1) 경락 마사지

경락 마사지(meridian massage)는 인체에 분포되어 있는 경락선을 따라 유기적으로 연결되어 있는 경혈점을 마사지하는 방법이며, 강한 동작과 부드러운 동작을 함께 적용하여 전신의 세포결합 부분을 자극함으로써 피부를 아름답고 건강하게 해 주고 근육의 뭉침 등을 풀어 주는 오리엔탈 마사지이다.

2) 스포츠 마사지

근육의 스트레칭을 주목적으로 옷을 입은 상태에서 하는 것으로 근육의 트리거 포인트와 근육의 뭉친 부분을 잘 판단할 수 있어야 한다. 스포츠 마사지(sports massage) 는 주로 운동선수들에게 행했으나 오늘날에는 근육통증 해소와 이완을 위해 일반인도 많이 즐기고 있다.

3) 아유르베다 마사지

약 5000년 전 인도에서 유래된 인도 전통의학인 아유르베다에는 세 가지 테라피가 있다. 이 가운데 아비얀가 테라피가 있는데 이를 아유르베다 마사지라고 한다. 전통 아유르베다 마사지(Ayurveda massage)는 체질과 피부 및 신체 상태에 따라 적합한 아율베딕 오일을 사용한다. 일반적으로 2명의 테라피스트가 신크로(synchro)로 시행한다. 즉 두 명의 테라피스트가 합동으로 동일한 압, 속도, 테크닉으로 마사지하는 것으로 고객은 마치 한 사람이 마사지하는 듯한 느낌을 받는다. 이 마사지의 장점은 두 사람이 관리함으로 시간이 절약되고 동일한 시간의 관리를 하는 경우 타 마사지에 비해 효과 및 만족도가 더 높은 것이라고 할 수 있다.

4) 딥티슈 마사지

딥티슈 마사지(deep tissue massage)는 근육, 인대, 근막, 근의 문제점을 관리하기 위하여 심부 연부조직에 하는 수기 마사지이다. 근육의 뭉침, 단축, 유착 상태를 이완시켜 구조적 문제, 통증 완화, 유착 분리와 조직의 재정렬을 유도한다. 해부생리학을 정확히 이해하고 근섬유의 결을 고려하여 시술한다.

5) 타이 마사지

타이 마사지(Thai massage)는태국 전통 마사지로 신체 각 부분의 관절과 근육 활동 범위와 각도에 적절한 기법을 이용하여 눌러주고 당겨주고 비틀어 주는 동작을 주로 사용한다. 전신의 근육을 풀어주고 굳어진 부분의 근육을 이완시켜 주는 스트레칭 마사지이다. 근육구조, 생리, 트리거 포인트, 골격을 이해하고 시행하는 것이 바람직하다.

6) 시아츠 마사지

시아츠 마사지(Siatsu massage)는 일본식 지압점 마사지로 혈액순환을 원활하게 해 준다.

7) 결합조직 마사지

결합조직 마사지(connective tissue massage, CTM)는 1926년 물리치료사 엘리자베스 딕케(Elizabeth Dicke)에 의하여 고안되어 발전한 마사지로 결합조직의 반사대가 있는 내부 기관이 반사작용하는 마사지 기법이다. 신경치료 내지 자율신경과 중추신경계통을 통한 치료 마사지로 탄력성의 정도, 피하조직의 두께, 나이, 혈관분포, 수분의 양, 자율신경의 상태와 요인에 영향을 받으며 피부와 근육 사이에 있는 결합조직을 이완시키는 기법이다. 결합조직이 과하게 긴장되면 탄력성이 떨어지고 조직이 서로 유착되어 각 피부층 사이의 운동이 감소되고, 결합조직의 혈액공급 저하를 가져오게 된다. 그러므로 결합조직에 긴장이 쌓였을 때 이 마사지를 시술하면, 수분량과 탄력성, 혈액순환에 변화가 오게 되는 것을 볼 수 있다. 이 결합조직 마사지는 물리치료사 또는 전문적으로 교육을 받은 마사지 치료사에 의해서만 시행되어야 한다.

얼굴의 결합조직 마사지는 독일의 헬렌 피트룰라(Helen pietrula)에 의하여 적극적으로 피부관리 영역에 도입, 확대, 발전된 것이다. 결합조직 마사지는 누르고 끌어 당기는 동작을 교대로 하여, 손가락 끝을 피부 위에 올려놓고 힘을 크게 또는 작게 움직인다. 그러므로 탄력섬유를 탄력 있게 운동 · 훈련시켜 탄력성을 유지시켜 주고 얼굴의 윤곽 안정에 이용된다. 결합조직 마사지는 결합조직의 탄력섬유에 큰 영향을 미치나, 기술이 미숙할 때는 진피층에 있는 섬세한 망상조직이 심하게 손상을 입게 된다.

8) 리플렉솔로지

발의 리플렉스(반사)요법(Reflexsology M)은 독일에서 발명되고 미국에서 보급, 발전되었으며 과학적인 대체의학의 한 종류인 민간요법이다. 의학박사 윌리엄 피츠제럴드가 발견한 이래 의학계의 주목을 받은 요법으로서 발바닥을 신체의 모든 내부 기관의 반사점으로 생각하고, 발바닥을 세로와 가로 각각 다섯 선으로 나누어 신체 내부 기관의 비중이 얽히는 반사점으로 설명하고 있다.

인간의 신체에는 열 개의 반사대가 있다. 이들은 저마다 해당 내장기관에 이어지고, 끝은 열 개의 발가락과 열 개의 손가락을 가지고 있다. 그러므로 발바닥은 반사대를 통하여 전신의 모든 부분과 서로 연관을 맺고 있다는 이론하에 연구된 것이 바로 발의 리플렉스 요법이다. 리플렉스의 의미는 사전에 의하면 '생리적 반사작용'이라고 되어 있다.

피부관리에 있어서 리플렉스의 뜻은 손이나 지압봉을 이용하여 발바닥을 누르거나 자극함을 말한다. 발바닥 반사요법은 발바닥과 신체의 모든 기관이 눈에는 보이지 않지만 서로 대응하고 반사되어 있다는 것이다.

한방에서는 이 반사에 대해서 '경락의 유통'이라고 말한다. 예를 들어 발에 있는 위장의 경혈을 자극하면 위를 직접 자극하지 않아도 위가 활동을 시작하고, 머리가 아플 때 머리부위의 발바닥을 만지면 두통이 사라진다는 것이다.

즉 발 반사 요법은 신체의 모든 반사점이 발바닥에 집약되어 있다는 것이다. 신체 정중선을 반으로 가르면 우반신의 반응점은 오른쪽 발바닥에, 좌반신의 반응점은 왼쪽 발바닥에 있다. 다만 목으로부터 위의 기관에 있어서는 뇌의 일부인 연수에서 교차해 있으므로 좌우가 반대로 되어 있다.

9) 림프드레나지

노폐물을 함유한 정맥과 림프관의 흐름을 촉진시키는 데 가장 유효한 방법이 바로 림프드레나지(Lymphdrainage, 임파마사지)이다. 펌프작용과 흡입작용을 통한 림프드레나지를 시술하여 림프의 순환이 증진되면 노폐물 수송(배설)이 활발해지고, 그 결과 세포의 신진대사 또한 증대된다. 부드러운 자극의 림프드레나지 특수 테크닉, 림프 연동운동의 자극 등에 의해 림프흐름은 원활해진다. 이 임파 마사지는 1933년 덴마크의 생물학자 닥터 에밀 보더(Emil Vodder)에 의해 소개되었다.

민감성 피부, 여드름 피부, 주사(rosacea), 셀룰라이트(cellulite), 튼살, 눈그늘, 눈주머니

(누낭), 눈 주위 등의 부종부위, 모세혈관확장 피부, 색소침착 피부, 성형수술 후의 반흔, 비만, 부종 등에 시술할 수 있다.

4. 클래식 얼굴 매뉴얼 테크닉의 동작과 순서

딥클렌징을 한 후 피부 타입에 적합한 제품(영양크림, 나이트 크림, 마사지 크림)을 바르고 마사지 동작을 시행한다. 얼굴 마사지(Facial Manual Technik)는 15~20분 정도 시행한다.

■ 준비운동

① 양손 흔들어 주기
② 주먹 쥐었다 폈다 하기
③ 손뼉치기
④ 손가락으로 피아노치기
⑤ 내 · 외측 방향으로 손목 돌리기
⑥ 양손 흔들어 주기

1) 페이스 매뉴얼 테크닉

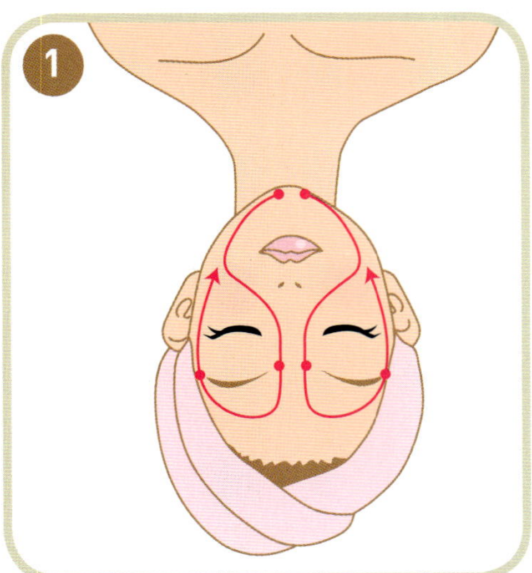

양손으로 이마–관자놀이(지압)–볼–턱–코–미간(지압) 순서로 쓰다듬기

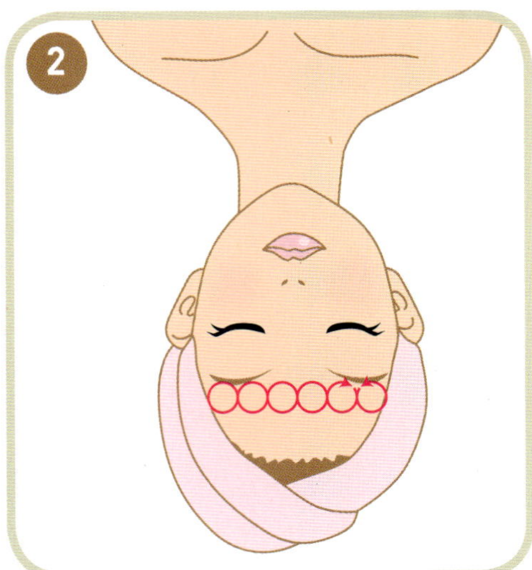

이마 부위를 양손 3, 4지(2, 3, 4지) 교대로 써클 문지르기

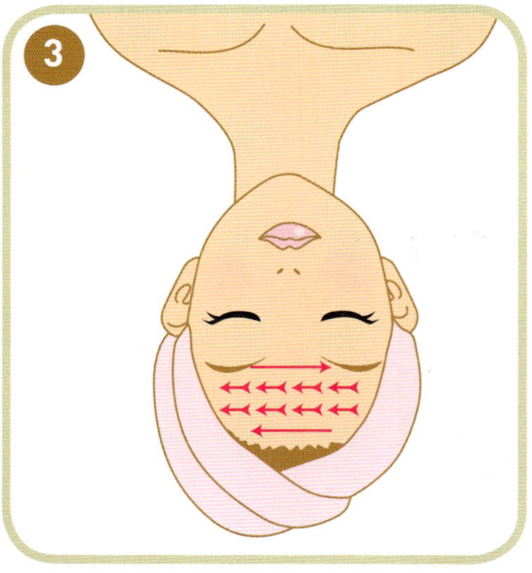

양손을 평행으로 밀착하여 한 손은 당기며 쓰다듬기, 다른 한 손은 밀고 쓰다듬기

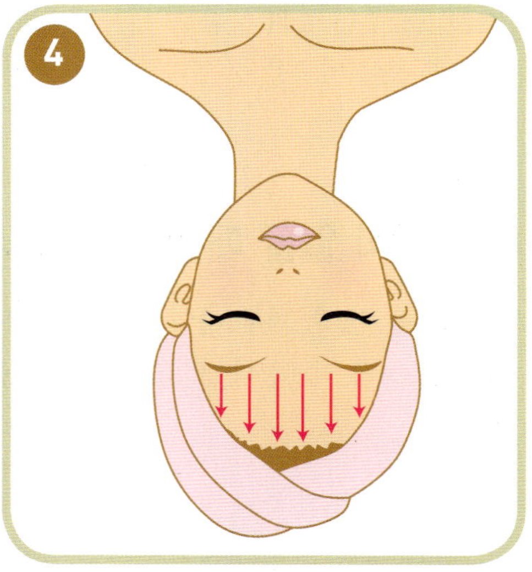

이마를 위쪽으로 쓰다듬기

3, 4지(2, 3지)로 좌우측 미간 교대로 쓸어주기

엄지, 검지로 양 눈썹 동시에 집어 주기

안륜근 주위 8자로 쓰다듬기(왼손, 오른손)

약지(중지)로 아이링클 써클 문지르기

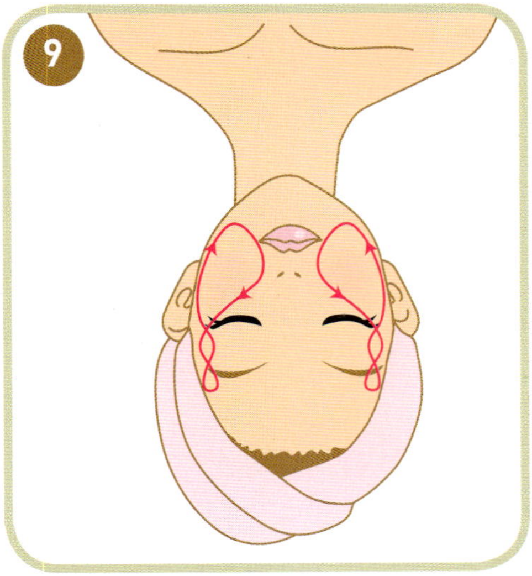

관자놀이 작게 8자 쓰다듬기-관자놀이에서 볼부위로 가분수 8자 쓰다듬기

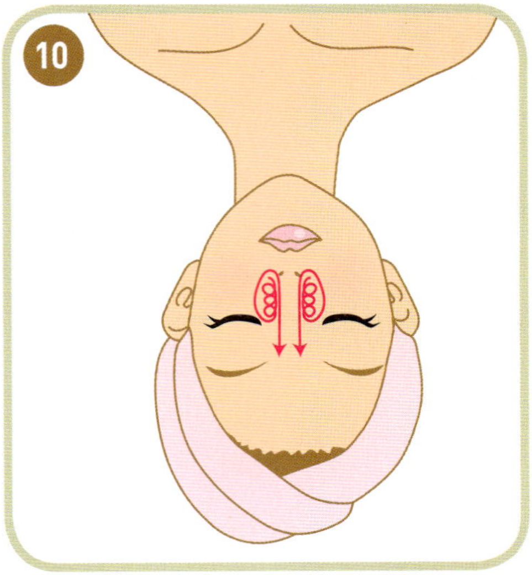

2, 3(3, 4)로 코벽 써클 문지르기-콧등으로 쓰다듬으며 올라와 코벽으로 내려가서 코벽 위아래로 쓰다듬기

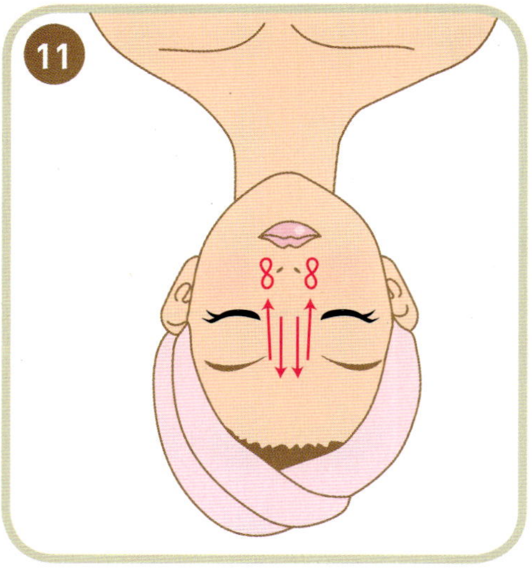

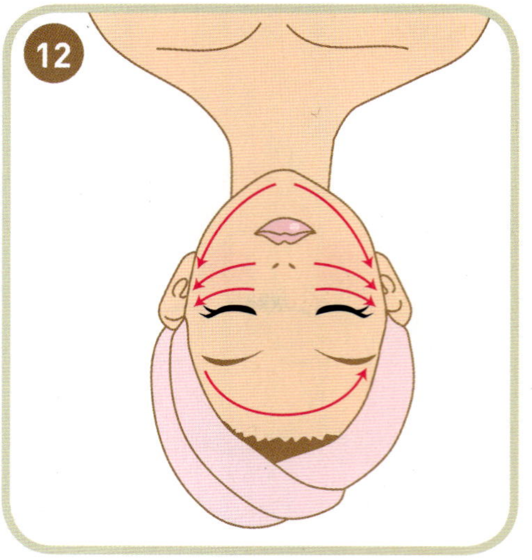

콧망울과 측면을 8자로 문지르기-코벽 위 아래로 쓰다듬기

양손 교대로(턱 부위-관골궁: 손 측면 사용-눈밑과 볼) 쓰다듬기

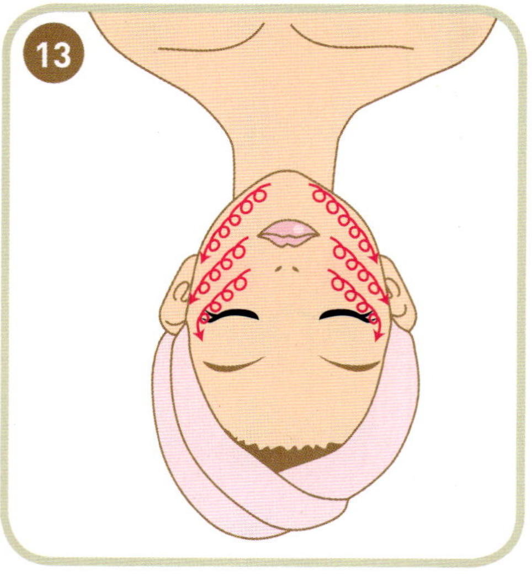

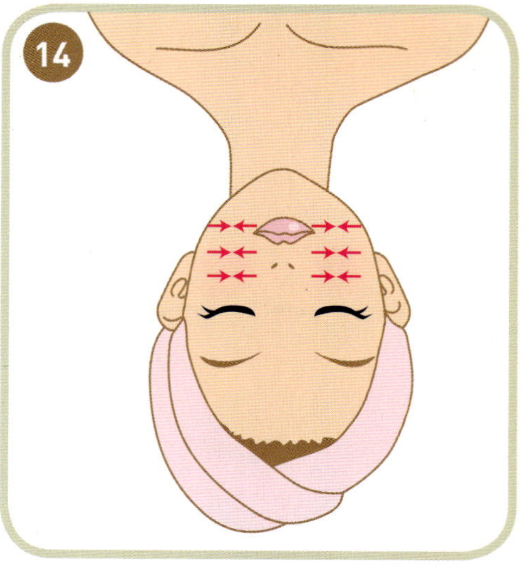

양 뺨 2, 3, 4, 5지로 써클 문지르기(턱~귀 밑, 입~귀중앙), 코~관자놀이)

볼 부위 집어 주기(엄지와 중지로 꼬집듯이 집어주기)

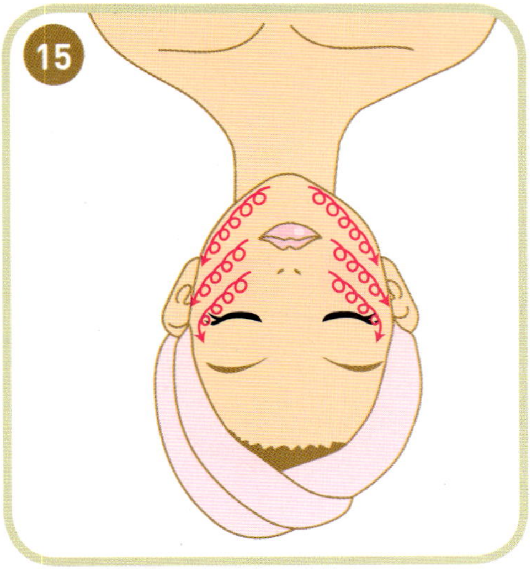

양손을 주먹 쥐고 지과로 써클 문지르기
(턱~귀 밑, 입~귀중앙, 코~관자놀이)

엄지 코에 대고 써클 문지르고 돌리면서
쓰다듬기

2, 3, 4지로 좌측 볼 써클 문지르기(턱~
귀밑, 입~귀 중앙, 코~관자놀이)-우측
볼 문지르기-관자놀이 지압

스마일 라인 써클 문지르기

스마일 라인 부위 두드리기

중지, 약지로 구륜근 주위 써클링하며 문지르고 쓰다듬기

스마일 라인 엄지로 쓸고 손바닥으로 턱 부위 쓰다듬기

턱 부위 중앙에서 귀 방향으로 양손의 좌우 교대로 쓰다듬기

양 2, 3, 4, 5지로 턱 부위 써클 문지르기(중앙~귀 방향)

턱을 감싸듯이 아래에서 위로 두드리기(좌측~우측~좌측)

턱 부위 왼손 2, 3지와 오른손 2, 3지 교대로 가위질하며 쓰다듬기(좌측-우측)

마무리 쓰다듬기(이마-코 옆-입-턱-목-가슴-데콜테-후경부-귀 문지르기)

2) 데콜테 마사지(décolleté massage) 동작

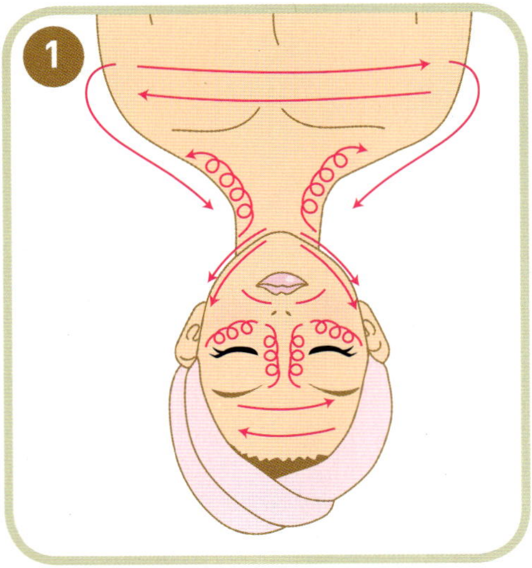

제품 도포: 턱, 목, 데콜테, 어깨, 후경부, 턱, 인중, 뺨, 코, 이마, 얼굴 전체

양손(좌우) 교대로 데콜테 쓰다듬기

양손 동시에 써클링하여 데콜테 중앙에서 어깨까지 문지르기

양손을 포개어 스프링의 원을 그리며 써클 문지르기(좌-우측)

양손 주먹 쥐고 지과로 데콜테를 써클 문지르기

양손 교대로 좌측(우측)으로 수장에 압을 주며 물결 모양으로 쓰다듬기

어깨 쓰다듬기-어깨 써클 문지르기

양손 교대 쓰다듬기: 가슴 중앙-좌측 액와-우측액와-전체 쓰다듬으며 고개 우측 방향

좌측 목 측면을 엄지로 써클(2, 3, 4지) 문지르기

좌측 목 측면 양손 교대로 위 방향으로 쓰다듬기

좌측 목 측면 신전시키며 쓰다듬기-고개를 반대로 돌려 우측면도 ⑨, ⑩, ⑪번 시행

머리를 중앙으로 돌리고 데콜테를 쓰다듬으며 승모근 주무르기

양손을 주먹 쥐고 지과로 승모근 부위를
체중을 실어 강약으로 쓸어 주기

전체 데콜테를 쓰다듬기 하면서 양손 교대
로 목을 위 방향으로 쓰다듬기

양손 교대로 목 부위를 좌우측으로 진동하기

후경부 쓰다듬기-목, 데콜테 전체 쓰다듬기

chapter 09

앰플과 마스크

Ampoule & Mask

1. 앰플관리

정통 앰플은 천연 동·식물에서 추출한 물질을 방부제를 첨가하지 않고 제조하여 유리병에 진공상태로 담아 1회용으로 사용하는 피부 보약과도 같은 제품이다. 앰플은 수성농축과 유성농축 앰플로 구분할 수 있으며, 1회용 용기에 들어 있어 사용하기가 편리하며 관리목적에 따른 기능과 성분을 가진 다양한 종류의 앰플이 있다. 앰플은 초미립 상태로 이온화되어 있어 필요한 경우 갈바닉 전류를 이용하여 피부 깊숙이 침투시켜 피부미용 효과를 얻을 수도 있다.

최근에는 무방부제의 유리병 앰플 이외에도 플라스틱 용기에 담은 앰플도 있으며 전문 관리실용과 홈케어용이 구분되어 있다.

1) 사용방법

① 유리병의 앰플을 딸 때 손을 다칠 수 있으므로 티슈로 싸서 따도록 한다.

② 유리병 입구나 안에 유리조각이 있을 수도 있으므로 처음에는 앰플 용액을 피부에 떨어뜨려 손으로 누르듯 침투시키고, 나중에는 문지르듯 펴 발라준다.

③ 유리병 이외 기타 플라스틱 용기의 앰플은 처음부터 문지르듯 발라준다.

2) 적용

① 여드름 피부에 사용할 때는 여드름 압출 후 마사지하기 전 적용한다.

② 기타 피부에는 딥클린징 후, 마사지하기 전 적용한다.

③ 팩(마스크)관리하기 전 사용한다.

④ 기초 마무리 시 스킨토너를 바른 후 앰플을 적용한다.

⑤ 수용성 앰플을 피부 깊숙이 침투시켜 피부개선 효과를 극대화하려면 바르고 아이오노스(갈바닉) 기기를 적용한다.

3) 종류

① 비타민 C 앰플: 피부미백 작용과 항산화 효과를 부여하기 위해 사용한다. 특히 갈바닉 전류를 이용한 비타민 투입기로 침투시키면 큰 효과를 볼 수 있다.

② 수분 앰플: 수분이 부족하거나 건조한 피부에 수분을 공급해 주는 농축액으로 NMF, 히아루론산 등을 함유하고 있다.

③ 수딩 앰플: 자극이나 마찰 등에 아주 예민하고 스트레스로 지친 피부에 사용하는 특수 농축액으로 아줄렌, 비사보롤, 카모마일, 루틴 등을 함유하고 있다.
④ 아스트린젠트 앰플: 지성이나 여드름 피부의 확대된 모공을 수축시킬 목적으로 사용하며 하마멜리스, 탄닌 등이 주성분이다.
⑤ 탄력 · 재생 앰플: 탄력이 없는 노화피부에 활기와 재생의 목적으로 사용하여 피부에 생기를 주고 또한 피부의 흡수력을 높여준다. 리포좀, 콜라겐, 엘라스틴, 플라센타, 비타민 A 등이 주성분이다.
⑥ 화이트닝 앰플: 멜라닌 세포의 이상으로 불규칙한 색소가 형성되어 발생하는 기미, 주근깨 등의 색소침착 피부에 사용하여 티로시나아제 활성을 억제하여 색소를 옅게 하고 미백작용의 효과를 얻는다. 하이드로퀴논, AHA, 알부틴 등을 함유하고 있다.
⑦ 퓨리파잉 앰플: 지성 피부와 여드름 피부 관리용으로 피지의 분비를 줄여주고 진정, 수렴, 소염, 살균 및 소독효과가 있다. 하마멜리스, 캄퍼, 클로로필, 샐비어 등의 성분을 함유하고 있다.

2. 마스크 관리

팩(pack)이란 단어는 영어 'package'에서 유래되었으며 '막으로 감싸 준다'라는 뜻이다. 즉 얼굴에 제품을 발라 막으로 싼다는 의미이다. 팩의 기원은 고대 이집트이며 당시 꿀, 곡물가루, 달걀껍질 가루, 우유 등 다양한 천연재료를 이용하였다. 현대 화장품 과학의 발달로 다양한 종류의 팩이 개발되고 그 효능도 점점 업그레이드되고 있어 개인의 피부타입과 취향에 따라 팩을 선택할 수 있는 폭이 굉장히 넓어지고 있다. 우리나라에서는 보통 'mask'와 'pack'을 같은 용어로 사용하고 있지만 유럽에서는 팩과 마스크를 구분해서 사용하고 있다. 피부유형에 맞는 팩을 피부에 발라 피막을 형성하여 팩의 유효성분을 침투시키는 효과를 얻는 관리이다.

1) 유럽식 마스크와 팩의 차이점

	마스크	팩
특징	마스크가 외부의 공기를 차단하여 막을 형성하므로 수분, 열, 이산화탄소의 통과가 어렵다.	팩이 차단 막을 형성되지 않으므로 열, 수분, 이산화탄소가 통과한다.
효능	• 피부팽창 • 혈액순환과 신진대사 활발 • 모공과 모낭의 확장 • 피부온도 상승	• 유효성분 공급 • 피부온도 저하, 모세혈관 수축, 긴장감 부여 • 피지와 각질 제거 • 보습력 부여 • 모공과 모낭의 수축 • 산소, 이산화탄소, 가스, 열 운반
적용	• 피부관리 초기 단계에 사용하면 효과적이다.	• 피부관리 후기 단계에 사용하면 효과적이다.
작용성분	• 미네랄 성분, 파라핀, 식물성 추출물	• 지방, 비타민, 식물점액 및 식물성 추출물
종류	• 파라핀 마스크 • 석고 마스크 • 혈액순환 촉진 마스크 • 필링 마스크	• 파우더, 크림, 젤, 클레이 타입

2) 팩(마스크)의 일반적 효과

(1) 피부의 혈액순화 촉진과 보습작용

페이스트, 젤, 크림 타입의 팩제를 피부에 바르고 일정시간이 경과하면 피부 표면에 피막이 형성되어 외부와 피부 표면이 차단된다. 이때 피부 표면의 온도가 올라가 혈액순환이 촉진되고 수분 증발이 억제되므로 보습효과를 얻을 수 있다.

(2) 피부 청정작용

팩의 피막 형성에 의해 모공이나 피부 표면에 남아있는 노폐물을 팩이 흡착하므로 팩 제거 시 피지 및 메이크업 찌꺼기 등 노폐물과 불순물이 함께 제거된다.

(3) 피부 경피 흡수 촉진

팩이 피막을 형성함으로 수분증발이 억제되고 각질층의 수분 함유로 모공과 한선이 확장되어 함유된 유효성분의 침투가 촉진된다.

(4) 각질 제거 작용

팩의 종류에 따라 각질층의 죽은 각질을 연화시켜 팩 제거 시 함께 제거한다.

(5) 기타 효능

기타 제품의 특성에 따라 진정, 보습, 수렴, 세포 재생, 염증 완화 등의 작용이 있다.

3. 마스크의 종류

1) 제거 방법에 따른 분류

(1) 필 오프 형(벗겨서 제거, Peel off type, Film type)

- 젤 형태의 팩이 건조되어 필름 같은 피막이 형성되면 이 피막을 떼어 아래서 위로 제거한다.
- 주성분은 폴리비닐, 알코올, 초산비닐, 에탄올, 글리세린, 증류수이다.
- 분말 형태의 석고와 고무 모델링 마스크도 떼어서 제거한다.
- 죽은 각질, 노폐물, 먼지 등이 제거되어 피부가 청정해지고, 수분과 탄력성이 증가한다.

(2) 워시 오프 형(물로 씻어 제거, Wash off type)

- 크림, 점토, 젤 등의 형태는 습포로 닦거나 미온수로 씻어서 제거하며 보습효과가 뛰어나다.

(3) 티슈 오프 형(티슈로 제거, Tissue off type)

- 젤과 크림 타입의 팩을 먼지가 나지 않는 티슈로 깨끗하게 닦아 낸다.
- 보습 및 영양효과가 우수하다.

2) 형태에 따른 팩 종류

(1) 분말 타입

파우더 타입의 팩은 피부의 수분과 유분을 흡수하는 성질을 가지고 있으며 분말의 입자가 고울수록 이러한 특성의 흡수력이 크다. 파우더 형태의 마스크를 너무 마른 다음에 제거하면 피부 수분이 손실되고 홍반이 나타날 수 있으므로 피부상태를 보고 적당한 때에 닦아내야 한다. 파우더를 유리볼에 덜어 화장수(skin lotion), 증류수, 앰플 등에 희석하여 사용한다.

① 특징

- 피부의 열을 정체시켜 혈관을 넓히므로 산소공급을 증가시켜 피부 신진대사를 자극한다.
- 팩이 완전히 건조되면 열의 정체로 피부가 붉게 되므로 주의한다.
- 팩이 건조되었을 때 제거하면 팩제가 피부의 유분과 수분을 흡수하여 살균 및 염증완화 효과를 주므로 지성, 여드름 피부에 좋다.
- 건조 전에 제거하면 피부가 시원한 상태를 유지하여 모공수렴 효과가 있다. 뿐만 아니라 피부가 부드러워지며 안정된 느낌을 주어 자극에 민감하며 건조한 피부에 좋다.

(2) 크림 타입

유화형(emulsion) 팩으로 제품을 바른 후 일정시간이 지나면 제품은 그대로 있고 유효성분만 흡수된다.

① O/W 유화(emulsion) 팩: 보습효과가 높으므로 수분 부족 피부, 정상 피부, 건성 피부에 사용한다.

② W/O 유화(emulsion) 팩: 유분을 흡수시켜, 피부를 부드럽고 매끄럽게 한다. 유분 부족 피부, 노화 피부, 거칠고 상한 피부, 민감성 피부에 좋다.

(3) 젤 타입

- 투명한 수성의 젤로 만들어져 상큼하고 촉촉한 느낌을 준다.
- 유분에 민감한 피부와 지성 피부에 효과적이다.
- 특히 보습과 진정효과를 위한 목적으로 제조하는 팩의 형태이다.

(4) 점토 타입

진흙 등의 점토 광물을 함유한 가루를 물, 에탄올, 보습제의 수상 물질과 혼합한 페이스트 형태이다. 습포로 닦아 내거나 물로 씻는다.

(5) 패치/시트 타입

- 영양물질이 적셔진 1회용 포장상품으로 된 종이 마스크로 사용하기 편리하며 얼굴에 붙여 건조될 무렵 떼어낸다.
- 보습작용, 진정작용, 안색 정화, 영양 공급 등의 효과가 있다.

3) 팩 시술방법

마사지 후 또는 목욕 후에 사용하면 경피 흡수율이 더 좋아지고, 피부관리 프로그램 중 마지막 단계에 적용한다. 피부에 도포 후 터번을 풀어 놓고 15~20분 정도 시간을 적용한다.

① 아이 및 립크림을 바르고 피부상태에 맞는 앰플을 바른다.
② 피부유형에 알맞은 팩 제품을 적당량 유리볼에 덜어낸다.
③ 브러시로 턱부터 뺨, 코, 이마, 목, 데콜테 순으로 바른다. 이마, 코, 볼, 턱 밑, 목, 데콜테 순으로 발라도 된다. 얼굴 중앙에서 바깥쪽 방향으로 도포하되 눈썹, 눈 주위, 입술부위에는 바르지 않고 쇄골 아래까지 바른다.
④ 팩 도포 후 눈에 아이패드를 덮어 놓는다. 입술이 건조할 때는 랩을 씌워 적용시간까지 둔다.
⑤ 냉습포로 깨끗이 제품을 닦아 내고 스킨토너를 발라 정리한다.

4. 특수 마스크의 종류

전문가들이 사용하는 마스크로 사용법을 숙지해야 하며 일반 마스크보다 가격이 고가이며 효과도 더 탁월하다. 피부상태에 따라 다양하게 선택해 적용할 수 있다.

1) 벨벳 마스크

콜라겐이 주성분인 제품으로 벨벳과 같은 감촉 때문에 벨벳 마스크(collagen velvet, collagen sheet, vlies mask)라 하고 종이 모양으로 되어 콜라겐 종이 마스크라고도 한다. 용해성 순수 천연 콜라겐(natural collagen)의 현탁액을 낮은 온도로 건조시켜 만든 종이 형태의 마스크이다. 증류수, 화장수, 또는 앰플을 이용하여 부착한다. 마스크가 습기를 흡수하게 되면 피부에 밀착되고 마스크에 함유된 콜라겐 성분이 피부에 서서히 흡수된다. 피부의 결합조직세포와 흡사하게 얇게 만들어 처리시킨 것으로 피부 깊숙이 침투가 가능하다. 모든 피부에 사용이 가능하지만 특히 건성, 노화, 여드름, 필링 후 재생관리에 사용하면 효과적이며 20~30분 후 떼어낸다.

(1) 붙이는 방법

① 미용솜이나 스폰지에 전용 용액을 묻혀서 붙인다.
② 용액에 브러시를 적셔 붓으로 발라 붙여 준다.
③ 스프레이 용액을 분사하여 붙인다.

(2) 붙이는 순서

① 유분기가 없는 상태에서 앰플을 바르고 아이크림 및 립크림을 바른다.
② 콜라겐 종이를 얼굴에 대고 크기와 모양에 맞게 코, 입, 턱 부분을 가위로 자른다.
③ 유리볼에 용액을 붓는다.
④ 콜라겐의 재단한 위치가 얼굴에 맞도록 대고 미용솜에 용액을 적셔 붙인다.
⑤ 안쪽에서 바깥쪽으로 굴곡이 심한 부위(눈 주변)부터 부착시킨다.
⑥ 피부와 시트 사이에 공기의 기포층이 없도록 완전히 밀착시킨다.
⑦ 20~30분간 적용한다.
⑧ 약간 덜 건조된 상태에서 아래서 떼어 위로 돌돌 말며 제거한다.
⑨ 스킨토너로 정리한다.

(3) 주의점

① 반드시 유분막이 제거된 상태(fat free)에서 마스크를 붙인다(마사지하기 전). 이유는 콜라겐은 입자가 아주 미세하여 마사지로 이미 유분이 침투된 상태에선 수용성의 콜라겐 침투가 어려워 효과가 저하되기 때문이다. 마사지 후에 사용하고자 할 때는 수용성 크림으로 마사지하고 깨끗이 닦고 시술해 준다.
② 젖은 손으로 만지지 않는다.
③ 밀착시키려고 시트를 잡아당기면 찢어지니 당기지 않도록 한다.
④ 용액을 과다하게 사용해 흘러내리지 않게 한다.
⑤ 용액을 너무 적게 사용하면 피부와 밀착이 되지 않으니 적정량을 사용한다.
⑥ 건조되면 피부에 용액을 더 발라준다.

(4) 효과

① 세포를 재생시켜 노화를 방지해 준다.
② 보습효과로 잔주름을 완화시켜 준다.
③ 독성이 제거되어 피부 톤이 맑고 투명해진다.

④ 눈 주위의 다크서클을 감소시킨다.
⑤ 모공 축소 효과가 있다.

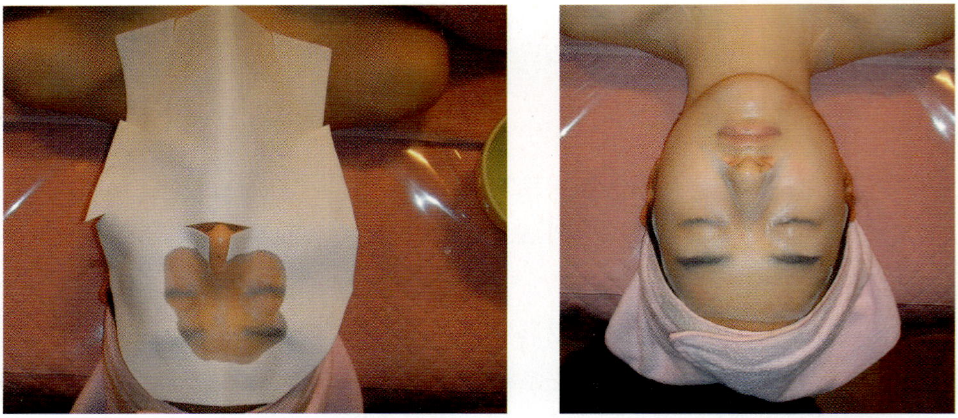

그림 9-1 콜라겐 벨벳 마스크

2) 고무 모델링 마스크

전통적인 고무 모델링 마스크(algo, algien, seaweed)는 해초에서 추출한 알긴산이 주성분으로 '알고 마스크'로 지칭하였다. 그러나 최근에는 피부타입에 따른 화장품 성분을 넣어 모든 피부에 유용하게 사용할 수 있도록 제조되고 있다. 파우더를 증류수와 희석하여 도포하고 시간이 지나면 고객 얼굴 모양의 윤곽을 만들며 고무처럼 응고되기 때문에 광범위하게 고무 모델링 마스크라고 한다.

(1) 사용법

① 앰플을 바른다.
② 아이크림 및 립크림을 바른다.
③ 눈에 젖은 미용솜을 얹는다.
④ 믹싱볼에 고무 모델링 파우더를 계량하고 증류수를 부어 덩어리가 없을 때까지 큰 스파출라로 빠르게 잘 희석한다.
⑤ 적당량을 떠서 처음에는 입 옆에 올려주고 볼 부위 방향으로 발라준다. 빠르고 균일한 두께로 바르면서 흘러 내리는지를 수시로 체크한다.
⑥ 15~20분 정도 적용시키고 손가락을 넣어 아래에서 위로 떼어 벗겨낸다.

⑦ 해면으로 붙어 있는 모델링을 닦아내고 냉습포로 깨끗이 정리한다.
⑧ 스킨토너로 정리해 준다.

(2) 효과

① 차단막 효과로 앰플에 함유되어 있는 활성성분이 보다 효과적으로 흡수된다.
② 피부의 홍반 또는 발적현상을 진정시켜 준다.
③ 피부의 독성과 노폐물이 제거된다.
④ 피부온도를 낮춰 줌으로 임파관의 순환을 촉진시킨다.
⑤ 눈 주위의 부기 및 눈 그늘을 감소시킨다.
⑥ 피부에 윤기를 부여해 주고, 모공을 축소시킨다.

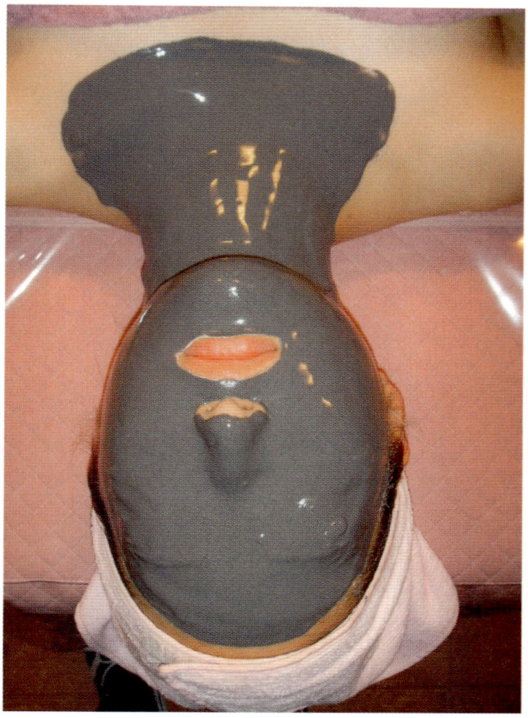

그림 9-2 고무 모델링 마스크

3) 석고 모델링 마스크

석고 모델링 마스크(modelling, modelage, thermophoresis, gypsum)는 크리스탈, 벤토나이트, 황상칼륨, 미네랄을 원료로 한 석고분말을 화장수나 증류수에 희석하여 얼굴에 바르는 것으로 시간이 경과하면 굳어지면서 석고 온도가 올라 열이 발생한다. 열을 많이 발생시키고자 하는 경우 물의 온도를 높이거나 희석 시 물의 양을 더 적게 하면 된다. 얼굴에 시술하고자 하는 경우 미리 밀실공포증이 있는지를 물어본 후 사용여부를 결정한다. 얼굴 이외에 가슴, 등, 복부, 다리 부위의 전신관리에도 적절하게 사용할 수 있다.

(1) 사용법

① 피부타입에 맞는 앰플이나 세럼을 바른다.

② 아이크림 및 립크림을 바른다.

③ 석고 베이스 크림을 충분히 바르고 눈썹 주위엔 한번 더 발라준 뒤 눈과 입술에 패드를 올려준다. 아이패드는 눈썹까지 넓게 덮어 준다.

④ 거즈에 입과 코 부분을 가위로 절단하고 물에 적신 후 촉촉한 상태로 짜서 얼굴에 가지런히 덮어 준다.

⑤ 믹싱볼에 적정한 석고의 양을 계량한다.

⑥ 석고 분말에 물을 부어 스파출라로 빠르게 저어 덩어리가 없을 때가지 희석한다. 너무 되거나 묽게 희석하지 않도록 유의한다.

⑦ 처음에 석고를 입 옆에 올려 볼 부위 방향으로 발라준다.

⑧ 시간이 경과함에 따라 응고되므로 빠른 동작으로 전체를 균일하게 하여 0.8~1cm 두께 정도로 얼굴의 모양대로 매끈하게 바른다.

⑨ 입과 코 부위에는 바르지 않으며, 눈에 열나는 고객의 경우 눈 부위까지 제외하고 바른다.

⑩ 열이 식으면 턱선 끝에 양손을 대고 좌우 그리고 상하로 가볍게 움직여서 떼어 벗겨내고 손으로 잠시 눈을 가려준다.

⑪ 냉습포로 얼굴을 깨끗이 닦고 스킨토너를 발라 정리한다.

주의: 믹싱볼에 남아 있는 응고된 석고는 잘 부수어 쓰레기통에 버리고, 티슈로 한번 더 닦은 후 물로 씻는다. 굳은 석고를 세면대에 바로 씻어 버리는 것을 절대로 삼가 한다. 석고 모델링 적용 시 자리를 비우지 말고 옆에서 고객의 상태를 지켜보도록 한다.

(2) 효과

① 열의 발산으로 보습력을 높여준다.
② 모공을 열어 앰플 및 베이스 크림의 유효성분 흡수를 도와준다.
③ 피부의 피지와 각질 등 노폐물 제거를 도와준다.
④ 혈액순환을 원활하게 하여 피부에 생기와 탄력성을 부여한다.
⑤ 노폐물 배출과 얼굴에 석고 모델링을 만들어 이중턱 등의 윤곽을 잡아 얼굴을 축소시키는 효과가 있다.
⑥ 건성, 중성, 노화피부에 효과가 있다.

(3) 금기사항

- 모세혈관확장 피부
- 화농성 여드름 피부
- 안면에 피부병이 있는 피부
- 얼굴에 열이 있는 피부
- 일광 후 홍반현상이 발생한 경우
- 강한 필링 시술 후
- 방금 목욕이나 사우나를 한 경우

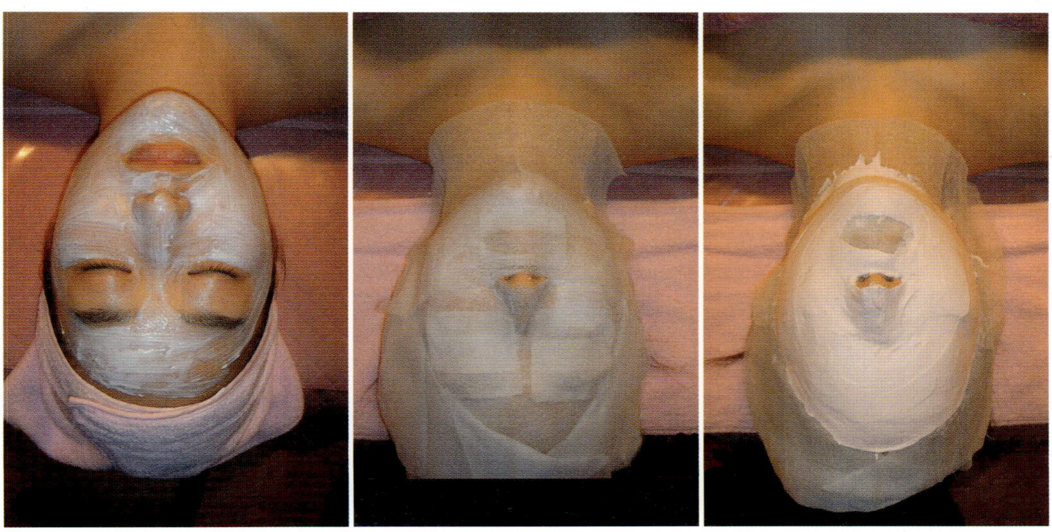

그림 9-3 석고 모델링 마스크

4) 왁스 마스크

왁스 마스크(wax mask, 파라핀 마스크)는 왁스 파라핀, 에틸알코올, 스테아릴, 알코올 등을 혼합해 만든 마스크로 실온에서 고형이므로 사용 전 녹여서 사용한다. 용해된 액상의 마스크가 뜨거우므로 민감성 피부와 모세혈관 확장 피부에는 사용을 삼가한다. 얼굴 이외에 손과 발 관리에도 많이 사용한다.

(1) 사용법

① 앰플을 바른다.
② 아이와 립크림을 바르고 눈과 입술에 패드를 얹는다.
③ 가위로 거즈의 코와 입 부위를 자른 후 물에 적셔 물기를 촉촉한 상태로 짜서 얼굴에 올린다.
④ 팔 안쪽에 온도 체크를 한 다음 브러시를 이용해 파라핀 두께가 전체적으로 균일하게 유지되도록 여러 겹 바른다. 이때 입과 코 부위에는 바르지 않으며 눈에 열이 나는 고객인 경우 눈 부위도 제외시킨다.
⑤ 파라핀이 완전히 응고되면 떼어내고 냉습포로 닦아 마무리한다.

(2) 효과

① 모공이 열려 피지와 노폐물이 용이하게 배출된다.
② 열린 모공을 통하여 영양물질의 흡수가 잘 되어 피부 보습과 탄력이 증가된다.
③ 중성, 건성, 노화피부에 좋다.

chapter 10

마무리 및 정돈

Wrap & Clean Up

팩 관리가 끝나면 스킨토너를 발라 피부를 정리하고 마무리 케어를 한다.

1. 기초케어 마무리

- 낮(day care): 스킨토너 – 아이크림 및 립크림 – 에센스 – 수분크림 – 자외선 차단 크림
- 밤(night care): 스킨토너 – 아이크림 및 립크림 – 에센스 – 영양크림

2. 스트레칭 마무리

- 베드에 장시간 누워 있어 긴장이된 고객의 목, 어깨, 두피 근육을 스트레칭하여 풀어 준다. 정성을 들여 근육을 천천히, 지그시 누르며 스트레칭한다.
- 고객의 얼굴 표정을 살피며 압의 세기를 적절하게 조절한다.

■ 마무리 스트레칭 동작

손가락으로 머리카락을 쓸어 주고 잡아당겨 주기

양 엄지로 두피 지압(중앙에서~측두부)

후두부 두피지압(헤어 경계선)

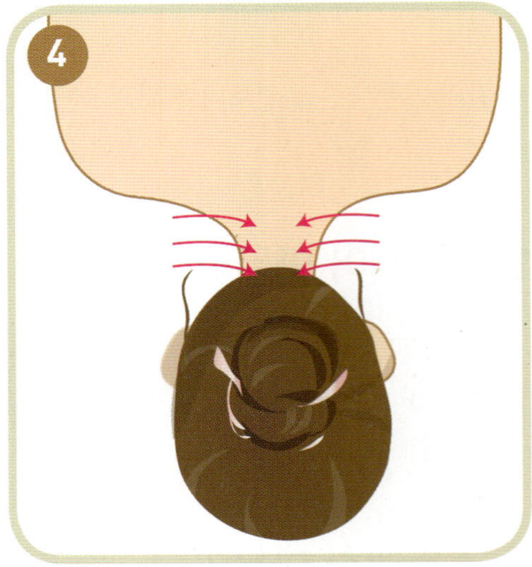

후경부 주무르기(왼손 · 오른손)

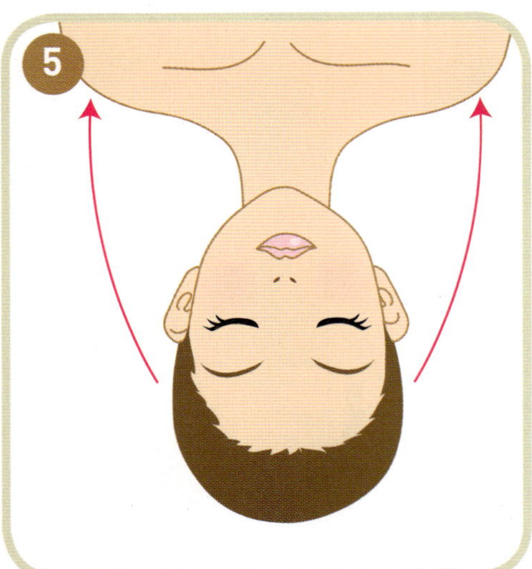

목을 좌우측 방향으로 스트레칭

왼손, 오른손 교대로 가슴에서부터 견봉까지 누르기(일어서서 한다).

상완 누르며 주무르기

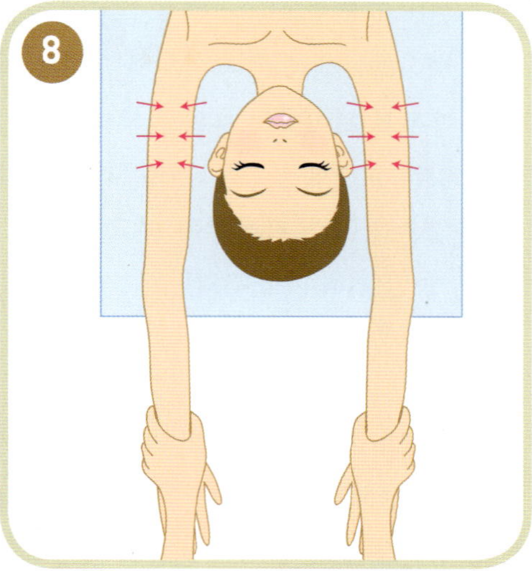

상완 누르며 주무른 후 손목 잡고 스트레칭하고 팔을 배 위에 나란히 포개준다,

견봉 누르며 스트레칭(오른 손은 왼쪽 어깨, 왼손은 오른쪽 어깨, 좌우 교차해서 잡고 지그시 누르며 지렛대 힘을 이용해 견갑상부를 스트레칭한 후 고객을 일으켜 준다)

① 터번을 풀고 머리카락을 가지런하게 쓸어 주고 머리카락을 기분 좋게 잡아당겨 준다.
② 헤어라인부터 탑 부위까지 두피를 지압한다.
③ 후두부 헤어라인 부위의 두피를 지압한다.
④ 양손 교대로 후경부 근육을 주무른다.
⑤ 양손을 고객 측두부에 대고 천천히 좌로 머리를 틀듯이 어깨까지 닿게 하면서 스트레칭 한다(좌우 2~3회).
⑥ 수근을 이용해 체중을 실어 천천히 데콜데 부위와 어깨를 눌러 준다.
⑦ 상완 부위까지 주물러 준다.
⑧ 고객의 팔을 만세 자세로 위치시켜 상완 부위를 주무른다.
⑨ 조심스럽게 팔을 가슴 위로 모아준다.
⑩ 양손을 교차해 고객 견봉을 잡고 스트레칭하며 일으킨다.
⑪ 목과 등을 받쳐 일으키고 온습포로 어깨, 목, 등을 깨끗이 닦아 정리한다.
⑫ '수고하셨습니다' 라고 인사를 한다.

3. 고객 마무리

- 탈의실 및 파우더실으로 안내한다.
- 고객 소지품 등을 한 번 더 확인한다.
- 따뜻한 물이나 허브티를 서비스한다.
- 오늘의 피부관리 결과에 대하여 이야기해 주고 다음 관리를 위한 방문날짜를 예약한다.
- 정중하게 배웅 인사를 한다.
- 고객 관리 카드에 오늘 관리 내용을 기록한다.
- 베드, 정리대, 제품, 타올, 습포, 해면 등을 정리정돈하고 다음 고객을 맞이할 준비를 한다.

chapter 11

피부상담과 분석

Skin Counseling and Analyzation

1 피부상담

2 설문조사를 통한 피부분석

3 피부관찰과 진단

4 피부관리카드 기록

피부유형에 적합한 피부관리 프로그램을 성공적으로 수행하려면 무엇보다도 고객의 현재 피부상태를 정확하게 분석하여 진단해 내는 것이 중요하다. 피부유형의 진단 없이는 어떠한 관리와 조언도 할 수 없다. 의사가 병을 진단해 치료하는 것처럼 피부미용사는 피부를 진단해서 화장품을 처방하여 관리하는 것이다. 그러므로 고객의 현재 피부상태에 관한 정확한 판단은 성공적인 피부관리를 위한 필수 조건이다.

피부유형 진단과정은 피부상담, 설문조사를 통한 피부 상태분석, 육안 피부관찰, 촉진, 필요 시 피부진단기기 사용을 통하여 피부상태를 종합적으로 분석하고 피부유형을 진단해 피부관리카드에 기록하는 것이다. 고객과의 피부상담, 설문조사를 통한 피부분석, 육안 피부관찰과 촉진을 통한 피부유형 진단을 위해서는 충분한 지식과 능력이 필요하다.

1. 피부상담

피부미용사가 상담 시 고객의 얼굴을 쳐다보기만 한다면 고객을 민망하게 만들 수 있으므로 구체적인 질문이 없더라도 진지한 관심을 보임으로 고객이 현재 피부상태와 과거에 갖고 있던 피부문제를 스스로 이야기하도록 대화를 유도하면서 잘 경청한다.

알레르기 유무, 세안 후 비누에 대한 과민반응의 유무 등에 대해서도 알아본다. 상담 중 고객이 이야기하는 잘못된 피부관리 습관에 대하여 직접적으로 잘못을 지적하기보다는 조언하는 식의 대화형식이 중요하다. 즉, '안 돼요', '잘못했어요'의 단정적인 표현보다 '~을 하는 것이 더 나을 텐데요' 또는 '~을 사용하는 것이 더 효과적입니다' 하는 식의 우회적인 표현법으로 대화하도록 한다. 부정적인 느낌을 주어 고객의 기분이 언짢아지지 않게 유의해야 한다. 고객의 피부에 대하여 성심성의껏 상담하면 다음과 같은 효과를 얻을 수 있다.

- 고객의 피부에 대한 문제점을 발견할 수 있다.
- 고객의 피부에 대한 진지한 관심으로 신뢰감을 줄 수 있다.

1) 성공적 상담

조용한 분위기에서 여유롭게 고객이 편안히 이야기할 수 있도록 유도하며 귀 기울여 경청하는 것이 성공적인 상담법이다.

- 고객이 이야기하는 피부문제의 핵심을 잘 파악한다.
- 고객이 전하는 사항을 잘 이해했음을 피드백하고 고객의 피부고민 등에 관심을 가지고 있음을 전달한다.

• 고객의 현재 피부상태 문제를 파악하여 적절한 관리법을 제시하고 설득함으로써 고객에게 신뢰감을 주어 피부관리를 받도록 상담한다.

2. 설문조사를 통한 피부분석

피부상담 후 대화를 하면서 피부관리카드의 고객신상카드에 문진법으로 고객의 신상과 피부상태를 조사하고 분석한다. 고객의 피부상태 및 증상을 정확하게 파악해서 기록하고 또한 관리시술에 대한 내용을 자세하게 기록한다. 고객의 신상에 변동이 있을 때에는 신속하게 수정 기록한다.

1) 고객 신상

① 성명

② 연령(생년월일)

고객의 나이는 피부상태와 밀접한 연관성을 가지고 있으므로 기록하여야 한다. 고객이 나이를 밝히기 꺼려 하면 우회적으로 질문하여 기록한다.

③ 주소 및 연락처

연락 가능한 주소와 집 전화번호 및 핸드폰 번호를 기재한다.

④ 직업

근무처와 담당업무를 기재한다. 직업과 직장환경이 피부상태에 영향을 미치기 때문이다.

2) 설문조사(문진)를 통한 분석내용

체형분석, 알레르기 유무, 결혼 여부, 현재 사용하는 화장품, 피부관리 습관, 기호식품, 의약품 복용 여부, 피부역사, 질병여부, 운동 여부, 식습관, 햇빛 노출에 대한 민감도 등에 관하여 구체적으로 질문하여 그에 대한 대답을 자세하게 기재한다.

(1) 체형분석

정신분석은 본능적 · 육체적 · 정신적인 면에 토대를 두고 있고, 정신적인 병의 원인을 밝혀낸다. 정신분석학에 근거를 둔 체형학은 지그문트 프로이트(Sigmund Freud) 박사에 의해 처음 제시되었고, 후에 정신과 의사인 크레치머(Ernst Kretschmer) 박사에 의해 정립되었는데, 피부관리 시 고객의 체형분석을 하여 피부특성과 성격을 알 수 있기 때문에 성공적인 피부관리를 위한 하나의 매개체로 작용한다.

① 날씬한 형, 마른 형(기린형, vatha 체형)

A. 신체적 특징

- 어깨와 골반이 좁다.
- 키는 아주 크거나 아주 작다.
- 팔과 다리가 가늘고 길다.
- 가슴이 작고 빈약하다.
- 코는 가늘고 턱은 약하다.
- 머리카락이 촘촘하고 이마 아래까지 헤어가 나 있다.
- 헤어가 일찍 희어지기 시작하는 반면 머리카락 재생력은 매우 강하다.
- 다른 체형에 비하여 제모시술 후에도 헤어가 빨리 자라난다.
- 남자의 경우 대머리가 거의 없으며 대부분 나이가 들어도 머리 숱이 많다.
- 힘을 축적할 수 있는 능력이 없기 때문에 기운이 쉽게 빠지고 피로해진다.

B. 성격적 특성

- 소심하고 의심이 많은 예민한 성격이다.
- 현실적 · 실질적 · 객관적이다.
- 자극에 민감하여 종종 신경질적 반응을 보인다.
- 비판적이며 반대의견을 제시하는 성격이기 때문에 화장품을 권유할 때 정확한 이론과 논증을 보여 주어야 한다.

C. 피부특징과 관리

- 피하조직이 얇게 형성되어 있다.
- 피부가 창백하고 건조하여 일찍 잔주름이 형성된다.
- 모공이 섬세하고 자극에 민감하다.
- 피부가 자외선에 잘 그을리고 각화과정이 빨라 각질층이 얇다.
- 날씬한 체형이면서 피지가 과다하고 여드름이 발생하는 사람은 대부분 건지루성, 즉 지성 민감성(seborrhoea sicca)이다.

- 렙토좀 형은 다른 체형보다 더 일찍 피부관리를 시작해야 한다.
- 코메도와 비립종 제거, 제모 시술 시 통증과 정신적 긴장을 더 크게 느끼기 때문에 조심스럽게 시술한다.

② 건강한 형, 스포츠형(호랑이형, pitta 체형)

A. 신체적 특징

- 어깨가 넓고 근육이 발달되어 있다.
- 골격 또한 튼튼하며 살찐 형은 아니나 지방층이 뚜렷하다.
- 여성의 경우 어깨보다 골반이 작고 남성의 경우 이 차이점은 더욱 크다.
- 적은 양의 운동에도 근육 발달이 잘 된다.
- 머리카락이 약해 남성은 나이 들어 만성적 탈모현상이 강하게 나타난다.
- 나이가 들면 불충분한 몸의 움직임과 부족한 운동으로 대퇴 부위에 지방층이 생기고 체형이 육중하고 둔해져 비만이 발생한다.

B. 성격적 특징

- 강한 자아의식, 극단적인 고집스러움과 쌀쌀함이 있다.
- 무뚝뚝하고 거만한 성향이 있다.
- 여성의 경우 정신적 · 육체적으로 비상한 능력을 가지고 있고 남성의 경우 대부분 활동적이다.

C. 피부 특징

- 피부표면이 오렌지 껍질처럼 거칠다.
- 피부가 두껍고 모공이 넓으며 유분량이 많다.
- 지성, 여드름 피부가 많고 T존 부위 모공이 넓다
- 피부가 햇볕에 잘 그을려져 쉽게 희어지지 않는다.
- 나이 들면 탈모가 잘되고 모발 재생능력이 저하된다(헤어제품 권유).
- 나이가 들수록 몸이 육중하고 둔해진다(운동, 체조, 비만관리, 전신관리, 적합한 화장품 등을 권유).

③ 비만형(코끼리형, kapha 체형)

A. 신체적 특징

- 팔, 다리, 목이 비교적 짧고 단단하여 살찐 듯한 느낌을 준다.
- 전체적 체형이 둥글다.
- 조선시대의 미인형 체형으로 어깨보다 골반이 크다.

- 손과 발이 작고, 피하조직이 발달되어 있다.
- 남자의 경우 일찍부터 탈모가 되고, 만성적 탈모현상은 20대 초반부터 시작되어 30대 무렵 대머리가 되는 경우도 있다.
- 여성 역시 나이가 들면 심한 탈모현상이 나타난다.

B. 성격적 특징

- 끈기가 있다.
- 원만하지만 가끔 예민한 반응을 보인다.

C. 피부특징과 관리

- 피부 결이 매우 섬세하고 부드럽고 매끈하다.
- 나이에 비해 젊어 보이고 피부가 아주 좋다.
- 혈액순환이 잘되고 간혹 피부에 모세혈관확장 증세가 나타나기도 한다.
- 피부가 얇고 복숭앗빛 홍조를 띈다.
- 계절에 따라 조금 민감하게 반응한다.
- 주름형성과 노화가 늦게 온다.

(2) 결혼 여부

결혼 여부는 피부생리 현상에 많은 영향을 끼치므로 조사해 피부관리 시 참고한다. 서양인에게 결혼 여부에 대한 질문을 할 때는 사생활이므로 조심스레 접근해야 한다.

(3) 알레르기

특정한 화장품 성분에 대해 알레르기반응이 있는지 조사하고 피부관리를 할 때 이를 기억하여 부작용을 예방한다.

(4) 성격

성격이 민감하고 섬세한 경우 피부 역시 민감한 반응을 나타내므로 참고하여 휴식과 안정감을 주는 관리와 환경을 조성한다.

(5) 스트레스

스트레스는 인체의 호르몬 분비와 피부상태에 좋지 않은 영향을 미치므로 스트레스 원인과 정도를 파악하여 피부관리 시 참고하고 조언한다.

(6) 사용하는 화장품과 피부관리 습관

고객이 아침과 저녁 홈케어 시 자신의 피부유형에 적합한 화장품을 사용하는지와 올바른 순서로 사용하고 있는지를 조사하고 화장의 두께 정도에 대해서도 알아본다. 부적합한 화장품 선택은 피부를 손상시키고, 잘못된 순서로 화장품을 바르면 효과가 없으므로 올바른 화장품과 홈케어 방법을 조언한다.

(7) 기호식품

카페인이 함유된 커피, 홍차, 콜라 등의 섭취량, 흡연 여부와 알코올 섭취 정도를 파악한다. 과다한 기호식품 복용은 피부가 조기 노화하는 원인이 된다.

(8) 의약품

항생제, 수면제, 진통제 등 약물의 장기 복용 여부와 호르몬에 영향을 주는 피임약 복용 여부를 체크한다.

(9) 피부관리 경험 및 역사

과거부터 현재까지의 피부의 문제와 치료 및 개선을 위한 관리 여부를 알아본다. 즉 여드름, 색소 이상, 노화 등의 문제 발생 시기, 원인, 정도, 관리 및 치료 여부에 관하여 구체적으로 조사하여 피부진단과 관리 시 참고한다.

(10) 병력

과거와 현재의 건강상태를 알아보고, 신체 순환계 이상, 심장, 갑상선, 당뇨 등의 질병 여부와 수술경험에 대하여 알아보고 관리 시 이를 참고하여 주의를 기울여야 한다. 질병과 수술은 내분비에 관여하여 신체와 피부상태에 영향을 주므로 경우에 따라 관리를 유보한다.

(11) 운동량

적당한 운동은 혈액순환, 신진대사, 근육에 영향을 주므로 운동종류와 운동량을 조사한다. 개인의 체력에 따라 규칙적으로 주 3회 정도 땀이 흐를 정도로 운동을 하면 건강해진다.

(12) 음식습관

식생활에서 균형 있는 영양 섭취, 편식습관, 자극성 음식 섭취, 하루 물 섭취량, 다이어트 여부, 패스트푸드나 인스턴트 식품 섭취 여부 등에 관하여 조사하고 규칙적인 시간에 적당한 양을 골고루 섭취하도록 권유한다.

(13) 자외선 피부민감도

자외선에 피부가 노출되는 경우 홍반현상이나 색소침착 현상이 나타나는지에 대해 조사하고, 자외선은 피부노화와 밀접한 상관관계가 있다는 점을 주지시켜 낮 외출 시 반드시 자외선 차단크림을 바르도록 권한다. 자외선 노출에 대한 민감도를 I~V 등급으로 분류하고 있다.

(14) 냉난방에 대한 피부노출 정도

일상생활에서 지나친 냉난방에 피부가 노출되면 각질층의 수분이 탈수되어 피부건조로 인한 당김 현상이 나타난다. 또한 예민과 노화현상이 나타날 수 있음을 주지시키고, 일시적으로 당길 때에도 보습 팩을 하여 피부 각질층 수분 15~20% 정도로 유지할 수 있도록 조언해야 한다.

(15) 생리주기와 상태

생리 무렵과 1주일 전 피부상태나 정신상태가 불안정하고 예민해짐을 인지하여 고객의 생리 생리주기를 기록해 관리 시 참고하고 조언한다.

3. 피부관찰과 진단

일반적으로 피부유형을 '분비샘에 따른 피부유형'이라고 한다. 이유는 피부유형은 주로 기름샘에 분비되는 기름의 양과 땀샘에서 분비되는 수분의 양으로 결정되기 때문이다. 기름이 많이 분비되는 피부의 경우 땀 역시 다량으로 분비되고, 분비된 기름과 땀은 자연적으로 친화되어 유화 상태의 피지막을 형성하여 유수분의 함유량을 결정하며, 이 피지막은 피부유형을 특징짓는다.

사춘기 이전까지는 거의 모든 사람이 정상피부를 갖고 있다. 사춘기 무렵부터 분비되는 남성호르몬(안드로겐)의 영향으로 피지가 활발하게 분비되며 이 시기부터 개인의 피부유형이 결정되기 시작한다. 어린아이 때는 과도한 일광과 추위 등의 악조건 기후에 노출되어 발생하는 피부문제를 없애기 위해 바르는 연고와 보호로션, 보호크림을 제외하고는 피부관리를 위해 특별히 화장품을 사용하지 않는다.

대부분 사춘기 동안 피지샘의 분비활동이 가장 왕성하게 이루어지며 과잉 피지로 피부가 지루성화되기도 하고 심하면 여드름 피부로 발전하게 된다. 그러나 나이가 들어가면서 피지샘 분비와 수분 기능이 점점 저하되어 젊어서 지성, 여드름 피부였던 사람도 30대가 되면 정상 피부, 복합성 피부로 변화하고 40세 이후 건성 및 노화 피부로 바뀌게 된다.

1) 피부분석 방법

(1) 견진법

직접 육안으로 보거나 피부표면을 3.5~5배 확대해 주는 확대경을 통하여 피부상태를 관찰하고 분석하여 판단하는 방법으로 다음과 같은 항목을 관찰할 수 있다.

- 피부결(각질의 정도, 모공 크기, 솜털의 양, 피부의 거친 정도)
- 모공의 크기
- 색소침착 상태
- 건조 상태
- 피지분비 상태
- 모세혈관 상태
- 안색
- 주름(눈가, 입가, 미간)
- 돌출물 유무(여드름, 사마귀, 점, 켈로이드)

(2) 촉진법

손으로 만져 보거나 눌러서 판단하는 방법이다.

- 각질 상태
- 수분량 정도
- 피지량 정도
- 탄력 정도(근육의 긴장 정도)
- 피부 두께

(3) 문진법

식사습관, 생활습관, 수면 정도, 스트레스 정도, 기호식품 여부, 성격, 환경, 질병, 복용약 여부 등 피부상태와 관련 있는 여러 가지 사항에 대하여 질문하여 피부유형 분석을 하는 방법이다.

(4) 기기 사용 관찰법

기기를 사용하여 수분량, 유분량, pH, 수분 손실량 등을 분석하는 과학적 측정방법이다.

① 수분측정기
② pH 측정기
③ 유분 측정기
④ 우드램프(wood lamp) 측정

피부과에서 의료 목적용으로 개발되었지만 현재는 에스테틱 관리 시 피부분석을 위해 많이 활용하고 있다. 장파장의 자외선을 이용한 우드램프는 형광빛을 발하므로 피부 내부까지 볼 수 있다. 우드램프에 비치는 피부의 형광색에 따라 피부상태를 판독할 수 있다. 반드시 어두운 공간에서 사용해야 확실한 형광색이 나타나 정확한 피부분석을 할 수 있다.

피부상태	피부색
정상피부	푸른빛의 보라색
건성피부	보라색
과각질화된 부위, 비듬	흰색 내지 빛나는 흰색
노화 및 민감 부위	자주색
모공의 피지	주황색
화농성 여드름	엷은 노란색
과색소	암갈색

2) 피부분석 내용

피부상태를 분석해 피부유형을 진단하기 위해서는 우선 메이크업을 깨끗하게 클렌징한 상태에서 관찰해야 하며 정확한 피부진단을 위해서는 다음의 진단항목을 관찰해야 한다.

(1) 관찰내용

① 피지 분비량

두피 상태 및 머리카락 상태, 피부의 번들거리는 상태로 관찰

② **수분량**

검지와 중지로 볼을 집어 보고 나타나는 주름상태를 보고 관찰

③ **혈액순환 상태**

피부색, 피부 온도, 부종, 수족냉증, 눈의 점막 컬러 상태

④ **탄력정도**

진피층의 긴장상태, 피부근육의 긴장상태 체크

⑤ **피부주름 상태**

표면주름, 표정주름, 진성주름 여부 체크

⑥ **민감 상태**

스파출라로 X자를 그어 나타나는 반응 정도를 보고 체크

⑦ **UV 민감 정도**

⑧ **기타 특성 관찰**

(2) 관찰 및 진단방법

① **피지 및 땀 분비량**

두피상태를 조사하기 위해서 머리의 일정한 부위에 가르마를 타고 검지손가락으로 두피를 쓰다듬어 본다. 두피의 기름이 지루성 비듬인지 건조성 비듬인지 관찰한다. 얼굴 피부가 기름기로 번들거리면 두피도 피지분비량이 많다는 결과이므로 지성 피부, 광택이 없으면 기름샘 분비 기능이 저하된 상태이므로 건성 피부 또는 노화 피부로 결정된다.

좀 더 정확한 분석결과를 얻고자 할 때는 30~40분 전 미리 클렌징을 한 후 크림을 바르지 않은 상태에서 또는 메이크업이나 크림을 클렌징하지 않은 상태에서도 다음의 방법으로 바로 분석할 수 있다.

a. 유리 슬라이드 사용법

현미경 관찰 시 사용하는 유리 슬라이드의 한 면을 이마 부위에, 다른 한 면은 뺨 부위에 대고 누른 후 유리판에 나타나는 기름과 수분의 무늬, 정도를 보고 피부의 피지량과 수분량을 측정하는 방법이다.

측정된 유리 슬라이드를 밝은 빛 아래에서 관찰해 보면 피지와 수분의 얼룩을 볼 수 있는데 이 얼룩자국이 약하면 건성 또는 정상 피부이고 찍힌 얼룩자국이 확실하게 나타나면 지성피부다. 보통 피지는 사람의 피부온도 30~33℃일 경우엔 액체이지만, 차가운 유리 슬라이드에 닿게 되면 곧 고체로 응고되어 유리에 얼룩무늬로 나타난다. 피부에 유리 슬라이드를 접촉시킬 때는 힘의 세기를 골고루 해야 하고 몇 번의 비교 실험이 이루어져야 한다.

b. 알루미늄 호일 및 기름종이 사용

알루미늄 호일이나 기름종이를 이마와 볼 부위에 대고 눌러서 유리 슬라이드 관찰법과 마찬가지로 찍혀 나온 기름과 수분의 무늬를 보고 측정하는 것이다.

② 혈액순환

두꺼운 표피층에서는 얇은 표피층에서처럼 혈관의 모습이 육안으로 잘 드러나지 않기 때문에 뺨의 붉은 정도로 피부 혈액순환 정도를 분석하는 것이 아니다. 얼굴의 전체적인 피부색톤을 살펴보고, 또한 피부온도를 부위마다 촉진하여 체크한다. 눈의 점막과 같은 점막부분을 관찰하는 것이 바람직하다.

눈 밑에 손을 대어 아래로 내리면 표피층이 없는 얇은 눈의 점막이 나타나고 혈관의 색깔이 선명하게 드러난다. 눈 내부의 점막 색상이 창백하면 혈액순환이 좋지 않은 상태, 눈 내부의 점막 색상이 분홍색 또는 붉은색이면 혈액순환이 좋음을 의미한다.

③ 멜라닌 색소량과 표피층의 두께

깨끗한 유리 슬라이드를 이마나 협골궁(광대뼈 부위)에 대고 누르면 진피층 깊게 자리하고 있는 모세혈관의 피가 빠져나가면서 피부색이 보이게 되는데 노르스름한 갈색 빛과 노르스름한 흰색으로 나타난다. 노르스름한 갈색빛은 노르스름한 흰색빛보다 색소가 더 많다는 것이다.

유리 슬라이드로 누른 부위와 누르지 않은 피부부위의 색깔 차이가 현저하게 나타났다면 누르는 힘에 의해 혈액순환이 강하게 이루어졌으므로 표피층이 얇은 상태이고, 색깔 차이가 별로 없다면 표피층이 두꺼운 상태이다. 두껍기 때문에 눌러도 진피층의 모세혈관의 피의 유동이 잘 이루어지지 않아 투명하게 비치지 않는다.

④ 탄력성

탄력성은 눈 밑의 피부를 엄지와 검지 또는 중지의 두 손가락으로 잡아당겼다가 놓았을 때 신축성 있게 원위치로 되돌아가는 상태를 보고 판단하거나 손으로 피부의 근육상태를 만져서 체크한다. 또는 손바닥을 뺨에 대고 피부를 비근(코와 이마가 만나는 부분)쪽으로 밀어 올려 발생하는 주름의 정도를 보고 다시 놓았을 때 원래 상태로 피부가 되돌아오는 상태를 보고 판단한다. 젊고 건강한 피부는 빠르게 원상태로 복귀되지만, 노화 피부는 오래된 고무줄처럼 천천히 원상태로 돌아가며 쉽게 잡아 당겨진다. 탄력성이 없는 피부는 누웠을 때 아래로 처지는 현상이 나타나고 주름이 형성되어 있다. 실제로 피부 탄력성은 다양한 특징으로 결정된다.

a. 근육의 긴장감은 탄력성과 밀접한 상관관계가 있다.
- 표피층의 탄력성: 피부를 잡아 당겼을 때 되돌아가는 능력
- 피하조직의 탄력성: 피하조직의 쿠션 정도

b. 피부 긴장감은 세포의 수분량과 밀접한 관련이 있다.
- 기저층과 유극층 세포 내의 수분
- 기저층의 세포간, 진피층, 피하조직의 조직액
- 진피층과 피하조직의 혈관을 채우고 있는 물질

⑤ 모공의 크기

확대경으로 이마, 코, 뺨, 입과 턱 부위를 잘 관찰한다. 크고 깊은 모공은 피부가 두껍고 과각질화된 각질층을 의미한다. 전형적인 지성 피부는 큰 피지샘을 가지고 있어 모공이 크고 건성 피부는 피지를 적게 생산하여 모낭을 통해 적은 양의 피지를 배출해 작은 모공을 형성한다. 중성과 건성 피부의 경우 T존의 모공이 U존보다 큰 경향을 발견할 수 있다. 이는 코 부위에 큰 기름샘이 있기 때문이다.

⑥ 각질 상태

각질이 많이 쌓인 피부는 피부 톤이 칙칙하고 어두워 보인다. 아주 심하게 과각질화되면 다른 부위와 비교했을 경우 피부가 동물의 가죽처럼 거칠고 딱딱해 보인다. 피부가 일광에 많이 노출되면 과각질화 현상이 더욱 뚜렷하게 나타난다.

⑦ 예민 상태

피부 예민 상태는 더모그라피스무스(dermographismus) 방법으로 측정한다. 일정한 부위에 기계적인 자극을 주어 나타나는 붉은 반응에 따라 민감 정도를 판단하는 것이다. 납작하고 끝이 둥근 스파출라로 적당하게 힘을 준 상태에서 이마나 뺨, 데콜테 부위에 2~3cm 정도 십자 모양으로 줄을 그어서 생기는 붉은 자국이나 흰 자국을 보고 예민 정도를 분석하는 방법이다.

희고 붉은 자국이 오래 남아 있거나 피부가 부어 오르는 피부는 민감한 피부이며 아주 민감한 피부인 경우 자극 부위에 좁쌀 같은 두드러기가 발생한다. 또한 하얀 자국 반응이

나타나는 경우는 건선에 의한 소양감 성향을 가지고 있는 피부라고 할 수 있다. 물론 스파출라로 자극을 준 힘의 크기에 따라 나타나는 반응 정도가 다르겠지만 동일한 힘을 주는 경우 역시 부위에 따라 민감도가 다르게 나타난다. 예민 정도는 마사지 시 고려해야 하는 중요한 항목이다.

⑧ 기타

위에 명시된 것 외에 특이한 이상이 있는가를 관찰한다.

- 여드름: 면포, 구진, 결절, 낭종, 낭포
- 색소이상: 기미, 주근깨, 검버섯, 백반증
- 반흔(kelloid) 형성
- 사마귀, 점

3) 가정에서의 자가 피부관리 조언

섬세한 조직인 피부는 낮 동안 외부의 공해에 노출되므로 근육신경과 조직 등이 피로하게 된다. 외부의 먼지와 더러움, 피지와 땀 등의 피부 분비물과 메이크업 등이 낮 동안 피부에 부착되고 쌓여서 모공을 막게 되면 피부의 생리작용이 저하되기 때문에 가정에서의 아침과 저녁 피부손질(home care)은 아주 중요하고 필수적인 부분이다. 그러므로 피부미용사는 홈케어에 대한 중요성을 인식시키고 올바른 케어 방법을 조언해 주어야 한다.

(1) 저녁

① 건강하고 아름다운 피부 유지를 위해 매일 세안한다. 저녁 세안은 반드시 이중 세안을 한다(클렌징 화장품과 비누 사용).

② 세안 후 스킨토너로 pH 균형을 잡고 정리한다.

③ 피부 상태와 나이를 고려하여 아이크림을 바르게 한다.

④ 밤 동안 재생, 영양흡수 등의 피부 대사작용이 이루어지므로 이를 도와주는 유효성분이 함유되어 있는 에센스와 나이트용 영양크림을 피부유형에 맞게 바른다. 나이트크림은 데이크림보다 유분과 유효성분이 더 많이 함유되어 있는 것을 선택한다(O/W E).

- 비타민, 플라센타, 라놀린, 엠브리오, 스쿠알렌 등이 함유된 제품

⑤ 1주일에 1~2회 정도 팩 또는 마스크를 적용하고, 이때 딥클렌징 관리도 함께 하도록 한다.

(2) 아침

① 클렌징 후 미지근한 물로 비누세안하고 비눗기 없이 깨끗이 헹군 다음 마지막에 찬물을 사용한다.

② 수건으로 닦을 때 민감한 피부일 경우 부드러운 수건으로 살짝 누르면서 닦고, 피부가 민감하지 않을 경우 조금 거친 타월로 약간 힘을 주어 문지르면서 닦으면 혈액순환이 됨을 인식시킨다.

③ 세안 후 스킨토너로 정돈한다.

④ 피부상태와 연령을 고려하여 아이크림을 권하도록 한다.

⑤ 낮 동안 피부가 외부 환경에 노출되는 것을 고려하여 피부보호와 보습을 위한 데이크림을 바르고, 에센스도 함께 사용할 수 있도록 도와준다. 유분이 적고 수분이 다량 함유된 크림을(O/W E) 바른다. 수분이 많이 함유된 크림은 빨리 상하므로 관리를 잘해야 함을 주지시킨다.

- 성분: 카로틴, NMF, 에센셜오일 함유 제품

⑥ 자외선 차단 크림을 바른다(자외선에 의해 피부손상과 노화가 발생됨을 주지시킨다).

⑦ 메이크업을 한다.

4. 피부관리카드 기록

피부관리가 끝나면 피부관리카드 뒷면에 오늘 관리한 내용과 사용제품을 기입하고, 고객에게 조언한 홈케어 내용도 기록하여 차후 관리 시 참고자료로 활용하도록 한다.

피부관리카드

담당 관리사:

<table>
<tr><td colspan="3">성명:</td><td>성별: 남/여</td></tr>
<tr><td colspan="4">생년월일: (세)</td></tr>
<tr><td colspan="3">주소:</td><td>전화:
H.P:</td></tr>
<tr><td colspan="2">직업:</td><td>결혼여부:</td><td>Yes No</td></tr>
<tr><td rowspan="12">문진
분석내용</td><td colspan="3">• 알레르기:</td></tr>
<tr><td colspan="3">• 스트레스:</td></tr>
<tr><td colspan="3">• 기호식품:</td></tr>
<tr><td colspan="3">• 복용 의약품:</td></tr>
<tr><td colspan="3">• 병력:</td></tr>
<tr><td colspan="3">• 음식습관:</td></tr>
<tr><td colspan="3">• 자외선 예민 정도:</td></tr>
<tr><td colspan="3">• 평상시 냉난방 노출 정도:</td></tr>
<tr><td colspan="3">• 생리주기 및 양:</td></tr>
<tr><td colspan="3">• 피부관리 경험:</td></tr>
<tr><td colspan="3">• 사용 화장품: 아침
저녁</td></tr>
<tr><td colspan="3">• 평상시 피부관리 습관:</td></tr>
</table>

피부유형 진단카드

	기능 저하	정상 기능	기능 증가
피지 분비량			
땀의 양(수분 보유량)			
각질상태			
모공 크기			
UV 민감도			
탄력상태			
예민상태			
혈액순환			
색소침착 상태			
피부유형			
관리목적			
관리계획			

피부관리기록

날짜	클렌징	딥클린징	앰플	마사지	팩(마스크)		기기관리 및 특수관리	홈케어 조건
					1차	2차		

피부관리차트
Skin care Clinic chart

담당관리사:

<table>
<tr><td>성명</td><td colspan="2"></td><td>생년월일</td><td></td><td>전화</td><td></td></tr>
<tr><td>주소</td><td colspan="4"></td><td>직업</td><td></td></tr>
<tr><td>알레르기 현상:</td><td></td><td colspan="5">결혼유무:</td></tr>
<tr><td rowspan="6">건강상태</td><td>병력</td><td colspan="5">□ 갑상선 □ 편도선 □ 당뇨병 □ 암
□ 심장병 □ 신장병 □ 간의 기능 □ 자궁수술</td></tr>
<tr><td>생리상태</td><td colspan="5">□ 정상 □ 불순 □ 갱년기 □ 폐경기 □ 임신</td></tr>
<tr><td>소화상태</td><td colspan="5">□ 변비 □ 규칙적</td></tr>
<tr><td>수면</td><td colspan="5">□ 8시간 이상(규칙적) □ 8시간 이하(불규칙적)</td></tr>
<tr><td>식사습관</td><td colspan="5">□ 규칙적 □ 불규칙적</td></tr>
<tr><td>영양상태</td><td colspan="5">□ 균형 □ 불균형</td></tr>
<tr><td>체형 및 성격</td><td>체형타입</td><td colspan="5">□ 메마른 형 □ 스포츠형 □ 여성형</td></tr>
<tr><td rowspan="8">피부상태
Skin Status</td><td></td><td colspan="2">기능저하</td><td colspan="2">정상</td><td>기능증가</td></tr>
<tr><td>피지 분비량</td><td colspan="2"></td><td colspan="2"></td><td></td></tr>
<tr><td>수분 함유량</td><td colspan="2"></td><td colspan="2"></td><td></td></tr>
<tr><td>각질상태</td><td colspan="2"></td><td colspan="2"></td><td></td></tr>
<tr><td>모공크기</td><td colspan="2"></td><td colspan="2"></td><td></td></tr>
<tr><td>탄력상태</td><td colspan="2"></td><td colspan="2"></td><td></td></tr>
<tr><td>혈액순환</td><td colspan="2"></td><td colspan="2"></td><td></td></tr>
<tr><td>자외선 예민도</td><td colspan="2"></td><td colspan="2"></td><td></td></tr>
<tr><td rowspan="4">피부의
문제점</td><td>피부 민감도</td><td colspan="5">□ 과예민 □ 예민 □ 모세혈관</td></tr>
<tr><td>여드름</td><td colspan="5">□ 화농성 여드름 □ 화이트헤드 □ 블랙헤드</td></tr>
<tr><td>색소침착</td><td colspan="5">□ 기미 □ 주근깨 □ 검버섯</td></tr>
<tr><td>기타</td><td colspan="5">□ 상처 □ 켈로이드 □ 비립종 □ 혈점
□ 로사시아 □ 백반증 □ 사마귀 □ 점</td></tr>
<tr><td>약의 사용여부</td><td colspan="6">□ 복용약 □ 피임약 □ 피부 연고제 □ 주사</td></tr>
<tr><td>기호식품</td><td colspan="6">□ 담배 □ 술 □ 커피</td></tr>
<tr><td>식습관</td><td colspan="6">음식 □ 육류 □ 어류 □ 야채류 □ 과일
□ 매운 것 □ 짠 것 □ 단 것</td></tr>
<tr><td>홈케어 제품</td><td colspan="6">아침:
저녁:</td></tr>
<tr><td>조언</td><td colspan="6"></td></tr>
<tr><td>피부타입</td><td colspan="6">□ 지성 □ 복합성 □ 건지루성 □ 정상
□ 건성 □ 예민성 □ 수분부족 건성
□ 노화 □ 큐퍼로즈(Cuperose) □ 여드름</td></tr>
</table>

Skin Care chart

성명

<table>
<tr><td>작성일자</td><td colspan="2">년 월 일</td><td>생년월일</td><td>년 월 일 (음, 양)</td></tr>
<tr><td rowspan="4">고
객
란</td><td>성명</td><td></td><td>결 혼</td><td>☐ 미혼 ☐ 기혼</td></tr>
<tr><td>주소</td><td colspan="3"></td></tr>
<tr><td>연락처</td><td></td><td>핸드폰</td><td></td></tr>
<tr><td>직업</td><td colspan="3">☐ 주부 ☐ 회사원 ☐ 학생 ☐ 전문직 ☐ 기타( )</td></tr>
<tr><td colspan="2">피부유형</td><td colspan="3">☐ 정상 ☐ 건성 ☐ 지성 ☐ 복합성 ☐ 민감성 ☐ 노화 ☐ 조로</td></tr>
<tr><td rowspan="6">건
강
상
태</td><td>알레르기</td><td>☐ 예( ) ☐ 아니오</td><td>콘택트렌즈</td><td>☐ 예 ☐ 아니오</td></tr>
<tr><td>병 력</td><td colspan="3">☐ 암 ☐ 수술 ☐ 심장질환 ☐ 골절 ☐ 신장질환 ☐ 혈압 ☐ 당뇨 ☐ 기타( )</td></tr>
<tr><td>복용약 여부</td><td>☐ 예 ☐ 아니오</td><td>변비</td><td>☐ 예 ☐ 아니오</td></tr>
<tr><td>생 리</td><td>☐ 규칙 ☐ 불규칙</td><td>스트레스</td><td>☐ 적음 ☐ 보통 ☐ 많음</td></tr>
<tr><td>운 동</td><td colspan="3">☐ 안함 ☐ 거의 안함 ☐ 가끔씩 함 ☐ 규칙적으로 함</td></tr>
<tr><td>식사습관</td><td>☐ 규칙 ☐ 보통 ☐ 불규칙</td><td>수면상태</td><td>☐ 규칙 ☐ 보통 ☐ 불규칙</td></tr>
<tr><td colspan="2">세안(클렌징)방법</td><td colspan="3">☐ 젤 ☐ 크림 ☐ 밀크로션 ☐ 워터 ☐ 오일 ☐ 이중세안(☐ 예 ☐ 아니오)</td></tr>
<tr><td rowspan="5">피
부
상
태</td><td>피지량</td><td>☐ 많다 ☐ 정상 ☐ 적다</td><td>모세혈관확장</td><td>☐ 많다 ☐ 보통 ☐ 없다</td></tr>
<tr><td>보습량</td><td>☐ 많다 ☐ 보통 ☐ 적다</td><td>혈액순환</td><td>☐ 좋음 ☐ 보통 ☐ 나쁨</td></tr>
<tr><td>각질상태</td><td>☐ 많다 ☐ 보통 ☐ 적다</td><td>모공상태</td><td>☐ 크다 ☐ 보통 ☐ 작다</td></tr>
<tr><td>민감상태</td><td>☐ 보통 ☐ 예민 ☐ 과예민</td><td>탄력성</td><td>☐ 크다 ☐ 보통 ☐ 작다</td></tr>
<tr><td>멜라닌상태</td><td>☐ 많다 ☐ 보통 ☐ 적다</td><td>여드름</td><td>☐ 많다 ☐ 보통 ☐ 적다</td></tr>
<tr><td colspan="2">관리목적 및 기대효과</td><td colspan="3"></td></tr>
<tr><td rowspan="2">고객관리계획</td><td>1주차</td><td colspan="3"></td></tr>
<tr><td>향후</td><td colspan="3"></td></tr>
<tr><td colspan="2">자가관리(홈케어) 조언〈Day〉</td><td colspan="3"></td></tr>
</table>

날짜	클렌징	딥클렌징	앰플	매뉴얼 테크닉	마스크		관리자
					1차	2차	

피부관리 실습 임상 보고서

<table>
<tr><td colspan="2">관리일자</td><td>고객명</td><td colspan="2"></td><td>관리자명</td><td></td></tr>
<tr><td colspan="2">관리목적</td><td colspan="5"></td></tr>
<tr><td colspan="2">관리계획</td><td colspan="5"></td></tr>
<tr><td colspan="2" rowspan="2">얼굴관리과정</td><td colspan="3">관리제품</td><td colspan="2" rowspan="2">화장품 성분</td></tr>
<tr><td>제품명</td><td>시간</td><td>방법</td></tr>
<tr><td rowspan="2">클렌징
(Cleansing)</td><td>포인트 메이크업</td><td colspan="3"></td><td colspan="2"></td></tr>
<tr><td>페이스</td><td colspan="3"></td><td colspan="2"></td></tr>
<tr><td colspan="2">pH 밸런스</td><td colspan="3"></td><td colspan="2"></td></tr>
<tr><td colspan="2">피부분석</td><td colspan="3"></td><td colspan="2"></td></tr>
<tr><td rowspan="2">딥클렌징</td><td>제품</td><td colspan="3"></td><td colspan="2"></td></tr>
<tr><td>피지 제거</td><td colspan="3"></td><td colspan="2"></td></tr>
<tr><td colspan="2">기기관리</td><td colspan="3"></td><td colspan="2"></td></tr>
<tr><td colspan="2">매뉴얼 테크닉</td><td colspan="3"></td><td colspan="2"></td></tr>
<tr><td colspan="2">습포</td><td colspan="3"></td><td colspan="2"></td></tr>
<tr><td colspan="2">앰플 및 세럼</td><td colspan="3"></td><td colspan="2"></td></tr>
<tr><td rowspan="2">마스크</td><td>1차</td><td colspan="3"></td><td colspan="2"></td></tr>
<tr><td>2차</td><td colspan="3"></td><td colspan="2"></td></tr>
<tr><td colspan="2">습포</td><td colspan="3"></td><td colspan="2"></td></tr>
<tr><td colspan="2">기초 마무리</td><td colspan="5"></td></tr>
<tr><td colspan="2" rowspan="2">홈케어 조언</td><td colspan="5">아침:</td></tr>
<tr><td colspan="5">저녁:</td></tr>
<tr><td colspan="2">주의 및 특이사항</td><td colspan="5"></td></tr>
<tr><td colspan="2">관리 전 피부상태</td><td colspan="3"></td><td>관리 후
피부상태</td><td></td></tr>
</table>

피부관리기록(Treatment Record)

날짜	클렌징	딥클렌징	앰플	마사지	1차 팩	특수 마스크	홈케어 조건

chapter 12

건강한 피부와 피부유형 분류

Healthy Skin and Skin Type Classification

적절한 피부관리 제품을 선정하고 시술방법을 계획하기 위해서는 각 피부유형의 특성을 이해하고 분석할 수 있는 능력을 보유하고 있어야 한다. 여러 가지 피부유형을 이해하기 전 먼저 건강하고 아름다운 피부의 특징에 대하여 이해하여야 한다. 신진대사가 정상적으로 이루어지고, 신체의 모든 조직이 건강하다면 피부 역시 건강하고 충분히 아름다울 것이다. 그러므로 피부는 우리 몸의 상태를 비추는 거울이라고도 할 수 있다. 건강한 피부를 유지하기 위해서는 규칙적인 생활, 적절한 운동과 휴식, 균형 있는 음식 섭취 등과 함께 전문 숍에서의 주기적인 피부관리는 물론 규칙적이고 적절한 스스로의 자가 피부관리(홈케어)가 필요하다. 에스테틱에서 궁극적으로 지향하는 것이 건강하고 아름다운 피부유지를 위한 관리이다.

1. 건강하고 아름다운 피부

1) 피부가 촉촉하고 윤기가 있다

피지와 땀이 적절하게 분비되어 건강한 피지막을 형성하고 있으며, 또한 천연보습인자(NMF)가 피부표면의 각질층의 수분(15~20%)을 잘 결합하여 충분히 보유하고 있음을 뜻한다.

2) 탄력이 있다

피부 긴장과 탄력은 진피층의 수분 함유량과 밀접한 관계가 있다. 즉 진피층의 섬유아세포는 콜라겐 · 엘라스틴 섬유와 초기질 물질을 만들어 진피 내 수분을 보유함으로써 탄력을 유지시켜 준다. 따라서 진피층의 두 섬유가 손상되거나 변성되면 초기질 물질이 빠져나가게 되며 피부탄력이 저하되어 건조해지고 노화된다. 하루 1ℓ 이상의 생수와 주스를 마시고, 자외선을 피하여 피부탄력 저하를 예방하여야 한다.

3) 피부색이 깨끗하고 투명하다

주근깨나 기미 같은 색소침착이 없는 피부다. 색소침착을 예방하여 투명하고 깨끗한 피부를 유지하기 위해서는 햇빛에 피부가 노출되는 것을 삼가며, 외출할 때는 반드시 자외선 차단 크림을 발라 자외선을 차단시켜 주고, 메이크업으로 피부를 보호한다. 또한 모세혈관 파열과 확장 예방을 위해 얼굴을 강하게 밀어내거나 강한 자극을 주는 것을 삼가하도록 한다.

4) 피부가 맑고 생기가 있다

균형 있는 영양공급과 신진대사가 이루어지면 혈액순환이 원활해지고, 새 세포가 왕성하게 만들어져 피부는 맑은 분홍빛을 띠며 생기를 띠게 된다. 지나친 긴장이나 스트레스가 없는 활기찬 생활을 영위하고 충분한 수면을 취하여 정신적 안정을 유지하는 것 또한 피부에 생기를 부여해 준다.

2. 피부유형의 분류

피부는 피지샘과 땀샘이 기능하는 상태에 따라 정상, 건성, 지성, 복합성 피부로 대별되지만, 이러한 피부유형의 피부상태가 악화되면 민감성, 여드름, 노화, 색소침착, 모세혈관확장 등의 피부로 변화한다. 위에 언급한 문제성 피부유형을 개선시키고, 건강한 피부상태로 되돌려주는 성공적인 결과를 이끌어내자면 각 피부유형의 원인, 특징 및 관리방법에 관한 지식을 이해하여 실무에 응용해야 한다.

1) 정상 피부

정상 피부(normal skin)는 피부조직의 상태 또는 피부생리기능이 정상적인 활동을 하고 있어 피부문제인 색소, 여드름, 주름이 거의 나타나지 않는 경우이다. 에스테틱에서 궁극적으로 추구하는 바는 지성, 건성, 복합성 피부 등 여러 유형의 피부를 정상적인 피부상태로 회복시키고 재생시키는 것이고 정상 피부인 경우 현재의 피부상태를 보호 · 유지하는 것이다. 정상 피부라 하여도 계절, 화장품, 환경, 스트레스 등의 내부적 · 외부적 인자에 의해서 변화되므로 정상적인 상태를 유지하기 위해서는 꾸준하고 집중적인 관리로 피부의 유 · 수분 균형을 유지하고 자연스럽게 노화를 예방한다. 건강한 피부인 정상 피부의 특징은 다음과 같다.

(1) 특징

- 피부의 피지 분비 및 수분 공급 기능이 적당하여 피부 표면이 매끄럽고 촉촉하다.
- 모공이 섬세하다.
- 피부조직에 긴장감이 있어 탄력성이 좋다.
- 색소, 여드름, 모세혈관 확장이 없어 피부가 맑고 깨끗하다.
- 주름이 없다.
- 모세혈관 내 혈액이 표피를 통하여 적절하게 순환되면서 피부색이 분홍빛을 띈다.
- 표피 두께는 얇거나 두껍지 않으며 보통이다.

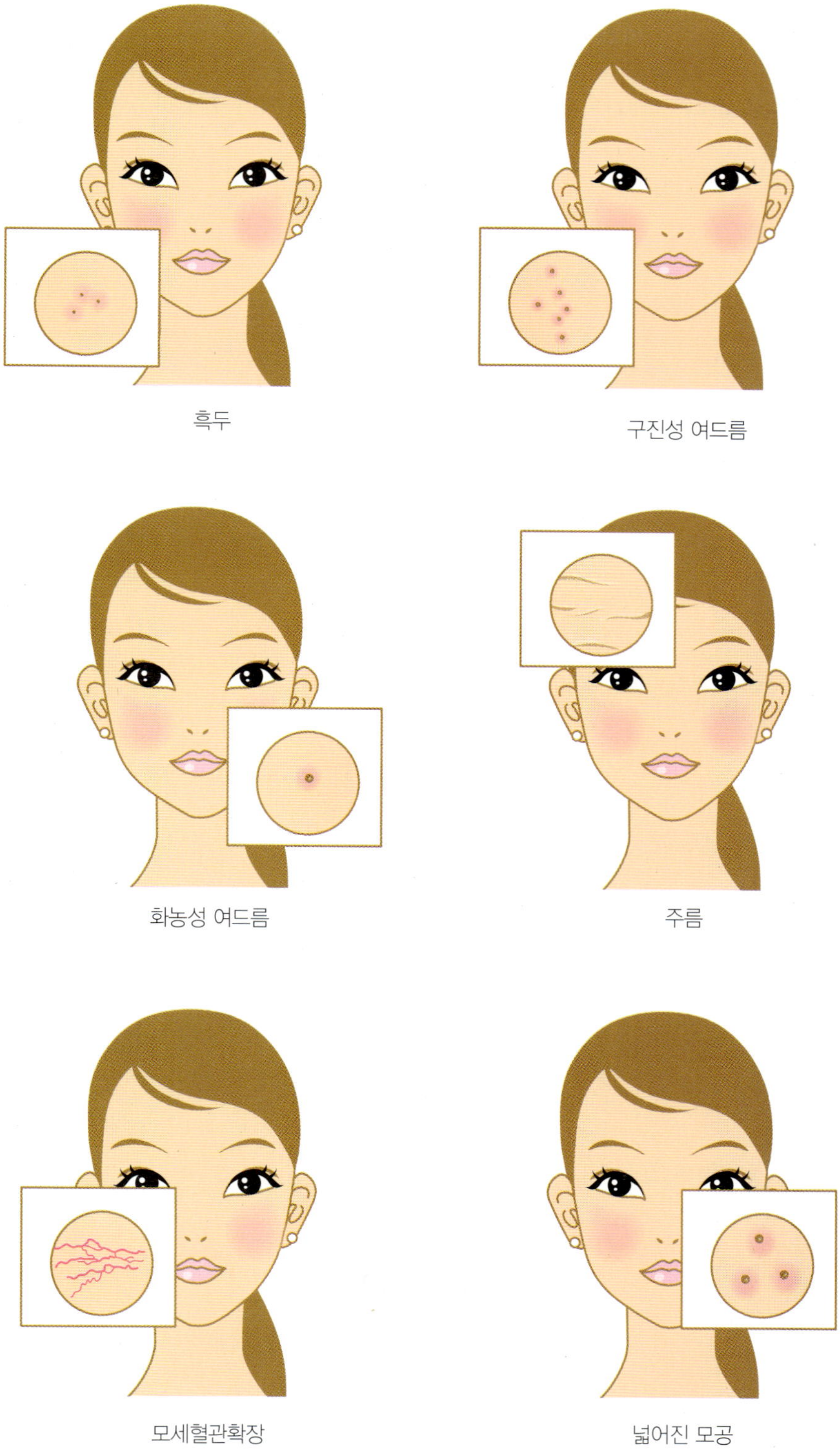

그림 12-1 피부유형 분류

(2) 관리

- 관리목적: 주기적인 각질관리와 보습관리에 중점을 두어 현 상태의 유 · 수분 밸런스가 유지되도록 한다. 피지가 땀의 분비 정상상태로 보호되며 촉촉하고 매끈한 피부상태가 유지된다.

■ ■ ■ 정상 피부 관리 프로그램

관리단계		화장품 처방 및 기기 적용	관리방법
포인트 클렌징		• 아이메이크업 리무버	• 저자극 제품으로 눈과 입술의 포인트 화장을 깨끗이 지운다.
얼굴 · 목 클렌징		• 보습용 클렌징 밀크	• 경쾌하고 신속한 동작으로 부드럽게 목과 얼굴의 이물질과 화장을 지운다.
토너 정리		• 정상 피부 스킨로션	• 미용솜에 보습 또는 pH 조절토너를 묻혀 바른 후 가볍게 두드려 준다.
피부분석		• 문진, 촉진, 견진, 피부미용기기 사용(확대경)	• 수분량, 피지량, 각질량, 탄력도, 색소침착 정도, 예민도, 혈액순환, 면포 등의 피부상태를 분석방법에 따라 확인한다.
딥클렌징 주 1회		• 효소, 고마쥐, 스크럽, AHA	• 각 딥클렌징의 사용법에 따라 각질을 정리하고 해면 및 온(냉)습포로 닦고 토너로 정돈한다. 효소와 스크럽 사용 시 스티머기기를 8~10분 병행한다.
마사지 주 1회		• 모든 피부, 정상 피부용 영양 크림, 아로마 오일, 나이트 크림	• 테크닉은 손바닥을 밀착시켜 혈액순환, 림프순환, 신진대사 증진을 위한 부드럽고 리드미컬하게 매뉴얼 테크닉을 한다.
영양공급		• 수분앰플(히아루론산,NMF) 비타민 앰플	• 유리병 앰플은 티슈에 싸서 따고 처음엔 떨어뜨려 눌러주듯 바른 후 그 다음엔 문지르듯 바르고 흡수시킨다.
팩/마스크 주 1회		• 일반 팩: 수분, 비타민 C • 특수 마스크: 콜라젠 벨벳, 고무 모델링 마스크, 석고, 마스크	• 보습 · 보호를 위한 제품 • 일반 팩: 크림 타입, 젤, 클레이, 파우더 타입은 브러시로 팩제를 바르고 15분간 적용한다. • 특수 마스크: 20분 정도 적용한다(사용법 준수).
기초 마무리		낮(Day)	• 클렌징 밀크 – 화장수 – 아이크림 – 수분크림 – 자외선 차단크림–BB 밤: 피부 보호와 보습을 위한 기초제품
		저녁(Night)	• 클렌징 밀크 – 비누세안 – 화장수 – 아이크림 – 수분 세럼– 보습영양크림 • 피부 보호와 보습 및 영양을 위한 기초 제품
조언		• 충분한 물을 섭취한다. • 보습용 화장품을 사용한다.	• 리퀴드 타입 파운데이션 사용

- 화장품 성분: 천연보습인자(NMF), 히아루론산, 비타민, 밀배아 추출물, 배아레시틴, 인삼엽, 바이오 아미노산, 알로에 등 함유
- 에센셜 오일 함유: 로즈 등
- 홈케어 시 기초손질을 세심하게 한다.
- 유분과 수분의 밸런스를 잘 맞추어 준다.
- 특히 추천할 수 있는 집중관리는 겨울과 봄 가운데 일사량이 적은 시기에 하는 비타민 A와 E 집중관리이다.
- 주 1회 일반관리 또는 4~6주에 한번 집중적인 활성화 및 보습 특수관리를 권한다.

① 클렌징

수분이 함유된 밀크 클렌징을 사용한다.

② 스킨로션

pH 조절 및 유연 화장수를 선택한다.

③ 필링/딥클렌징

주 1회 정도 각질 제거를 한다(스크럽, 효소, 고마쥐, AHA 사용).

④ 마스크

수분공급과 보호를 목적으로 한 보습 마스크를 사용한다.

⑤ 크림

수분 함유 크림을 아침 · 저녁으로 사용한다.

⑥ 메이크업

리퀴드 파운데이션을 사용한다.

2) 건성 피부

피부의 건성화는 내외적 인자가 작용하며, 그 인자의 원인에 따라 일시적인 표피 건성, 만성으로 기인한 진피 건성 피부(dry skin)로 나눌 수 있다. 유년기에는 보통 정상 피부이나, 나이가 들어 가면서 피부 건성화로 특히 볼 부위 피부가 심하게 조이는 현상이 나타나고 눈과 스마일 라인 부위에 주름이 형성된다. 피부 당김 현상은 피부가 건조함으로 발생하며 이러한 피부의 건조화는 표피의 과다한 수분 증발이나 피부 진피층 자체의 수화기능 문제로 발생할 수 있다.

(1) 표피 수분 부족 건성 피부

표피 수분 부족 건성 피부는 건성화가 표피에서 나타나는 점에서 일반 건성 피부와 매우 흡사하지만 피지 분비 부족, 즉 호르몬 분비 저하라는 내적 요인에 의한 것이 아니라 외적 요인에 기인한다는 점이 다르다. 즉 피부조직의 수화기능과 피지 분비 기능이 정상적이라 할지라도 냉난방 등 외적 환경 요인으로 건조한 상태에 피부가 장시간 놓이게 되면 피부의 수분 증발이 지속적으로 일어나 결국 표피가 건성화된다.

(2) 진피 수분 부족 피부

피지막 수분증발로 인하여 표피 건성화된 피부를 관리를 해 주지 않고 방치하고, 피부의 건성화를 초래하는 외부 환경의 악조건에 계속 노출시킨다면 진피 건성 피부로 변하게 된다.

결국 진피 건성 피부는 피부 자체의 내적 원인에 의한 것으로 수화기능 자체가 문제되어 초래된다. 섬유조직을 생성하는 섬유아세포(fibroblast)가 유리기(free radicals)에 의해 손상되는 등의 이상현상이 발생될 때 콜라겐과 엘라스틴 생성이 중단되어 발생한다.

(3) 건성 피부

피부의 땀샘기능과 피지 분비 기능이 저하되어 피부가 갈라지고 윤기가 없어지게 된다. 특히 표피는 항상 수분 부족 상태에 놓이게 되어 노화가 급속하게 진행되며 적절한 피지막을 형성해 줄 수 있을 만큼의 피지가 분비되지 않는다. 이러한 경우는 유전적으로 피지선 기능이 활발하지 못함으로 피지선을 자극하는 안드로겐 분비가 부족한 경우와 나이가 들어감에 따라 피지선 자극호르몬의 기능이 자연히 감퇴되는 경우로 구분된다.

■ 특징

- 작은 각질과 가려움을 동반한다.
- 기름샘과 땀샘활동이 저하되어 있다.
- 소홀한 관리와 피부에 대한 과도한 자극(바람, 햇빛, 추위, 자극성 비누 세안)이 원인이다.
- 비타민 A가 부족하다.
- 손톱이 갈라지고 입술이 잘 부르튼다.
- 추위나 세제에 민감한 반응을 보이고 외부에 저항력에 약하다.
- 갱년기 여성은 월경 중단으로 여성호르몬을 생성하는 에스트로겐(estrogen)이 부족해져 피부의 건성화가 초래된다. 에스트로겐은 진피층의 콜라겐을 형성하는 섬유아세포

(fibroblast)의 기능뿐만 아니라, 수분 공급 기능도 조절한다.

- 모공이 좁아진다.
- 유 · 수분이 부족하여 두피와 머리결이 마르게 된다.
- 고온과 저온 노출, 물리적인 자극(열, 압력), 정신적 압박이나 긴장감을 가지면 피부가 얼룩덜룩하고 붉게 변한다.

■ 관리

- 관리목적: 피지 분비가 활성화되는 테크닉과 제품으로 관리하여 유분과 수분을 공급하여 영양을 줌으로써 유수분의 밸런스가 좋아져 정상상태로 개선될 수 있도록 유도한다. 영양공급으로 당김이 줄어들고 피부가 부드럽고 촉촉해진다.
- 화장품 성분: 히아루론산, 토코페롤, 비타민 A, 알로에, 콜라겐, 호호바 오일, 이브닝 프라임 로즈 오일, 스윗 아몬드 오일
- 에센셜 오일 함유: 로즈우드, 자스민, 로즈, 네롤리, 샌달우드, 팔마로사 등

① 클렌징

부드러우며 유분이 많이 함유된 클렌징 제품(클렌징 밀크로션, 클렌징 크림, 클렌징 오일)을 선택한다.

② 스킨로션

6~10% 이하의 알코올이 함유된 화장수 또는 무알코올의 화장수를 사용한다.

③ 필링/딥클렌징

건조하고 각질로 갈라진 피부에 사용함으로 집중관리를 할 수 있다. 건성 피부는 어떤 경우 각질이 아주 심하게 일어나는데, 필링은 이런 피부를 상하게 할 수도 있다. 그러므로 화장품 제조회사들은 이 문제를 줄이기 위하여 오일, 알로에, 알기엔, 콜라겐 등의 성분을 첨가하여 필링 제품을 제조해 위와 같은 문제를 최소화시키고 있다.

④ 마스크

영양공급과 혈액순환을 촉진하는 비타민 A · E 마스크, 영양팩을 사용한다.

⑤ 크림

낮 동안엔 수분 함유량이 높은 데이 O/W크림, 밤 동안엔 유분의 함유량이 더 높은 W/O 에멀전 상의 나이트 크림이 좋고, 낮 동안에 수분이 더 높은 제품을 사용한다. 24HC(hour cream)을 사용해도 좋다.

- 성분: 아보카드유, 갈렌듈라유, 콜라겐, 레시틴, 참깨유, 밀배아
- 민감성 피부와 마찬가지로 자외선에 예민하게 반응하므로 높은 지수의 햇빛차단 제품(sun screen)을 사용한다.
- 건성 피부는 겨울 동안엔 데이크림과 나이트 크림을 서로 바꾸어서 사용한다.

건성 피부 관리 프로그램

관리단계	화장품 처방	관리방법
포인트 클렌징	• 아이메이크업 리무버	• 눈과 입술의 포인트 화장을 깨끗이 지운다
얼굴 · 목 클렌징	• 유 · 수분용 클렌징 밀크, 클렌징 크림, 클렌징 오일	• 유 · 수분이 함유된 제품으로 경쾌하고 신속한 동작으로 부드럽게 목과 얼굴의 이물질과 화장을 지운다.
토너정리	• 무알콜 함유의 건성피부 스킨 로션	• 미용솜에 영양화장수를 묻혀 바른 후 가볍게 닦아 준 후 두드려 준다.
피부분석	• 문진, 촉진, 견진, 피부미용 기기사용(확대경).	• 수분량, 피지량, 각질량, 탄력도, 색소침착 정도, 예민도, 혈액순환, 면포 등의 피부상태를 분석방법에 따라 확인한다.
딥클렌징 주 1회	• 효소	• 딥클렌징의 사용법에 따라 각질을 정리하고 해면으로 닦고 토너로 정돈한다. 효소 사용 시 5~8분 스티머기기를 병행한다.
마사지 주1~2회	• 모든 피부, 건성피부용 영양크림, 아로마 오일	• 테크닉은 손바닥을 밀착시켜 피지샘을 촉진시키며 혈액순환 개선을 위한 매뉴얼 테크닉을 한다.
영양공급	• 영양앰플, 비타민 앰플(A~E)	• 유리병 앰플은 티슈에 싸서 따고 처음엔 떨어뜨려 눌러 주듯 바르고 나머지는 문지르듯 바르고 흡수시킨다.
팩/마스크 주1~2회	• 일반 팩: 활력, 영양(비타민) • 특수 마스크: 콜라겐 벨벳, 모델링 마스크(석고, 고무)	• 혈액순환, 영양공급, 보습 효과용 • 일반 팩: 에멀젼, 파우더, 젤 타입은 브러시로 팩제를 바르고 15분간 적용한다. • 특수 마스크는 20분 정도 적용한다.
기초 마무리	• 낮(day)	• 클렌징 밀크 – 화장수 – 아이크림 – 수분세럼 – 수분영양크림 – 자외선 차단크림 –BB 밤: 피부 보호, 보습, 영양을 위한 기초 제품
	• 저녁(night)	• 클렌징 밀크/오일/크림 – 세안 – 화장수 – 아이크림 – 수분 세럼– 보습 영양크림: 피부 보호와 보습 및 영양을 위한 기초 제품
조언	• 충분한 물을 섭취한다(1일 1ℓ 이상) • 7시간 이상 수면을 취한다. • 크림 타입 파운데이션 사용	• 규칙적으로 운동한다. • 냉난방 노출을 삼가한다.

■ 자가 홈케어와 조언사항

- 장시간의 목욕과 같이 피부를 물속에 오래 두는 것은 삼가한다.
- 알칼리성 비누로 세안하지 말고, 목욕이나 세안 후 바로 기초제품을 발라 손질한다.
- 비타민 A가 함유된 식품을 많이 섭취한다(녹황색 채소, 당근, 간, 우유, 버터).
- 악건성일 경우 알갱이가 함유된 크림을 사용하거나 지나친 스팀을 쏘이지 않는다.
- 따뜻한 스팀타월을 사용한다.
- 건성이 심한 경우 산부인과를 방문하여 호르몬 검사를 받도록 권유한다.
- 혈액순환을 돕고 피지샘 기능을 촉진시키는 마사지를 해 준다.
- 일주일에 1~2회 마스크나 팩을 사용한다(꿀, 바나나, 아보카드유 등).

3) 지성 피부

피지샘에서 분비된 피지는 우리의 피부 표면을 덮고 있으며, 이 피지는 적당한 보호막을 형성하여 표피자체 약산성 pH를 유지시켜, 미생물 침입방지 또는 수분증발을 억제하여 피부보습 상태를 적절하게 유지시켜 준다. 이 피지샘에서 과다하게 피지가 분비되면 피부는 늘 번들거리고 지저분해지는데, 이러한 상태의 피부를 지성 피부(oily skin)라고 한다. 과다한 피지분비로 피지가 모낭 속에 축적되고, 모낭 입구가 피지와 각질 등으로 막히게 되면 피부문제가 발생하여 병변을 일으키게 된다.

피지선에서 기름이 분비되어 세범(sebum)이 형성되기까지 약 일주일 정도 걸리며, 그 과정에서 모낭세포들이 파괴되면서 피부 밖으로 기름기를 분출한다. 피지선 크기와 활동성은 나이와 개인의 호르몬 분비 상태에 따라 차이가 있고, 유년기 때의 피지의 분비는 작고 사춘기가 되면 피지선의 크기가 커져 분비가 많아지고, 성년기 때는 안정되고 장년엔 감소된다. 대개 위장기능이 좋지 않거나 변비일 때 피부가 지성화된다.

(1) 피지 분비량

- 성별, 부위, 변비, 소화불량과 같은 생리적 요인, 기온에 따라 다르다.
- 피지선의 크기는 털의 굵기에 따라 다르다.
- 일반적으로 여성들은 월경 7~10일전 호르몬 분비가 왕성해져 지성 피부가 되기도 하고, 지성 피부 고객이 임신한 경우, 임신 6개월 후에는 지성 상태가 개선되지만 출산 후 호르몬이 정상으로 회복되면, 일시적으로 기름샘이 활성화되어 지성 피부 증세가 나타나기도 한다.

(2) 특징

① 피지가 과다하게 분비되는 것은 유전적 요인과 호르몬 요인에 관계되며(남성호르몬) 나이가 들면 피지샘 기능이 저하된다.

② 정상 · 건성 피부의 경우에는 나이가 들어 가면서 주름이 현저히 눈에 띄나, 지성피부는 나이가 들면 '번들거림'이 없어지면서 피부가 더 깨끗해 보이게 되고 주름이 별로 형성되지 않는 장점이 있다.

③ 모공이 크고, 피부가 쉽게 더러워져 코메도 등의 여드름이 잘 발생된다. 왜냐하면 과다한 피지분비는 각질층과 함께 모공 입구를 막아 버리기 때문이다.

④ 모공이 확장되어 있다.

⑤ 각질층이 두텁고 피부색이 둔탁해 보인다.

⑥ 피부가 번들거리며 불투명하고 칙칙해 보인다.

⑦ 온도 등의 외부 환경에 강하다.

⑧ 햇빛에 의해 색소침착이 잘 되나, 일광에 예민하지는 않다.

⑨ 여드름이 심할 경우 피부과를 방문하여 의사와 상담한다.

⑩ 피부의 혈액순환이 잘 되지 않는다.

(3) 관리

- 관리목적: 과다한 피지 분비를 조절하여 확대된 모공과 번들거림을 완화시키고, 과다한 각질을 제거하여 피부를 청결하게 정화하여 항염을 예방하여 점차 맑고 깨끗한 정상 피부로 만들 수 있다. 강하게 탈지시켜 피지샘 기능의 밸런스와 모공 확장을 조절해 준다.
- 화장품 성분: 캄퍼, 하마멜리스, 비타민 B군, AHA, 머드, 카올린, 식물성 성분, 클로로필, NMF 성분, 해바라기 오일, 그레이프 씨드, 알란토인, 판테놀, 카모마일, 아줄렌, 여성호르몬
- 에센셜 오일: 일랑일랑, REF 버가못, 티트리, 라벤더, 쥬니퍼 베리, 레몬그라스, 레몬
- 비타민 B(B_1, B_2, B_6)군이 함유된 식품(효소, 배추, 우유, 달걀, 간, 멜론)을 섭취하여 피를 맑게 하고 여드름을 예방한다.
- 지성 피부는 강하게 탈지시켜 피지샘 기능을 균형 있게 해 주고, 모공을 수축시켜 주고, 염증을 완화시키는 성분이 함유된 제품을 사용한다.

① 클렌징

피부의 산성막을 파괴하지 않으며, 유분을 제거해주는 건조화시키는 합성비누로 세안하고, 클렌징 제품은 밀크로션 타입이나 젤 타입을 사용한다.

② 스킨토너

알코올 함유량이 높고, 소염 및 진정시켜 주며 모공을 수축시켜 주는 성분의 화장수를 사용한다.

③ 필링/딥클렌징

알갱이가 함유된 스크럽, 엔자임(enzyme AHA, 고마쥐)으로 피지를 녹여주고 막힌 모공을 열어주는 각질 제거 관리를 한다.

④ 마스크

식물성 팩이나 머드마스크 팩을 사용(모공 수축, 항염, 진정효과)한다.

⑤ 크림

보습크림 O/W친수성의 에멀전을 선택한다.

⑥ 메이크업

오일 프리 파운데이션(oil free foundation), 매트 파운데이션(matt foundation)을 선택한다.

■■■ 지성 피부 관리 프로그램

관리단계	화장품 처방	관리방법
포인트 클렌징	• 아이메이크업 리무버	• 눈과 입술의 포인트 화장을 깨끗이 지운다.
얼굴 · 목 클렌징	• 클렌징 밀크, 클렌징 젤	• 유분이 적게 함유된 제품으로 경쾌하고 신속한 동작으로 부드럽게 목과 얼굴의 이물질과 화장을 지운다.
토너정리	• 수렴 스킨 로션/지성 스킨 토너(소량 알코올 함유)	• 미용솜에 피지 조절용 스킨토너를 묻혀 바른 후 가볍게 두드려 준다.
피부분석	• 문진, 촉진, 견진, 피부미용 기기 사용(확대경)	• 수분량, 피지량, 각질량, 탄력도, 색소침착 정도, 예민도, 혈액순환, 면포 등의 피부상태를 분석방법에 따라 확인한다.
딥클렌징 주 2회	• 효소, 고마쥐, 스크럽, AHA	• 각 딥클렌징의 사용법에 따라 각질을 정리하고 해면으로 닦고 토너로 정돈한다. 효소 사용 시 10~12분 스티머기기를 병행한다.
	• 브러싱기기, 스킨 스크러버, 디스인크러스테이션	• 적합한 기기를 선택해 모공청소와 각질 제거를 한다.
여드름 압출	• 여드름 압출기, 면봉, 손, 석션기	• 면봉이나 손에 티슈를 감싸 부드럽게 누른다. 압출 후 방부작용을 하는 스킨토너로 정리한다.
1차 진정마스크	• 알로에 젤, 더마줄렌	• 압출 후의 예민한 피부를 진정시키는 성분이 있는 마스크를 적용한다. 젤 타입이나 o/w 에멀전 타입이 좋다.
마사지 주 1회	• 피지 조절용 지성피부 크림과 아로마 오일	• 테크닉은 손바닥을 밀착시켜 피지 제거 및 항염 제품으로 부드럽고 리드미컬하게 매뉴얼 테크닉을 한다.
영양공급	• 피지 제거용, 아스트린젠트 앰플, 캄퍼 앰플	• 유리병 앰플은 티슈에 싸서 따고 처음엔 눌러 주듯 바른다. 남은 액을 떨어뜨려 문지르듯 바르고 흡수시킨다.
팩/마스크 주 2회	• 일반 팩: 모공수렴, 피지억제, 방부작용, 항염 • 특수 마스크: 차콜 고무모델링	• 피지 제거, 노폐물 제거, 항염 용도 제품 • 일반 팩: 에멀전, 파우더, 젤 타입은 브러시로 팩제를 바르고 15분간 적용한다. • 특수 마스크는 20분 정도 적용한다.
기초 마무리	• 낮(day)	• 수렴 화장수 – 아이크림 – 피지억제 세럼 – 수분크림 – 자외선 차단크림 – BB 밤: 피지조절과 항염을 위한 기초 제품
	• 저녁(night)	• 클렌징 밀크/젤 – 비누 세안 – 수렴 화장수 – 아이크림 – 피지조절세럼 – 보습크림: 피부 보호와 피지조절을 위한 기초 제품
조언	• 충분한 물을 마신다. • 세안을 철저히 한다. • 피지 제거 및 탈지용 화장품을 사용한다. • 수면을 규칙적으로 취한다. • 오일프리 파운데이션/매트 파운데이션 사용	

4) 건지루성 피부

건지루성 피부(dehydrated oily skin)는 일반적인 비누나 화장품에도 피부가 민감하게 반응하며, 기후조건이 조금만 나빠져도 피부가 문제를 일으키는 유형이다. 수분과 피지의 불균형, 즉 피지분비 기능은 과다하나, 그에 따른 땀샘 기능이 상승하지 못하여 피부 수분이 부족하게 되어 표피가 알칼리를 띠게 된다. 일반적으로 건지루성 피부는 보습기능이 극히 저하되어 있고 표피에 기름기가 있음에도 불구하고 피부 당김 현상을 심하게 느끼게 된다.

(1) 특징

- 햇빛에 쉽게 그을린다.
- 피부에 반점이 나타나기 쉽다.
- T존의 기능은 지성과 비슷하나 뺨 부위는 거칠다.
- 피부 충혈현상이 잘 나타난다.
- 여드름이 형성된다.
- 피부가 청결하지 않고 예민하며 표피박리 현상이 쉽게 나타난다.
- 물리적 자극을 받으면, 붉게 변하거나 붓는다.
- 잔주름이 잘 나타난다.
- 에스테틱 관리가 어려운 피부타입이다.

5) 복합성 피부

복합성 피부(combination skin)란 넓은 의미로 본다면 부위에 따라 서로 다른 피부유형이 한 얼굴에 복합적으로 나타나는 것이다. 즉, 얼굴의 이마와 코(T-Zone)은 지성이고, 뺨 부위(U-Zone)는 건성 혹은 예민성이거나 광대뼈 부위에는 심한 색소침착 현상이 나타나지만 다른 부위는 맑고 투명하다든지 하는 것이다. 그러므로 정확하게 규정한다면 대부분의 사람들이 정도의 차이는 있으나 복합성 피부를 갖고 있다고 할 수 있다.

그러나 에스테틱에서 복합성 피부란 협의의 의미에서 지성과 건성이 피부 부위에 따라 다르게 나타나고 있는 경우를 의미한다. 예를 들어 T-영역은 지성이며 눈 가장자리, 뺨은 건성일 경우 복합성 피부라 칭한다. 이 경우 대개 중년 이후의 사람들에게 나타나는 피부유형으로 선천적 요인보다는 후천적 요인에 의하여 나타나고, 특히 정상적인 피부를 갖고 있던 사람들에게서 나타날 확률이 흔히 많다는 것이 통계학적으로 나타나 있다. 즉 중년 이전까지 정상적인 피부를 유지하고 있던 사람이 30대에 접어들면 이마, 코, 턱 주변에 기름이 흐르고 코메도가 나타나며 여드름이 나기도 하다가, 30대 후반에 이르러서는 극도로 건성화되면서 노화 조짐까지 나타나게 되는 것이 일반적인 복합성 피부의 특징이다. 10대 후반 또는 20대에도 복합 피부의 특징이 나타나는 경우도 있겠지만 이 경우는 T존은 지성이고, U존은 건성보다는 대개 정상이므로 복합성으로 잘못 오인하기 쉽다. 이 경우 복합성 피부보다 정상 피부라고 판단하는 것이 바람직하다.

(1) 특징

- T존에 기름이 흐르고 면포가 형성되기도 한다.
- 스트레스성 여드름이 한두 개 발생한다.
- T존을 제외한 U존은 건성화되어 심하게 당긴다.
- 눈가에 잔주름이 많다.
- 광대뼈 부위에 기미가 나타나는 수가 많다.
- 화장품에 의한 면포 형성이 잘 된다.
- 메이크업이 고르게 잘 받지 않는다.
- 경우에 따라 피부에 맞는 2가지 종류의 기초제품 선택이 필요하다.

(2) 관리

- 관리목적: 피지가 과다하게 분비되는 T존은 각질과 피지 등의 노폐물을 제거하여 정화시키고 건조한 U존은 수분과 영양을 공급하는 관리로 깨끗하고 촉촉하며 매끄럽게 한다.
- 화장품 성분: T존-캄퍼, 하마멜리스, 일랑일랑 성분 함유
- U존- 콜라젠, 히아루론산, 토코페롤, 비타민 A, C 함유
- 에센셜오일: T존은 지성피부와 동일하고, U존은 건성피부와 동일하다.
- 클렌징: 세안을 청결하게 한다.
- 화장수: 적당한 유· 수분 함유 화장수를 공급한다.
- 크림, 마사지, 팩 관리: 필요에 따라 두 가지 피부 타입의 화장품을 부분적으로 피부상태에 따라 다르게 적용한다.

복합성 피부 관리 프로그램

관리단계	화장품 처방	관리방법
포인트 클렌징	• 아이메이크업 리무버	• 눈과 입술의 포인트 화장을 깨끗이 지운다
얼굴 · 목 클렌징	• 클렌징 밀크	• 저자극성 제품으로 경쾌하고 신속한 동작으로 부드럽게 목과 얼굴의 이물질과 화장을 지운다.
토너정리	• 유연 스킨토너(U존) • 수렴 스킨토너(T존)	• 미용솜에 스킨토너를 묻혀 바른 후 가볍게 닦아내고 바른 후 두드려 준다.
피부분석	• 문진, 촉진, 견진, 피부미용기기 사용(확대경)	• 수분량, 피지량, 각질량, 탄력도, 색소침착 정도, 예민도, 혈액순환, 면포 등의 피부상태를 분석방법에 따라 확인한다.
딥클렌징 주1~2회	• T존: 스크럽, AHA • U존: 효소	• 각 딥클렌징의 사용법에 따라 각질을 정리하고 해면으로 닦고 토너로 정돈한다. 효소와 스크럽 사용시 5~8분 스티머기기를 병행한다.
	• 브러싱기기, 스킨 스크러버, 디스인크러스테이션	• 적합한 기기를 선택해 모공청소와 각질 제거를 한다.
여드름 압출	• 여드름 압출기, 면봉, 손	• 모공을 뚫은 후봉이나 손에 티슈를 감싸 부드럽게 누른다. 압출 후 방부작용의 스킨토너로 정리한다.
마사지 주 1~2회	• 모든 피부크림과 아로마 오일	• 테크닉은 손바닥을 밀착시켜 피부상태에 따라 압의 강약과 동작횟수를 고려하여 천천히 부드럽고 리드미컬하게 매뉴얼 테크닉을 한다. 림프 마사지, 부드러운 테크닉의 클래식 마사지를 한다.
영양공급 앰플	• T존: 아스트린젠트,캄퍼앰플 • U존: 수분앰플(NMF), 영양	• T존과 U존의 특성에 따라 두 가지를 적용한다. 유리병 앰플은 티슈에 싸서 따르고 처음엔 눌러주듯 바른다. 남은 양은 떨어뜨려 문지르듯 바르고 흡수시킨다.
팩/마스크 주 1~2회	• 일반 팩: T존– 모공수렴, 피지억제, 지성용 • U존–보습용 또는 피부상태에 부합 • 특수 마스크: 콜라겐 벨벳, 고무 모델링	• 일반 팩: 에멀전, 파우더, 젤, 클레이 타입은 브러시로 팩제를 바르고 15분간 적용한다. • 특수 마스크는 20분 정도 적용한다.
기초 마무리	• 낮(day)	• 클렌징 밀크 – 유연 화장수 – 아이크림 – 수분 세럼 – 수분크림 – 자외선 차단크림 – BB 밤(피지조절과 피부보호를 위한 기초 제품)
	• 저녁(night)	• 클렌징 밀크 – 유연 화장수 – 아이크림 – 보습세럼 – 보습크림(피부 보호와 피지조절을 위한 기초 제품)
조언	• 충분한 물을 마신다. • 규칙적인 식사로 영양을 골고루 섭취한다. • T존과 U존에 적합한 2가지 제품을 사용한다.	

6) 민감성 피부

민감성 피부(sensitive skin)는 피부조직이 정상 이상으로 섬세하고 얇아서 외부적인 요인에 민감하게 반응하여, 가벼운 피부자극이나 물질에 의해서도 자주 피부병변을 일으키는 피부타입이다.

■ 피부조직이 섬세하고 얇은 이유

- 유전인자
- 피부 생리적인 기능의 이상에 의해, 피부조직 자체에 이상 현상이 생기는 경우이다. 즉 표피의 각화과정(keratinization)이 정상적인 주기보다 빨라짐으로 인해 초래되는 현상이다.

(1) 각질층의 죽은 세포층의 각화과정이 정상보다 빠른 이유

① 피부세포의 과영양화

혈액순환 체계는 피부세포의 영양소 공급을 위하여 그 순환 속도를 적절하게 조절한다. 그러나 예외적으로 피부세포가 필요로 하는 에너지량이 많지 않음에도 불구하고 혈액 순환 체계가 활발한 흐름을 지속하면서 피부세포에 과잉 영양소를 공급하는 경우가 있다. 이때 피부세포는 과한 영양소로 인해 정상보다 더 빠르게 성장하게 된다. 피부세포의 빠른 성장 속도는 빠른 각화과정을 가져오므로 죽은 각질이 그만큼 빨리 떨어져 나간다.

② 피지 부족현상

각화된 죽은 각질세포는 일정기간 표피의 각질층에 부착되어 있으면서, 각질층 밑에 있는 어린 세포를 보호하는 역할을 하게 된다. 이 죽은 각질세포층에 붙어 보호 역할을 하는 것은 피지이다. 피지는 각질층마다 스며들어가 접착제 역할을 해 주기 때문에 각질층은 마치 한 장의 합판처럼 붙어 있는 것이다. 피지가 결핍되었을 때 죽은 각질세포들을 제대로 부착시키지 못하면, 자연히 접착력은 약화되어 죽은 각질세포들이 쉽게 떨어져 나가게 된다. 피지분비는 잘 됨에도 불구하고 피지 자체 성분의 접착력이 약할 경우에는 죽은 각질세포(사세포)를 강하게 각질층에 부착시키지 못하므로 각질층으로부터 쉽게 죽은 각질세포가 떨어져 나간다.

③ 각질층의 이온 결집 이완

각질층은 케라틴의 단백질로 구성되어 있으며, 죽은 각질은 피지와 케라틴의 전기적인 결합력이 서로 가세하여 결집력(응집력)을 보완한다. 전기적 결합력은 서로 상대하고 있는 두 물질이 한쪽은 양(+)전하, 다른 한쪽은 음(−)전하를 띠고 있을 때 그 두 물질이 서로 결합하려는 힘이 작용하게 되는 것이다. 이것을 이온 결집이라고 한다.

피부를 구성하고 있는 갖가지 물질들이 상호작용하여 유발되는 생화학적 반응의 부조화로 인하여 생체 내에 존재하는 생체전기의 이온 분포가 불균형을 이루어 각질층의 결집력(응집력)이 약화되는 경우가 있다. 이때 각질층의 죽은 세포는 정상보다 빠르게 각질층에서 떨어져 나간다. 피지 결핍 또는 피지 성분의 결합력 결핍에 의하여 표피층의 박리현상이 빨리 이루어지는 경우 대부분 이온 결집의 이완현상 또한 함께 나타난다는 것이 학계의 보고이다.

(2) 특징

- 피부조직이 섬세하고 얇다.
- 냉기 및 열기 건조, 햇빛, 먼지, 더러움, 오염물질 등이 공기나 비에 의해 피부와 접촉하게 되면 과민반응, 즉 가렵고 붉은 반점이 나타난다.
- 웃거나 찡그릴 때 표정주름이 나타난다.
- 약품 또는 화장품의 과잉사용 내지 빈번하게 화장품을 교체하여 사용하였을 때 피부가 민감한 반응을 일으키며, 부작용 현상이 나타난다.
- 모세혈관이 피부 표면에 드러나 보인다.
- 모공이 작다.
- 강한 세안 시 피부가 더 민감해진다.
- 표피 건조화가 쉽게 이루어져 피부 당김 현상이 심하다.
- 피부에 색소침착이 잘 나타난다.
- 고령화됨에 따라 피부가 점점 더 민감화되는 이유는 피지샘 활동(안드로겐 분비 활동) 저하에 따른 유분 부족으로 피부도 약해지기 때문이다.
- 피부가 잘 달아오르고 당긴다.

(3) 관리

- 관리목적: 피부 지질막 손상으로 자극에 민감하므로 피부 보습 및 영양관리로 지질막 형성을 도와 유해한 환경요인으로부터 홍반 등의 예민반응이 일어나지 않게 최대한 피부 보호하고 진정시켜 건강한 피부가 될 수 있게 한다.
- 화장품 성분: 아줄렌, 알긴산, 루틴, 판테놀, 비사보롤, 알로에 베라, 아보카드유, 이브닝 프라임 로즈 오일, 호호바 오일
- 에센셜 오일: 카모마일, 라벤더, 로즈, 자스민, 네롤리
- 지나치게 높거나 낮은 온도를 삼간다.

- 가능한 기초제품을 바르지 않은 상태로 피부를 추위, 바람, 햇빛에 노출시키지 않는다.
- 가능한 필링제품 사용을 금하고 꼭 필요한 경우에는 부드러운 효소를 사용한다.
- 강한 압이 들어간 자극적인 마사지는 금하고, 가볍게 쓰다듬고 문지르는 형태의 마사지나 임파 마사지를 시행하여 피부를 진정시킨다.
- 면과 실크 같은 천연소재 섬유를 입는다.
- 강하거나 과다한 성분이 함유된 제품 사용을 금한다.
- 화장품은 자주 교체하지 말고, 될 수 있으면 자신의 피부에 알맞은 제품을 오래 사용한다.
- 민감의 최소화를 위해 '적은 성분', 적은 '향', '무알코올'의 제품을 사용한다.
- 알레르기 테스트(patch test)를 거친 제품을 사용하고 진정 성분이 함유된 제품을 사용한다.

① 클렌징

수용성 오일 타입이나 에멀전상의 밀크로션과 크림 타입을 사용한다.

② 화장수

무알코올 함유 진정 화장수로 사용한다.

③ 크림

봄과 여름 O/W 에멀전을 사용하고 가을과 겨울 W/O 에멀전을 사용한다.

④ 화장품 교체 시 알레르기 테스트

팔 안쪽 민감한 부위에 화장품을 바르고, 반창고를 붙여 24시간 둔다. 24시간 후 다시 적용하고 24시간을 더 두어 붉은 반점이나 가려움이 없으면 사용한다.

(4) 민감성 피부의 진행 현상

① 피부노화

피부조직이 느슨해진다.	수분 보유력 저하	• 잔주름 형성
각질층이 얇아진다.	---------→	• 탄력저하
피지부족 현상		• 피부 건조화

② 자외선에 의한 색소침착

자외선 방어능력 저하	자외선	• 기미 형성
피부 신진대사 기능 저하	----------→	• 주근깨 형성
		• 검버섯 형성

③ 여드름성 화농피부

피지분비 불균형 (피지막 파괴, 살균력 약화) 피부 면역기능 저하	유해산소 ---------→	• 만성 염증성 여드름 • 균 침입성 여드름 • 알레르기반응

■■■ 예민성 피부 관리 프로그램

관리단계	화장품 처방	관리방법
포인트 클렌징	• 아이메이크업 리무버	• 눈과 입술의 포인트 화장을 깨끗이 지운다.
얼굴 · 목 클렌징	• 진정용 클렌징 밀크, 클렌징크림, 클렌징 오일, 클렌징젤	• 무자극의 제품으로 경쾌하고 신속한 동작으로 부드럽게 목과 얼굴의 이물질과 화장을 지운다.
토너정리	• 무알콜 함유의 예민피부 스킨 로션	• 미용솜에 스킨토너를 묻혀 바른 후 가볍게 두드려 준다.
피부분석	• 문진, 촉진, 견진, 피부미용기기 사용(확대경).	• 수분량, 피지량, 각질량, 탄력도, 색소침착 정도, 예민도, 혈액순환, 면포 등의 피부상태를 분석방법에 따라 확인한다.
딥 클렌징 생략 또는 2주 1회	• 효소	• 딥클렌징 종류에 따른 방법으로 각질을 정리하고 해면으로 닦고 토너로 정돈한다. 효소 사용시 3분 동안 스티머기기를 병행한다.
마사지 1~2주 1회	• 예민성 피부용 영양크림, 아로마 오일	• 테크닉은 손바닥을 밀착시켜 피부상태에 따라 압의 강약과 동작횟수를 고려하여 천천히 부드럽고 리드미컬하게 매뉴얼 테크닉을 한다. 림프마사지, 부드러운 테크닉의 클래식 마사지를 한다.
영양공급	• 예민앰플(카모마일, 루틴), 비사보롤 앰플	• 유리병 앰플은 티슈에 싸서 따고 처음엔 눌러 주듯 바른다. 남은 액은 떨어뜨려 문지르듯 바르고 흡수시킨다.
팩/마스크 1~2주 1회	• 일반: 진정(알로에, 아줄렌, 리에듀케이팅) 알긴산, 면역 • 특수 마스크: 콜라겐 벨벳, 고무 모델링	• 진정, 재생, 보호제품 • 일반 팩: 에멀전, 파우더, 젤 타입은 브러시로 팩 제를 바르고 15분간 적용한다. • 특수 마스크는 20분 정도 적용한다.
기초 마무리	• 낮(day)	• 클렌징 오일/밀크 무알콜화장수 – 아이크림 – 수딩세럼 – 수딩크림 – 자외선 차단크림 – BB밤: 피부 보호, 보습, 영양을 위한 기초 제품
	• 저녁(night)	• 클렌징 오일/크림 – 약산성 비누 세안 – 무알코올 화장수 – 아이크림 – 수딩세럼 – 수딩 영양크림: 피부보호와 보습 및 영양을 위한 기초 제품
조언	• 충분한 물을 마신다. • 규칙적인 식사와 골고루 섭취한다.	• 면역력을 강화시켜 준다. • 냉난방 노출을 삼가한다.

7) 노화 피부

노화 피부(aging skin)는 노화 정도에 따라 '문제성 피부'로 분류할 수 있겠으나, 여기서는 그리 심화되지 않은 상태의 초기 단계의 노화 피부에 대해서만 언급하겠다. 초기의 노화 피부는 대부분 피부 건성화 현상으로부터 시작되는데, 피부의 수분 부족으로 피부조직의 탄력성이 저하되어 있고 윤기가 전혀 없다. 피부 표면이 당기고 육안으로 보았을 때 까칠하며, 눈 가장자리 부위에 잔주름이 형성되는 경우이다. 주요 현상은 탄력성 결여와 주름 발생이며 나이가 들면서 피부는 세포 성장의 변화를 일으켜 더 건조화 · 민감화된다.

(1) 원인

- 성장하면서 받은 만성적 햇빛 손상에 의해 피부 세포의 회복력(재생력)이 저하됨으로 섬유아세포 생성의 기능이 떨어져 교원섬유(collagen)와 탄력섬유(elastin)로 연결된 그물망의 모양의 결합조직이 느슨한 모양으로 변화하여 탄력성을 잃게 된다.
- 호르몬 변화와 지나친 태양광선 영향으로 파괴된 결합조직은 더 이상 새로이 생성되지 않는다. 파괴된 그물망의 섬유질은 피부의 과한 무게(부담)를 받고, 더 이상 지탱할 수 있는 힘을 잃게 되므로, 결국 결합조직이 늘어지고 주름이 형성된다.
- 유전적 원인에 의한 생물학적 노화 현상

(2) 특징

- 기름샘과 땀샘의 분비기능이 저하된다,
- 피부 표면의 각질층이 증가한다.
- 피부의 윤기나 광택이 저하된다.
- 혈액순환 불균형과 피부세포 내의 영양 섭취능력 저하 등으로 결체조직이 위축된다.
- 멜라닌세포의 기능이 약화되고, 그 결과로 습관적으로 불규칙한 멜라닌색소가 생성된다. 이것을 노인반점(age-spots)라 하고 무엇보다 얼굴, 손, 팔에 생성된다. 피부가 노화되면 자동적으로 각질형성 세포수, 색소형성 세포 수, 랑게르한스세포 수, 메르켈 세포 수의 감소가 따른다.

(3) 관리

- 관리목적: 유 · 수분 공급관리로 피부를 촉촉하게 하고 피부 영양관리로 활력과 탄력을 주어 피부 재생을 도와준다.
- 화장품 성분: 콜라겐, 엘라스틴, 레틴 A, 천연보습인자, 플라센타, 비타민 A, E, 항산

화 성분(카로티노이드, 조효소, 플라보노이드, 레티놀), 성장인자(GFS)

- 에센셜 오일: 클라리 세이지, 펜넬, 프랑켄센스, 네롤리, 로즈, 자스민, 팔마로사, 샌달우드
- 규칙적으로 피부관리를 한다.
- 보습 · 보호 · 영양 · 재생 · 산소공급 · 활성화 관리에 중점을 둔다.
- 건성 피부와 비슷한 프로그램으로 전문관리한다.

노화 피부 관리 프로그램

관리단계	화장품 처방	관리방법
포인트 클렌징	• 아이메이크업 리무버	• 눈과 입술의 포인트 화장을 깨끗이 지운다.
얼굴 · 목 클렌징	• 노화피부용 클렌징 밀크, 클렌징 크림, 클렌징 오일	• 경쾌하고 신속한 동작으로 부드럽게 목과 얼굴의 이물질과 화장을 지운다.
토너정리	• 노화피부 스킨 로션	• 미용솜에 스킨토너를 묻혀 바른 후 가볍게 두드려 준다.
피부분석	• 문진, 촉진, 견진, 피부미용 기기 사용(확대경).	• 수분량, 피지량, 각질량, 탄력도, 색소침착 정도, 예민도, 혈액순환, 면포 등의 피부상태를 분석방법에 따라 확인한다.
딥클렌징 주 1회	• 효소, AHA	• 딥클렌징의 종류에 따른 방법으로 각질을 정리하고 해면으로 닦고 토너로 정돈한다. 효소 사용시 3~5분 스티머기기를 병행한다.
마사지 주 1~2회	• 노화 피부용 영양크림, 아로마 오일	• 테크닉은 손바닥을 밀착시켜 피부상태에 따라 압의 강약과 동작횟수를 고려하여 천천히 부드럽고 리드미컬하게 매뉴얼 테크닉을 한다.
영양공급 재생앰플	• 재생앰플(콜라젠, NMF), 엘라스틴, 비타민, 플라센터 앰플	• 유리병 앰플은 티슈에 싸서 따고 처음엔 눌러주듯 바른다. 남은 액은 떨어뜨려 문지르듯 바르고 흡수시킨다.
팩/마스크 주 1~2회	• 일반 팩: 재생, 탄력, 보습, 주름 • 특수: 콜라겐 벨벳, 고무 모델링	• 일반 팩: 크림 타입은 팩제를 바르고 15분간 적용한다. • 특수 마스크는 20분 정도 적용한다.
기초 마무리	• 낮(day)	• 클렌징 밀크/오일 화장수 – 아이크림 – 재생세럼 – 재생보습크림 – 자외선 차단크림 – BB 밤(피부활력과 탄력을 위한 재생용 기초제품)
	• 저녁(night)	• 클렌징 오일/크림–비누세안–화장수–아이크림–재생세럼–재생 영양크림(피부활력과 탄력을 위한 재생용 기초 제품)
조언	• 충분한 물을 마신다. • 규칙적인 식사로 골고루 영양을 섭취한다.	• 꾸준한 관리를 한다. • 규칙적으로 스트레칭하고 운동한다.

8) 조로 피부

이 피부유형은 젊은 나이에 벌써 노화 조짐을 보이는 타입으로 특히 현대 도시 여성들에게 나타난다. 이 경우 젊은 세대의 스타일과 분위기 특성을 제외하고, 안면 피부상태만을 놓고 본다면 일반적인 노화 피부 상태와 같기 때문에, 겉늙어 보이는 피부 유형이라 할 수 있겠다. 조로 현상은 대부분 후천적인 원인에 의하여 나타나며, 그 원인은 다음과 같다.

(1) 피부세포의 영양결핍

① 영양의 불균형

현대인들의 영양 불균형은 잘 먹지 못해서 생기는 영양실조에서 발생하는 것이 아니라, 넘치게 잘 먹으나 골고루 먹지 않는 편식 습관에서 나타난다. 영양학적인 균형을 잃고, 피부세포가 필요로 하는 영양소를 골고루 공급해 줄 수 없으므로 당연히 피부세포들은 영양결핍에 빠지게 된다.

② 운동부족으로 인한 혈액순환 저하

피부세포 영양결핍의 원인은 두 번째 운동부족으로 인한 혈액순환 저하이다. 운동부족은 혈액순환 체계를 정체시킨다. 이렇게 되면 피부세포들은 혈액순환 체계를 통해 영양 공급을 제대로 받지 못하고 결국 영양결핍에 빠지게 된다. 따라서 세포 증식 활동의 저하가 따르게 되고 세포는 새 세포 생성을 제대로 못해 내기 때문에 피부가 생기를 잃고 노화되게 된다.

③ 결합조직의 생산 저하

피부 영양결핍으로 진피층의 결합조직을 만들어내는 섬유아세포(fibroblast)가 콜라겐의 생성을 중단함하여 수화기능이 저하될 뿐만 아니라, 피부 탄력성을 책임지고 있는 엘라스틴 섬유조직도 약화시켜 탄력이 급격하게 저하된다.

④ 피하지방의 손실

표피층과 진피층은 구조적으로 그 밑에 있는 피하조직층 내지 근육층의 영향을 받는다. 피하지방이 결핍되어 피하조직층이 파괴되면 피부의 표피층과 진피층도 영향을 받아 빈약한 피부 상태가 된다. 즉 피하조직이 빈약해져 생긴 빈 공간을 표피층과 진피층이 채워주게 되고, 피부 표면층의 함몰 현상이 나타나며, 결국 피부의 탄력을 지지해 주는 쿠션인 지방의 지지를 잃게 된다. 이러한 피하조직층의 지방결핍은 잘못된 다이어트 또는 과도한 '비만 트리트먼트'로 나타난다.

(2) 잘못된 화장품 사용

대표적인 예가 '파우더 파운데이션'의 오용 내지 남용이다. 여러 가지 파운데이션(foundation)의 기능 중 에스테틱 관점에서의 기능은 '피부보호'으로 오염물질, 자외선 차단, 공해공기를 차단하는 것이다. 그러나, '트윈케익' 내지 '투웨이' 등의 파우더 파운데이션은 사용은 편리하나 보호보다는 오히려 피부에 나쁜 영향을 끼친다.

이 같은 파우더 파운데이션의 주성분은 탈크(talc)인데 파우더 파운데이션의 탈크는 유화 즉 에멀전화되어 있지 않은 상태에서 피부에 바르도록 되어 있어 피부 표면의 유분과 수분을 급격하게 흡수하고 피부를 건조화시키는 부정적인 작용을 한다. 파우더 파운데이션을 장기간 사용한 젊은 여성의 피부가 극도로 손상된 사례가 보고되었는데, 이것이 피부의 조로현상이다. 표피를 덮고 있는 피지와 수분은 서로 조화를 이룬 가운데 피지막을 형성하고 있어서 피부를 적절하게 보호하는데 파우더 파운데이션이나 페이스 파우더가 유수분을 과도하게 제거시킴으로 피지막이 훼손되어 피부의 조로현상이 야기되는 것이다. 또한 부적합한 화장품을 선택하여 장기간 사용하게 되면 피부의 조기 노화현상이 발생한다.

(3) 과도한 햇빛 노출

햇빛의 자외선이 피부에 영향을 끼쳐서 일어나는 피부 변화현상 가운데 가장 문제시되는 것이 피부노화 현상이다. 햇빛의 자외선에 내포되어 있는 어떤 광입자가 음전기를 띤 전자를 방출하여 피부세포를 구성하고 있는 단백분자와 결합하는 과정에서 전기적인 화학반응을 일으켜 유리기(free radical)를 생성하게 된다. 유리기라는 물질은 그 구성이 전기적으로 안정되어 있지 않아서 화학적 반응성이 매우 강하므로, 만약 이 유리기가 피부세포의 단백질과 반응하여 단백질 원래의 성질을 다른 물질로 변화시켜 버리면 피부세포는 자연히 손상된다. 이러한 햇빛의 자외선에 의한 단백질 분자 손상 현상으로 인하여, 피부는 햇빛에 의한 광노화 현상을 일으키게 되고 결국 조로현상이 나타난다.

(4) 조로 피부의 특징

- 나이에 비해 피부의 생명력이 없다.
- 표피가 건조해 보이고 세안 후 당김이 심하다.
- 메이크업을 지워내면, 피부색이 우중충해 보인다.
- 피부를 만져보면 말캉말캉하고 전혀 탄력이 느껴지지 않는다.
- 웃거나 상을 찡그리면 표정에 의한 주름살이 심하게 잡힌다.
- 피부 색소침착 현상이 잘 나타난다.

3. 문제성 피부

1) 여드름 피부

여드름(acne) 피부는 일반적으로 지성 피부가 지루성 내지 면포 피부로 진행되면서 필연적으로 나타나게 된다. 여드름은 일종의 피부병변이며 의학용어로 심상성 좌창이라는 피부병의 일종으로, 피지 덩어리인 면포가 모낭 속에 갇혀 있다가 마침내 세균에 감염되어 화농을 일으킨, 즉 피지선의 염증성 질환이다. 모낭 속은 그 습도에 있어서나 또한 온도, 영양학적인 모든 조건들에 있어 세균이 생존 · 번식하는 데 최상의 여건을 제공한다.

(1) 발생원인

① 남성 호르몬

기름샘 분비에 관여하는 남성호르몬 안드로겐으로 인하여 피지 분비가 왕성해지고 세균이 자람으로써 염증이 유발된다. 특히 사춘기에 나타나는 여드름은 성장과정에서 테스토스테론 호르몬이 과다하게 분비되는 현상에 의한 것이다. 남성 호르몬은 여성의 부신피질이나 난소에서도 분비되며, 여성일 경우 여드름의 원인은 여러 가지 원인에 의해 호르몬 변동이 일어남으로 발생한다.

- 월경주기: 여드름 피부는 일반적으로 월경이 시작되기 7~10일전쯤 되면 여드름이 발생한다. 이는 월경 전에 분비되는 황체호르몬(progesteron)의 증가에 따른 결과이며, 간혹 월경 중에도 발생하지만 60~70%가 월경 전에 발생한다.
- 피임약: 만약 피임약 복용 후 처음으로 여드름이 생겼다면, 이는 피임약 때문일 가능성이 높다. 피임약 복용 시 전문의와 상담한다.
- 임신: 임신으로 인한 호르몬 변동은 여드름을 발생시킬 수 있지만, 임신 3개월 후면 자연 소멸되는 경우가 많다. 임신 중에는 여성호르몬 에스트로겐(estrogen)이 많이 분비되어 갑작스럽게 안드로겐과 에스트로겐의 비율이 변화되어 나타나는 것이다.

② 세균

산소가 없는 상태에서도 성장이 가능한 여드름간균(propion: bacterium acne)과 표피의 포도상구균(staphylo coccus)이라는 세균들은 건강한 피부에도 상주하면서 우리 몸에 해를 끼치지 않고, 여러 가지 피부생리 기능을 도와주고 있다. 즉 알맞은 pH를 유지하여 밖으로부터 들어오는 세균을 방어하는 것이다. 이 세균들은 피부가 건강할 때는 도움을 주나, 피지선에서 분비된 피지가 피부 표면 밖으로 제대로 배출되지 못할 때는 번식하여 여드름을 발생시킨다.

③ 유리지방산

모낭(follicle) 내에 피지가 왕성해지면, 지방을 좋아하는 여드름 간균은 수십 배로 증식하고, 이로 인해 지방의 가수분해 역시 증가되며, 결국 유리지방산도 증가된다. 이 유리지방산이 모낭에 쌓이고 쌓여 모낭을 두텁고 단단하게 만듦으로 여드름을 일으키는 작용을 한다.

모낭의 상부가 두터워져 과각화되면 모낭통로는 좁아지고, 결국 모낭입구가 막혀 피지가 제대로 배출되지 못하게 되어, 모낭의 일부가 점차 안쪽의 압력으로 인해 부풀게 되어 피부 표면으로 올라오게 된다. 이것이 바로 여드름 초기 상태인 면포이다.

④ 스트레스

이성 간의 문제, 고부 간의 갈등, 학업 스트레스 등의 정신적 스트레스와 밤샘, 월경, 발열, 알레르기 등과 같은 신체적 스트레스는 자율신경이나 호르몬 작용을 방해하여 황체호르몬과 안드로겐 호르몬을 과도하게 분비시킨다.

우리 몸이 스트레스를 받으면 이것을 이기기 위한 메커니즘이 작동된다. 이 과정에서 스트레스 호르몬인 코티솔(cortisol)이 만들어지고, 이 호르몬은 부신에서 만들어지므로 이때 안드로겐도 함께 만들어져 피지분비가 촉진되는 것이다. 긍정적인 태도로 생활하고 충분한 휴식과 수면을 취하여 과도한 긴장이나 스트레스를 해소하면 여드름 증세도 없어지게 된다.

⑤ 화장품

기름기 많은 지성 피부임에도 불구하고, 얼굴에 유분이 많이 함유된 화장품을 사용하면 여드름이 발생할 수 있다. 특히 유리지방산이나 기름성분, 가루성분이 많이 함유되어 있는 화장품을 여름철에 다량으로 사용하게 되면, 온도의 상승으로 열려 있던 모낭의 입구가 먼지, 기름기, 각질, 노폐물, 가루 등의 성분으로 인해 막히게 되어 여드름이 발생하거나 악화된다.

⑥ 태양광선

지나치게 자외선에 피부를 노출시킬 경우 표피의 각질층이 두꺼워져 모공이 막하게 된다. 모공이 막히면 피지선의 배출 또한 원활하게 이루어지지 못하므로 여드름이 발생한다. 자외선 노출 후 4~6주가 되면 흰색 면포가 쉽게 발생한다.

⑦ 약물

코티솔 연고, 부신피질 촉진 호르몬은 여드름을 촉진시키는 약물이다. 부신피질 호르몬제인 스테로이드계 약물은 피부에 바르든, 복용하든, 주사를 맞든 여드름을 발생시킬 수 있다. 전문의와 상의 없이 스테로이드 함유 연고를 장기간 바르면, 여드름이 얼굴, 가슴 등에 생길 수 있다. 요오드가 다량 함유된 비타민제나 약품도 여드름을 발생시키는 것으로 보고되었다.

⑧ 유전

피부유형은 75~80% 정도 부모로부터 유전되겠지만, 부모가 여드름 피부일 때 자녀 역시 여드름이 생기는 확률은 훨씬 더 높다고 할 수 있다. 즉 유전적으로 기름샘이 많은 특성을 물려받게 되고, 이 기름샘은 어린아이 때까지는 활동을 하지 않다가 사춘기가 되어 남성호르몬 분비가 증가되면서 많은 기름을 배출하게 된다.

⑨ 변비

운동 부족이나 위장의 기능이 부진할 때 변비가 발생하고, 계속적인 변비가 지속되면 안색이 칙칙해지며 여드름이 발생한다. 변비 예방을 위해서는 매일 아침 차가운 물을 한잔 마시고, 채소와 과일, 현미, 보리 등 섬유질이 충분한 음식을 많이 섭취하고, 변을 보고 싶을 때는 참지 말고 즉시 화장실에 가야 한다.

⑩ 기계적 · 물리적 자극

피부가 민감해져 있을 경우 모발 또는 옷깃만 피부에 부딪혀도 여드름과 비슷한 형태의 발진이 생기며, 이 같은 증상이 심해지면 여드름으로 된다. 따라서 불결한 손으로 얼굴을 만지거나 모발의 자극, 또는 세안 시 물수건이나 스펀지를 사용하는 등의 물리적 자극을 가하면 여드름이 더욱 심해지므로 삼가한다.

(2) 여드름의 생성과정

① 피지의 과다분비

여드름 피부의 모낭 속을 현미경으로 관찰해 보면 피지샘의 크기가 기타 다른 피부보다 월등히 크며 분비되는 피지의 양도 훨씬 더 많다는 것을 알 수 있다. 이유는 남성 호르몬인 안드로겐 호르몬이 피지선을 더 많이 자극하기 때문이다. 여드름 피부의 모낭 속은 정상 피부보다 피지선 크기가 더 클 뿐만 아니라 모낭벽의 표피 각화 주기 또한 빠르므로 각질조각들이 그만큼 많이 떨어져 나와 모낭 속에 축적되기 쉽다. 이렇게 과다한 피지와 각질조각이 혼합되어 모낭의 크기가 확대되고, 모낭 확대현상은 점점 더 피지선을 자극하게 되며, 각화과정 또한 촉진시키므로 피지 분비 과다 현상과 모낭 확대 현상은 악순환을 거듭하게 된다.

② 미생물(세균)의 모낭 침입

각질과 피지의 혼합으로 모낭은 세균이 침입하기 쉬운 환경이 되며 세균이 모낭관을 통하여 모낭 속으로 침입하면 깊숙한 곳에 서식하면서 급속도로 번식을 계속하게 된다. 모낭 속은 온도, 습도에 있어 세균 번식의 최적의 상태이며, 모낭 속의 피지는 세균의 먹이가 된다. 세균은 계속 번식하면서 강력한 효소인 리파제를 분비하게 된다.

③ 피지의 화학성분 변화

세균이 분비하는 효소인 리파제는 피지의 트리글리세라이드를 가수분해하게 된다. 그 결과 피지는 많은 유리지방산을 형성하게 되고 유리지방산은 응축된 면포 덩어리 속에 남게 된다. 이러한 피지의 화학적인 성분 변화로 피부표면의 pH 균형이 무너지게 된다.

④ 모낭 폐쇄와 모낭벽의 파열

모낭벽의 표피 각화과정이 정상보다 빨라서 떨어져 나온 각질조각의 양이 많아지고 그 각질조각이 축적되어 피지와 엉겨 모낭 입구를 막게 된다. 그럼에도 불구하고 피지 분비는 계속되고, 팽창된 피지는 모낭 속에서 파열되고 지방산, 각질조각, 곰팡이류, 세균, 피지 찌꺼기 등을 모낭 속에 쏟아 놓는다. 그 결과 피부 표면이 위로 솟아오르고, 통증이 생기기도 한다. 바로 이러한 염증 부위를 여드름이라 한다. 여드름 초기에는 얼굴의 군데군데 산재하다가 악화되면 얼굴 전체로 확산된다.

(3) 여드름 진행 발전 과정

보통 여드름이라고 하면 빨갛게 튀어나오고 곪은 것만 떠올리는데, 사실 그 양상은 훨씬 복잡하고 다양하다. 여드름은 정도에 따라 4등급으로 나누어지며, 등급에 따라 관리와 치료법이 달라진다.

① 1급 여드름(grade I)

여드름 가운데 가장 경미한 상태이며, 비염증성의 흰색 면포와 검은색 면포(black head)가 분포하고 있는 정도이다. 초기 상태인 이 여드름을 잘 관리하면 흉터 없이 치료될 수 있다.

② 2급 여드름(grade II)

흰색 면포나 검은색 면포 상태에서 여드름균이 번식하면, 염증반응이 시작되면서 붉은색의 구진성 여드름이 생기고 통증이 나타난다. 젊은 층에서 나타나는 전형적인 여드름으로 신경이 무척 쓰이는 상태이나 흉터는 남지 않는다.

③ 3급 여드름(grade III)

여드름이 조금 심한 상태로 붉은색의 염증반응이 더 진행되어, 곪으면 화농성 여드름이 되어 고름이 생긴다. 이 상태의 여드름을 농포(고름주머니)라고 하며, 얼굴, 가슴, 어깨, 목 등에도 나타난다.

④ 4급 여드름(grade IV)

여드름의 가장 심한 상태로 응괴성 여드름이라고 하며 큰 종양, 낭종, 염증성 결절 등이 나타나며, 치료 후에도 심한 위축성 또는 켈로이드성 같은 흔적이 남는다. 가슴이나 등에는 작은 여드름이 잘 생기지 않지만, 크게 곪게 되면 켈로이드가 형성되기 쉽다. 반면에 얼굴, 턱, 목에는 흰색 면포가 잘 발생하지만 곪으면 큰 여드름이 된다.

(4) 여드름의 종류

여드름 종류는 분류하는 방법에 따라 여러 가지 종류로 나누어진다. 형태, 발생시기, 발생원인, 발생 부위에 따른 여러 가지 분류방법이 있겠지만, 여기서는 형태에 따라 여드름을 분류해 보고, 그 종류를 이해하기로 한다.

① 면포

• 검은 면포

검은 면포(흑두, black head)는 피지가 모낭에서 유리지방산으로 변하면서 유동적인 액상에서 단단한 고형으로 굳어진 덩어리가 된 상태로 13~20세 사이 사춘기에 피지선이 활발해지면서 얼굴, 가슴 부위에 흔히 생긴다. 모낭을 가득 채운 피지의 끝부분이 열린 모낭관 입구 밖으로 삐죽이 솟아 나와 있어 공기와 접촉하여 산화되면서 끝이 까맣게 된다.

코메도의 끝부분이 모낭관 밖으로 개방되어 있으므로 '개방형 코메도(open comedo)'라고도 한다. 아직 세균에 감염되지 않았으므로 발열현상이나 빨갛게 달아오르는 발적 등의 염증 증상은 나타나지 않는다. 검은 면포를 추출해 내면 노란 기름 덩어리가 빠져 나오고 그 자리에 크게 열린 모공 입구가 뚫려 보인다. 블랙헤드가 많으면 피부표면이 청결해 보이지 않을 뿐만 아니라 안색도 좋지 않고 우중충해 보인다.

블랙헤드는 단단하게 고형화된 덩어리이므로 세균이 감염될 확률이 화이트헤드에 비하면 낮지만 모낭 속에서 피지의 하단부가 감염되면 오히려 악성 여드름으로 발전할 가능성이 높다. 이는 피지의 덩어리가 모공 입구를 밀폐시키고 있기 때문에 모공 내부가 그만큼 세균의 번식에 더 좋은 환경을 제공하고 있기 때문이다.

• 흰 면포

흰 면포(백두, white head)는 피지가 모낭 내에 축적되어 있으나 블랙헤드와 같이 단단하게 고형화되지는 않은 상태이며, 마치 노란 고름처럼 고여 있는 여드름 초기 형태이다. 모공 입구가 닫혀져 있기 때문에 피지가 공기와 접촉하지 못하므로 일명 '폐쇄형 코메도(closed comedo)'라고 부르기도 하는데 피지가 산화되지 않아서 피지 본래 색깔인 흰색을 띠고 있어 '화이트헤드(백두)'라고 한다. 모공 입구가 폐쇄되어 있는 채로 피지가 모낭과 모낭관 속에 가득 채워져 있으므로 피부 표면 위로 미세한 돌기를 형성함으로써 마치 좁쌀이 피부 밑에 깔려 있는 것처럼 오돌토돌한 모습을 보인다.

화이트헤드는 마치 젤(gel)과 같은 형상으로 되어 있어 세균에 감염되기 쉽고 일단 감염되면 즉시 주변의 화이트헤드 전체로 확산될 가능성이 높으며 감염되어 본격적인 여드름으로 발전하면 하얀 고름이 피부 표면 밖으로 드러나 보이는 수가 많다. 화이트헤드는 언제라도 조성이 되면 본격적인 감염성 여드름으로 발전될 준비가 된 상태이기 때문에 철저한 사전 관리가 필요하다.

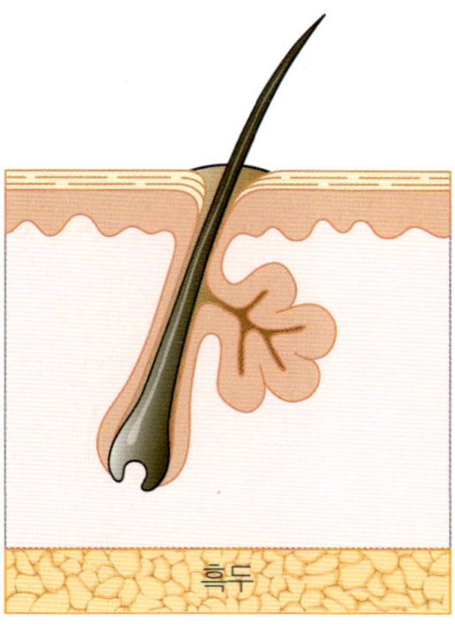

그림 12-2 면포

② 구진성 여드름

원래 구진이란 습진이나 피부병의 발진현상을 말하는데 일종의 피부염으로 모낭 내에 축적된 피지가 세균에 감염되면 구진과 유사한 발진현상을 보이기 때문에 이러한 종류를 구진성 여드름(papulesa-pimple, 붉은 여드름) 적색구진 또는 붉은 여드름이라 한다. 모낭 내에서 과잉분비된 피지, 죽은 세포 조각, 노폐물, 세균이 축적되어 팽창하면 모낭벽이 파손되고 그 일부가 진피층까지 확대되면서 염증을 일으킨다.

염증 부분이 빨갛게 되고 고름이 형성되며 흔히 뾰루지라 부르는 여드름으로 유리지방산의 자극과 여드름간균이나 표피 포도상구균의 효소나 독소에 의한 자극으로 발생한다. 모낭 내에서 팽창된 피지와 노폐물 및 죽은 세포조각들이 모낭벽을 손상시켜 놓았기 때문에 피부 표면에서 조심스레 짜 내면 여드름 자국이 남지 않지만 피부 깊은 곳에서 고름이 터져 나오면 치료되는 데 시간이 걸리고 흉터가 남는다. 구진성 붉은 여드름은 2~3주 후 자연히 없어지기도 하고, 더 심한 농포증상으로 변하기도 한다.

③ 농포성 여드름

붉은 뾰루지 여드름이 더 악화되어 누르스름한 여드름 덩어리가 붉은 발진으로 싸인 노란색 고름 속에 약간 돋아 올라 보이는 염증으로서 여드름 진전 단계의 최종적인 성숙 단계에 이른 화농된 상태의 여드름이다. 보통 농포성(pustules) 여드름의 주위엔 붉은 현상이 나타나 피부가 벌겋게 보이게 되고 터지면 가피가 부착된다. 농포성 여드름은 그 자체가 추하게 보일 뿐만 아니라 자칫하면 치료된 이후에도 여드름 상처의 흔적이 남게 되고 그

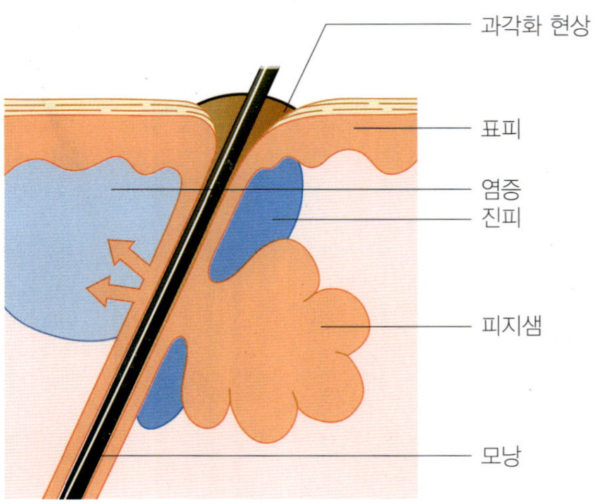

그림 12-3 염증성 여드름

부분에 색소침착 현상이 나타나며 피부의 민감화가 촉진되기 쉽다. 농포성 여드름의 대부분은 피부 표면에 나타난 후 며칠 이내 사라지기 시작하여, 흔적을 남기지 않지만, 심한 경우 2~6주가 지나야 없어지므로 여드름 흔적이 남는다.

④ 결절성 여드름

붉은 구진성 여드름과 농포성 여드름이 발전하여 구진보다 큰 단단한 덩어리를 형성함으로써 피부 표면 위로 돌출하거나 피부 내에 딱딱한 응어리가 된 여드름이다. 혹처럼 튀어나온 돌출부에 고름이 들어 있고 세균의 번식이 왕성하게 진행되는 동안 그와 맞서 대응하는 백혈구의 활동으로 발열과 함께 누르면 통증이 느껴지고 잘 짜지지도 않으며 함부로 부주의하게 짜내려고 무리한 힘을 가하면 피부세포를 심각하게 손상시키기 쉽다. 적절히 치료되지 않은 상태로 그대로 놓아 두면 후에 켈로이드라는 돌출 흉터가 남게 되어 마치 수술부위에 남는 상처와 비슷하게 보여서 피부 표면이 우툴두툴해 보인다. 일반적인 여드름 흉터는 대개 움푹 패인 형태이나 결절성(nodules) 여드름의 경우 흉터가 돌출된 상태로 형성되기도 한다.

⑤ 낭포성 여드름

여드름 증상 가운데 화농상태가 가장 크고 깊으며 통증도 심하다. 피부 정상조직이 파괴되어 흉터를 남기게 된다. 원래 낭포란 신장이나 간장 같은 장기조직 안에 주머니 모양의 내벽이 생겨 그 속에 액체가 차는 병적인 현상을 말하는데, 여드름의 염증이 진피층 깊은 곳에까지 확대되면 딱딱한 감염 덩어리가 더욱 커져서 모낭의 바닥벽을 뚫고 길다란 자루를 형성한 낭포와 유사한 모양을 보이기 때문에 이러한 여드름을 낭포성 여드름(cysts, 낭종성 여드름)이라 한다. 그 자루에는 세균, 각화물, 피지 등이 들어 있고, 구조는 면포와 같으나 모낭에 이어져 있지 않아 출구가 없다는 것이 다르다. 감염부위가 진피층 깊은 곳에까지 확대되어 있기 때문에 심한 통증을 동반하고 쉽게 치료되지 않는다.

이런 경우 에스테틱에서 다루기보다는 피부과에서 의학적인 처치를 받아야 한다. 낭포가 확대되어 표피층까지 자라 나올 때 모낭벽을 형성하고 있는 세포들을 손상시키기 때문에 그 후유증이 오래 남아 흔히 영구적인 여드름 상처를 남기게 된다. 심한 경우 여드름 감염 덩어리 전체(여드름 찌꺼기)를 둘러싼 막이 형성되기도 하는데 이럴 경우 염증 자체는 의학적으로 치료되었다 하더라도 낭포가 피부 속에 남게 되어 피부 표면이 우툴두툴하고 불규칙하게 보이게 된다. 오래된 낭포는 수술하지 않으면 제거되지 않는다.

(5) 여드름 압출법

여드름을 제대로 잘 짜내면 그대로 두었을 때에 비해 치유기간이 반으로 줄어드나, 잘못 짜면 반점이나 흉터가 생길 수 있으므로 숙련된 기술을 터득하고 주의하여 시술해야 한다. 여드름을 짜내는 방법(acne extraction)에는 면포를 없애는 면포 추출법과 낭종을 절개하여 짜내는 절개법이 있는데, 에스테틱 관리에서는 보통 여드름 바늘로 모공을 찔러 손 또는 봉으로 짜내거나, 석션기로 흡입하여 짜낸다. 여드름을 압출하게 되면 면포도 빨리 없어지고, 화농성으로 발전하지도 않으며, 빨리 낫게 된다.

① 깨끗하게 딥클렌징을 한 후 얼굴을 깨끗이 토너로 닦아낸 후 피부가 마른 상태에서 짠다.
② 더러운 손으로 짜는 것이 아니라 세균이 감염되지 않게 깨끗하게 씻은 후 모공을 열어 준 다음 손가락에 깨끗한 티슈를 감싸서 짜거나, 면봉 두 개로 짠다.
③ 부드럽게 눌러 짠다. 억지로 짜게 되면 흉이 생길 수 있으므로 피부손상이 없도록 부드럽게 가로로 한 번, 세로로 한 번씩 반복하여 짜 준다. 억지로 짜거나 너무 세게 누르면 모세 혈관이 파괴되어 갈색 흉터만 남게 되므로 2~3차례 반복해도 안 나오면 그대로 둔다.
④ 맑은 피가 나올 때까지 짜 두어야 다시 곪지 않는다.

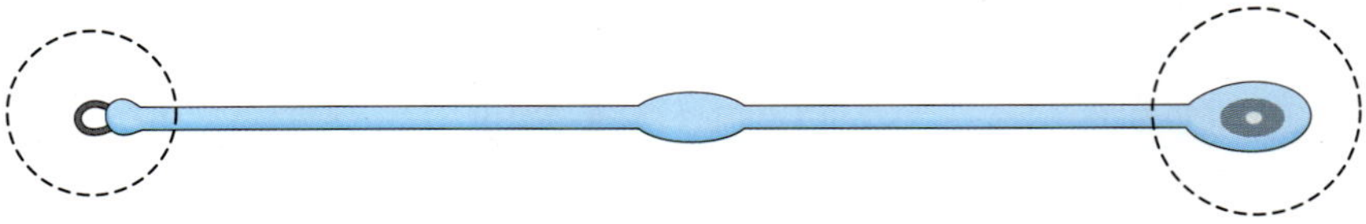

그림 12-4 여드름 압출기구

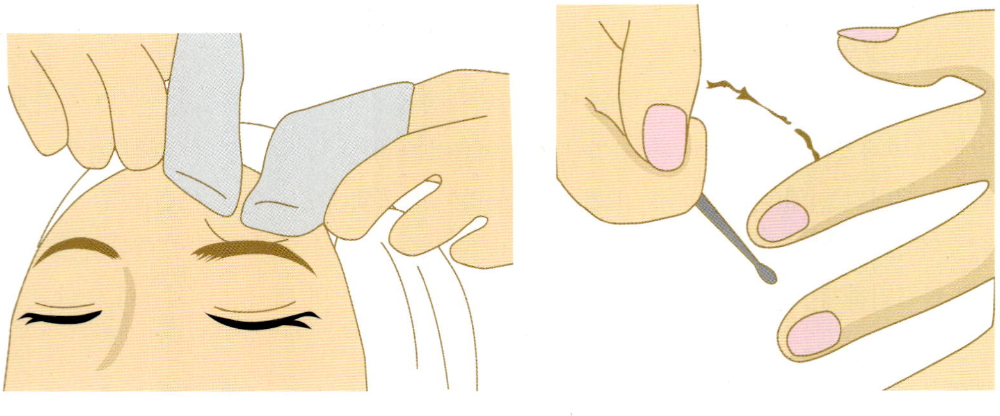

그림 12-5 여드름 압출 방법

⑤ 손으로 여드름을 잡아 뜯으면 반점이나 흉터가 생길 수 있으므로 조심한다.

⑥ 압출 후 알코올이 함유되어 있는 이치하젤, 캄퍼, 하마멜리스 스킨토너로 모공을 수축시켜 준다.

(6) 여드름 피부관리

전문 관리실에서 여드름 피부를 관리할 경우 피부의 과각질을 제거하고 탈지시켜 주는 데 중점을 두어 관리하고 동시에 살균작용과 소염작용을 하는 성분이 함유된 피부관리 제품을 사용한다.

- 관리목적: 과다한 피지와 각질을 제거하여 모공을 청결하게 정화시키고 항염작용이 있는 성분의 화장품으로 관리하여 여드름이 완화될 수 있게 도와주어 점차 맑고 깨끗한 정상 피부가 될 수 있다.
- 화장품 성분: 알로에, 알란토인, 캄퍼, 하마멜리스, 멘톨, 비타민 B, AHA, 설파, 비타민 P, 아줄렌, 살리실릭산, 클로로필, NMF성분, 오이
- 에센셜오일: 일랑일랑, REF 버가못, 티트리, 라벤더, 카모마일, 쥬니퍼 베리, 레몬그라스

① 클렌징: 메이크업 시 젤 타입이나 밀크로션 타입의 클렌징제를 사용하여 클렌징한 후 클렌징 워터로 한 번 더 닦아 낸다.

② 세안: 체온과 비슷한 35~40℃정도의 따뜻한 물과 피지와 각질을 제거해 주는 여드름 전용 비누로 세안한다. 적어도 하루에 2번은 꼼꼼하게 세안하고 깨끗한 물로 충분하게 헹구어 낸 후 타월로 꾹꾹 누르듯이 물기를 닦아 준다.

③ 수증기 연무: 스티머로 모공을 열어 주고, 과각질을 부드럽게 연화시킨다.

④ 필링 또는 딥클렌징: 1주일에 1~2회 정도 과각질과 모공 속의 노폐물을 제거해 준다.

⑤ 여드름 압출: 손과 사용하는 모든 기구를 소독한 후 깨끗한 상태에서 여드름을 압출한다.

⑥ 마사지: 손을 이용한 고전적인 전통 마사지는 금하고, 림프배농을 도와주는 임파 마사지를 시술한다.

⑦ 팩(마스크): 1주일에 1~2번, 살균시키고 진정시켜주는 성분이 함유된 팩을 시술한다(약초, 클로로필, 아줄렌).

⑧ 마무리: 스킨토너(화농이 심한 경우 알코올 함유 스킨로션 사용)를 바르고 약초, 아줄렌, 캄퍼, 클로로필 등이 있는 여드름 전용 크림을 바른다.

(7) 여드름 홈케어 조언 및 예방법

① 정신적 · 신체적 스트레스를 피하고 충분한 휴식과 수면을 취한다. 스트레스는 안드로겐 분비를 촉진시켜 여드름을 악화시키기 때문이다.

② 자외선을 피한다. 과한 일광은 과각화 현상을 일으켜 여드름을 발생시킨다.

③ 피부 청결을 유지한다. 청결 유지를 위해 하루 2~3회 여드름 전용 비누로 세안한다. 잦은 세안과 너무 강한 비누 사용은 오히려 여드름을 악화시킨다.

④ 체질에 따라 다르지만 어떤 음식을 먹고 여드름이 발생하거나 악화되었다면 그 음식은 삼가해야 한다. 신선한 야채와 과일, 소고기, 생선 등이 골고루 섞인 균형된 식단을 구성하되, 미역, 김 등 요오드가 많이 함유된 식품과 당분이 많은 과자와 초콜릿은 가능한 삼간다.

⑤ 화장품 사용을 적절하게 해야 한다. 여드름 피부인데 유분이 과다하게 함유된 크림, 파운데이션이나 투웨이 케익을 사용하면, 모공을 막아 여드름을 더 악화시킬 수 있다.

⑥ 위장장애, 간장장애, 변비 등을 치료한다.

⑦ 특히 모발과 접촉되는 부위와 모발을 청결하게 한다. 또한 손으로 턱을 괴거나, 턱 주위를 만지는 습관으로 인해 그 부위에 여드름이 발생할 수 있으니 삼가한다.

⑧ 함부로 스테로이드계의 피부 연고제를 바르지 말아야 한다.

⑨ 장기간 약을 복용할 경우, 그 약품에 의해 여드름이 발생 또는 악화되는지 전문의와 상의 한 후 복용한다.

여드름 피부 관리 프로그램

관리단계	화장품 처방	관리방법
포인트 클렌징	• 아이메이크업 리무버	• 눈과 입술의 포인트 화장을 깨끗이 지운다.
얼굴 · 목 클렌징	• 클렌징 밀크, 클렌징 젤	• 경유분이 적은 저자극성 제품으로 경쾌하고 신속한 동작으로 부드럽게 목과 얼굴의 이물질과 화장을 지운다.
pH 밸런스 토너정리	• 수렴 스킨 로션/여드름 스킨토너(소량알코올 함유)	• 미용솜에 위치하젤 스킨토너를 묻혀 바른 후 가볍게 두드려 준다(알로에, 캄퍼, 하마멜리스 함유).
피부분석	• 문진, 촉진, 견진, 피부미용 기기 사용 .	• 수분량, 피지량, 각질량, 탄력도, 색소침착 정도, 예민도, 혈액순환, 면포 등의 피부상태를 분석방법에 따라 확인한다.
딥클렌징 주1~2회	• 효소, AHA	• 딥클렌징의 종류에 따라 각질을 정리하고 해면으로 닦고 토너로 정돈한다. 효소 사용시 3~5분 스티머기기를 병행한다.
	• 디스인크러스테이션	• 모공세정을 통해 피지 산화물과 각질을 제거한다.
여드름압출	• 여드름 압출기, 바늘, 랜싯	• 면봉이나 손에 티슈를 감싸 부드럽게 누른다. 압출 후 위치하젤, 캄퍼 등의 식물성 항염작용의 스킨토너로 정리한다. (화농성 여드름 3~5분)
1차 진정 마스크	• 알로에 젤, 아줄렌	• 압출로 인해 붉어진 부위의 진정을 위해 진정 성분이 있는 마스크를 해 준다. 젤 타입보다 o/w 에멀젼 타입이 좋다.
마사지 주 1회	• 방부 및 항염의 여드름 피부 크림과 아로마 오일	• 테크닉은 손바닥을 밀착시켜 약한 압으로 부드러운 동작만 사용하여 천천히 리드미컬하게 매뉴얼 테크닉(림프 마사지, 부드러운 테크닉의 클래식 마사지)을 한다.
영양공급 앰플 항균, 항염	• 피지 제거, 아스트린젠트, 캄퍼, 여드름 전용 앰플	• 유리병 앰플은 티슈에 싸서 따고 처음엔 눌러 주듯 바른다. 남은 액은 떨어뜨려 문지르듯 바르고 흡수시킨다. 피지 조절, 항균, 항염 성분의 화장품을 사용한다.
팩/마스크 주 2회	• 일반 팩: 진정, 소염살균, 보습, 모공 수렴, 피지 제거	• 일반 팩: 젤, 클레이 타입을 브러시로 바르고 15분간 적용한다. • 특수 마스크는 20분 정도 적용한다. (캄퍼, 클로즈릴, 설파, 알란토인 등 함유)
기초 마무리	• 낮 (Day)	• 수렴 화장수 – 아이크림 – 피지억제, 피지조절 세럼 – 항염보습제 – 오일프리 자외선 차단 크림 – BB밤(oil free의 피지억제와 여드름 완화를 위한 기초제품)
	• 저녁(Night)	• 클렌징 밀크/젤 – 수렴 화장수 – 아이크림 – 피지조절 세럼 – 항염성 크림(oil free의 피지억제와 여드름 완화를 위한 기초제품)
메이크업		• 오일 프리 파운데이션 – 알란토인 파우더

2) 주사

혈관기능 약화와 계속적인 지루현상으로 발생하는 로사시아는 여드름과 관련이 없음에도 불구하고 'acne rosacea'로 자주 언급하고 있다. 비전문가들은 실제로 로사시아를 아크네와 거의 흡사한 피부병변으로 생각한다. 로사시아는 20~30대에 처음 발생하고 그 양상은 매우 다양하고 명확하게 나타난다. 주로 코, 뺨, 이마, 턱 등 얼굴 중심 부위에 붉은 기운이 돌거나 벌겋게 달아오르는 것으로 시작하여 시간이 지남에 따라 붉은 기운이 더욱 뚜렷해진다. 지속적인 홍반, 구진, 농포 등 코 주위에 실핏줄이 굽이쳐 확장된 것에서부터 코, 입, 이마 주위의 붉은 화농성 구진, 농포, 결절에 이르기까지 다양한 형태로 심화된다. 특히 남성들에게 오랫동안 계속되는 염증은 코를 붉게 하고, 코주부처럼 코가 커지는 비류현상이 나타나 거부감을 일으키기도 한다. 30~50대 여성에게 흔하나 심한 증상은 남자에게 더 많다. 초기에는 홍조현상이 간헐적으로 나타나며, 차츰 홍조가 심해지면서 모세혈관 확장도 동반된다. 더 진행되면 피부 표면에 지방이 증가하며 구진, 농포, 결절, 낭종이 얼굴 중심 부위에 나타난다.

■ 비류

비류(rhinophyme)는 코끝에 생기는 적창으로 혈관 · 피지선 및 결합조직이 두드러지게 비후해지는 경우를 말한다. 일반적으로 3도 주사라 하며 대부분 남성에게서만 발생한다.

남성 · 여성 모두에게 똑같은 비율로 발생하나, 주로 40대 이후 남성의 경우 더 심하게 발전된 단계로 나타난다. 치료방법은 모세혈관은 전기응고법과 레이저로 파괴하고, 비류 결절 현상은 외과적 절개, 레이저 및 박피 또는 전기외과술로 제거하는 것이다.

(1) 원인

로사시아의 원인은 아직까지 확실하게 밝혀지지 않았다. 그러나 다음과 같은 사실이 보고되었다.

① 위나 장의 장애와 관련이 있다고 추측한다.
② 내분비 이상
③ 비타민결핍증
④ 카페인과 음료 과잉 섭취 등 자극적인 식품
⑤ 정신적인 요인이 큰 영향을 미친다.
⑤ 로사시아 환자들을 보면 사소한 일에 쉽게 얼굴을 붉히고, 정신적 스트레스에 피부가 병적으로 반응한다. 이처럼 혈관을 확장시키는 요인은 대부분 로사시아를 악화시킨다.
⑥ 알코올 섭취의 영향이 자주 논의되고 있다.
⑤ 이에 대하여 학술적으로 통일된 의견이 아직은 없을지라도 알코올이 혈관을 확장시키

는 로사시아를 근본적으로 발생시키지는 않았지만, 알코올이 로사시아를 더 악화시킨다는 것이 확실하다.

⑦ 세균감염

⑧ 피부가 일광, 바람, 열, 한냉 등의 환경에 주기적으로 노출된 경우 발생한다.

(2) 의학적인 치료법

① 박테리아를 살균하는 항생제(tetracycline)를 부분적으로 적용하면, 피부가 빨리 재생되며 효과적이다.

② 여드름 치료법과 마찬가지로 retinoid, benzolperoxide를 사용하거나 항생제를 투여한다.

③ 기타 전기응고법, 레이저기기로 치료한다.

(3) 화장품 조처

① 메이크업을 하기 전 붉은 현상이 나타나는 부위에 푸른색 내지 녹색 계열의 베이스 커버 크림을 발라 전체적으로 피부 톤의 조화를 이루게 한다.

② 염증부위를 스팟 제품으로 커버한다.

③ 화장품 회사나 제약회사에서 제조 판매하는 세균 억제용 메이크업(여드름 전용 메이크업)을 바른다. 이때 주의할 점은 장시간 강하게 오래 차단시키는 것은 오히려 로사시아를 악화시킬 수 있으므로 조기에 의학적인 치료를 받는 것이 가장 바람직하다는 것이다.

(4) 피부관리 시 유의점

① 로사시아를 관리요법으로 치유시킬 수는 없지만, 위장장애와 관련이 있는 점을 고려하여 위를 자극하지 않는 기초영양이 풍부한 음식을 섭취하도록 한다.

② 위장장애 치료를 위하여 의사에게 항생제 처방을 받고, 처방기간 동안엔 약으로 인하여 위장벽이 손상될 염려가 있는 것을 우려하여 매일 요구르트를 먹도록 권한다.

③ 심하게 일광을 쏘이는 것과 피부에 심한 온도변화를 주는 것도 삼간다.

④ 아크네 관리와 마찬가지로 치료용 전문 진흙 마스크를 적용한다.

⑤ 속새과 식물(zinnkraut)을 사용하여 염증을 완화시킨다.

⑥ 1/2 ℓ 의 끓인 물에 속새잎 2스푼을 넣어 10분간 식혀 여과한 후 그 속에 면타월을 담가 습포를 만들어 얼굴에 적용하면 완화된다.

⑦ 뜨거운 욕탕이나 사우나를 삼가고 세안 시 미지근한 물로 세수한다.
⑧ 얼굴에 기계적 지극을 삼간다.
⑨ 피부가 건조해지지 않도록 보습용 화장품을 바른다.
⑩ 알코올, 향료, 멘톨, 조롱나무잎(witch hazel), 페퍼민트, 유칼립투스 오일 등은 피부에 자극을 주므로 삼간다.

3) 모세혈관확장 피부

정상 피부에는 모세혈관이 보이지 않는데 갑자기 피부 표면에 보기 흉하게 모세혈관이 나타난다면 분명히 미용상 문제가 된다. 가늘거나 굵은 실핏줄이 특히 건조한 코, 뺨의 중간, 콧망울 주위에 나타나는 현상을 모세혈관확장(cuperose)이라는 피부병변으로 언급할 수 있다.

(1) 원인

① 미용상 문제가 되는 모세혈관확장은 유전적 요인이 가장 크다. 즉 선천적으로 실핏줄 형성의 성향을 가지고 태어나며, 청소년기에 이르면 눈으로 감지할 수 있을 정도로 나타나게 된다. 이 큐퍼로스 현상은 나이가 들어감에 따라 점점 더 심해진다.
② 드문 경우이지만 표피층이 얇아진 결과로 진피층 내의 실핏줄이 피부표면으로 나타나는 것이다.
③ 표피층이 얇아지는 일상생활 중 지나치게 많은 자외선을 쏘였을 경우와 부적합하게 코티손 연고를 사용했을 경우 나타나게 된다. 그러므로 가능한 얼굴에 코티손 연고 사용을 삼가는 것이 좋다.
④ 가느다란 혈관이 늘어나 혈관이 두꺼워진 경우에 모세혈관확장 현상이 나타난다.
⑤ 피부 표면에 나타나는 실핏줄은 미용상 문제만으로 생각할 일이 아니다. 왜냐하면 모세혈관 확장은 어떤 질병의 장애현상으로 나타날 수 있기 때문이다. 예를 들어 당뇨병, 비만세포증, 피부의 결합조직 강화, 홍반성 낭창 등과 같은 질병의 초기 단계에 피부표면에 실핏줄이 나타날 수 있다. 로사시아의 경우에도 마찬가지 실핏줄 현상이 나타난다. 그러므로 얼굴에 실핏줄이 갑자기 나타나거나 심해질 경우는 심각하게 받아들여 치료를 받아보는 것이 바람직하다.

(2) 의학적인 치료방법

① 전기응고법(전류를 통하여 혈관을 파괴하는 방법)
② 레이저 치료방법

③ 레이저 빛은 빛에너지에서 열에너지로 전환되므로 혈관을 파괴하는 방법으로 레이저 빛이 표피층을 통과함으로 수시간 후 치료된다. 피부관리실에서 사용하는 소프트 레이저(soft-laser)는 의학에서 사용하는 레이저보다 약 1000배나 약하기 때문에 아무런 효과를 주지 못한다. 그러므로 레이저 치료를 받을 경우 반드시 의사로부터 받아야 한다.

④ 혈관경화술

⑤ 고농도의 식염수나 알코올을 혈관에 주입하여 느슨해진 혈관을 좁히는 것이다. 간단히 말해 소금에 절이는 것을 생각하면 된다.

(3) 피부관리

- 관리목적: 충분한 수분 공급으로 피부를 진정시켜 피부의 홍반을 피부면역 방어력을 도와 미세 혈액순환 균형을 유지함으로써 피부가 맑고 투명해진다.
- 화장품 성분: 아줄렌, 알긴산, 루틴, 판테놀, 비사보롤, 알로에 베라, 카모마일, 비타민 P · K, 컴프레이, 스피르니, 아보카드유, 이브닝 프라임 조즈 오일, 호호바 오일
- 에센셜 오일: 카모마일, 라벤더, 로즈, 쟈스민, 네롤리
- 일광을 삼가한다. 햇빛에 피부를 노출시킬 경우 SPF 15 이상인 제품을 사용하여, 햇빛으로부터 피부를 보호해 준다.
- 목욕할 때 온냉탕 교차 목욕, 습포 사용에는 온냉습포 교차 사용과 같은 강한 온도 변화를 피하고, 뜨거운 열(히터)이나 냉한 것(에어컨)도 삼간다.
- 겨울철 여행이나 레저를 즐길 경우, 지방 함유량이 높은 크림이나 특수한 추위보호 크림을 발라 피부를 보호한다. 따뜻한 공간(실내)에 들어와서는 바로 크림을 지워 피부가 적당히 따뜻한 온도와 습도에 서서히 적응하도록 한다. 왜냐하면 실내에서 얼굴에 바른 유분 함유량이 높은 크림의 유분막은 피부호흡에 장애를 일으켜 얼굴에 충혈현상을 초래하기 때문이다.
- 혈액순환을 촉진하는 알코올과 담배, 실핏줄을 확장시키는 요리와 음료수인 진한 차와 커피 그리고 강한 조미료를 삼가한다.
- 혈액을 강하게 촉진시키는 마스크를 삼간다.
- 얼굴을 강하게 문지르거나 세게 비비는 자극 또는 화학적 자극을 될 수 있는 한 삼간다.
- 민감한 피부를 위해 특수한 제품을 사용하고, 미지근한 카모마일 차로 세수한다.
- 매일 시원한 카모마일 습포로 진정시켜 준다. 끓인 물에 카모마일 티백을 넣어, 식힌 후 얇은 천을 담근다. 얼굴에 2분간 올려놓고, 다시 카모마일 차에 담그고 2분간 얼굴에 올려놓는 것을 다섯 번 반복하여 총 10분 얼굴에 카모마일 습포를 올려놓는다.

(4) 메이크업

① 미용상 보기 흉한 실핏줄을 커버하는 것이다. 초록색이나 푸른색 계통의 커버크림, 커버연필로 실핏줄 부위를 커버하여 전체적으로 피부색을 조절한다.

② 실핏줄이 강하게 나타나 있을 경우 부분적으로 커버하는 것은 더 이상 불가능함으로, 특별히 높은 커버력을 가져 물에도 고정되는 특수 메이크업 제품을 발라 일시적으로 커버한다.

모세혈관확장 피부 관리 프로그램

관리단계	화장품 처방	관리방법
포인트 클렌징	• 아이메이크업 리무버	• 눈과 입술의 포인트 화장을 깨끗이 지운다
얼굴 · 목 클렌징	• 진정용 클렌징 밀크, 젤, 오일	• 경쾌하고 신속한 동작으로 부드럽게 목과 얼굴의 이물질과 화장을 지운다.
토너정리	• 무알콜 함유의 스킨로션	• 미용솜에 스킨토너를 묻혀 바른 후 가볍게 두드려 준다. • 위치하젤, 감초, 녹차
피부분석	• 문진, 촉진, 견진, 피부미용기기 사용	• 수분량, 피지량, 각질량, 탄력도, 색소침착 정도, 예민도, 혈액순환, 면포 등의 피부상태를 분석방법에 따라 확인한다.
딥클렌징 2주 1회	• 효소	• 딥클렌징 종류에 맞는 방법으로 따라 각질을 정리하고 해면으로 닦고 토너로 정돈한다. 효소 사용 시 3분 동안 스티머기기를 병행한다.
마사지 1~2주 1회	• 큐퍼로즈 피부용 영양크림, 아로마 오일	• 테크닉은 손바닥을 밀착시켜 피부상태에 따라 압의 강약과 동작횟수를 고려하여 천천히 부드럽고 리드미컬하게 매뉴얼 테크닉을 한다. 림프마사지, 부드러운 테크닉의 클래식 마사지를 한다.
영양공급 진정 및 모세혈관 강화	• 아줄렌, 카모마일, 비타민 P	• 유리병 앰플은 티슈에 싸서 따고 처음엔 눌러주듯 바른다. 남은 액은 떨어뜨려 문지르듯 바르고 흡수시킨다.
팩/마스크 주 1~2회	• 일반: 진정(알로에, 아줄렌, 카모마일), 면역강화 • 특수 마스크: 콜라겐 벨벳, 고무 모델링	• 일반 팩: 크림과 젤타입은 브러시로 팩제를 바르고 15분간 적용한다. • 특수 마스크는 20분 정도 적용한다.
기초 마무리	• 낮(day care)	• 클렌징 오일/젤 – 무알콜 화장수 – 아이크림 – 수딩수분세럼 – 수딩 에멀전 – 자외선 차단 크림 – BB밤(피부 진정, 보습, 혈관강화를 위한 기초제품)
	• 저녁(night care)	• 클렌징 오일/크림 – 무알콜 화장수 – 아이크림 – 수딩세럼 – 혈관강화크림(피부 진정, 영양, 혈관강화를 위한 기초제품)

4) 과색소침착 피부

색소이상으로 피부색이 변하는 것은 피부조직 내의 멜라닌(melanin) 양이 증가하여 색소의 침착이 나타나는 것이다. 과잉색소 현상(hyper pigmentation) 피부가 자외선에 노출되어 자극을 받으면 피부를 보호하기 위한 작용으로 색소형성세포는 다량의 멜라닌을 만들어 피부색을 진하게 만드는 작용을 한다. 이로 인해 피부가 자외선에 노출되면 일시적으로 검어지는 것이다. 이때 현미경으로 관찰해 보면 기저세포 속에 짙은 멜라닌색소가 많이 늘어나 있음을 볼 수 있다.

멜라닌세포는 표피의 각화세포가 각화과정을 할 때 분해되기도 하고 각화세포와 함께 각질로 탈락하게 된다. 그러므로 건강한 피부일 때는 자외선 작용으로 인해 피부가 검어졌다가 어느 만큼의 시간이 지나면 다시 원래의 피부 색깔로 회복되는 것이다. 그러나 자외선을 너무 강하게 받는 등 여러 원인으로 피부에 부분적으로 색소가 생겨 침착되는 경우가 있는데 이를 기미라 한다. 또한 기미는 색소침착 정도에 따라, 표피형 기미, 진피형 기미, 표피와 진피형 기미가 섞인 혼합형 기미로 구분할 수 있으며, 색소가 더 깊이 침착되어 있는 진피형 기미는 기미관리를 하여도 효과가 빨리 나타나지 않고 기간도 오래 걸린다.

① 기미

기미(melasma)는 후천적으로 발생하는 색소이상 현상으로 인접 피부보다 색상이 비교적 검으며, 안면의 뺨 부위, 이마, 눈 밑, 코 밑에 주로 나타나는 경계가 불규칙하고, 색깔이 균일하지 못하며 주로 좌우대칭으로 발생하는 것이 특징이다. 주로 30대 이후의 여성에게 발생하나, 최근에는 생활환경의 변화와 일광에의 노출이 점점 커지고 있는 20대 후반기 여성에게서도 많이 발생되고 있다. 또한 강한 스트레스에 시달리는 남성에게서도 발생하는 비율이 점점 높아지고 있다.

발생 원인은 크게 첫째, 여성호르몬, 스트레스, 내적 건강이 문제가 되는 내적 원인과 둘째, 자외선, 화장품, 연고제, 수술 등의 외적 원인으로 분류할 수 있다.

A. 내적 원인

ⓐ 여성호르몬 분비 증가

- 경구피임약 복용

  피임약을 복용하는 여성 중 1/3이상이 기미로 고민하고 있다. 이유는 피임약 속에 함유되어 있는 여성호르몬인 에스트로겐(estrogen)이 멜라닌세포를 자극하여 많은 양의 멜라닌을 생성시키고, 또한 황체호르몬인 프로게스테론은 이들 멜라닌을 주위로 뿌려 주는 역할을 하기 때문에 갈색의 기미가 형성되는 것이다. 일반적으로 피임약을 복용한 후 1~7년 사이에 기미가 나타나며, 복용을 중단하더라도 5년 이상은 기미가 계속 남아 있게 된다.

- 임신

 50~75% 정도의 임산부에게 기미가 발생하며, 이를 임신성 기미라고 한다. 임신을 하면 여성호르몬인 에스트로겐과 황체호르몬인 프로게스테론과 함께 멜라닌자극호르몬(MSH)이 증가하여 이로 인해 유두가 검어지고, 하복부 중앙에 임신선이 증가하고, 기미가 발생하게 된다. 보통 임신 3개월에 눈 주위, 이마, 볼 등에 발생해서 점점 더 색깔이 짙어지지만 출산 후 1년 이내에 서서히 사라진다. 때로는 임신성 기미가 없어지지 않고 그대로 남아 있는 경우도 있다.

ⓑ 세포의 노화와 위축

나이가 들어감에 따라 점차적으로 피부세포는 노화되고 위축되어, 세포의 신진대사 활동이 저하되어 색소가 증가하게 된다.

ⓒ 피로와 스트레스

피로와 스트레스는 신체의 리듬을 깨뜨리고 그로 인해 기미가 발생한다. 즉 스트레스를 받게 되면 부신피질에서 아드레날린이 분비되고, 동시에 멜라닌색소를 자극하는 호르몬 분비 또한 증가하게 된다. 또한 만성적 스트레스에 계속적으로 노출되면, 만성적 긴장이 누적되어 피부 신진대사가 잘 이루어지지 않게 되므로, 피부에 필요한 영양소 공급이 늦어지게 되고, 이로 인해 피부를 방어해 주는 색소형성세포도 활동이 증가되어 피부를 보호하게 된다. 결국 색소형성세포의 증가는 기미를 발생시키게 하는 것이다.

ⓓ 내적 건강의 이상

- 난소 활동의 기능 부진은 자궁수술을 받았거나 난소 활동이 부진하여 여성호르몬을 제대로 생성해 내지 못하는 경우이다.
- 신장, 간장, 위장, 갑상선항진 등 내부 장기에 질환이 있을 경우와 변비가 있을 경우 색소형성세포 생성을 크게 촉진시킨다.

B. 외적 원인

ⓐ 자외선

봄, 바캉스, 등산, 스키장, 열대지방으로 여행할 경우 피부를 자외선에 지나치게 노출시키면 기미가 새로 생길 뿐만 아니라, 원래의 기미 색깔이 더욱 짙어진다.

ⓑ 화장품

감광성 유발인자(휘발성 색소)를 함유한 제품을 사용하였거나, 알레르기 유발 화장품 사용으로 인한 홍반이 나타난 후 발생하게 된다. 특히 메이크업에 사용하는 화장품이나 향이 강한 비누와 크림을 사용한 후에 생긴다.

ⓒ 스테로이드계 연고에 중독되었을 경우 기미가 발생한다.

ⓓ 딥필링이나 성형수술 후 사후관리를 잘못하게 되면 기미가 발생한다.

C. 의학적 치료법

ⓐ 레이저 치료

ⓑ 화학적 박피

- 트리클로로 아세틱산(trichloroacetic acid, TCA)
- 페놀(phenol)
- AHA(Alpha⟨α⟩ hydroxy acid)

ⓒ 피부 외용 연고제

- 하이드로퀴논 약용 크림(hydroquinone)
- RHQ(retinoic acid)
- RHQ(hydroquinone)

ⓓ 스테로이드 연고

D. 피부관리

- 관리목적: 각질을 제거하여 피부안색을 정화하고 티로시나아제 활성의 억제를 도와 멜라닌세포의 정상화로 피부가 맑고 투명해진다.
- 화장품 성분: 비타민 C, 알부틴, AHA, NMF, 코직산, 아젤릭산, 감초, 상백피와 월귤나무 추출물, 감초
- 혈액순환을 촉진시키는 마사지를 규칙적으로 한다.
- 저농도의 알파하이드록시산 함유 제품을 매일 사용하여, 침착된 색소 부위를 탈피시키고, 또 다른 멜라닌 색소형성을 억제시킨다. 또는 주기적으로 저농도의 AHA로 관리실에서 AHA 필링관리를 받는다.
- 소량의 하이드로퀴논이 함유된 크림을 바른다.
- 꾸준한 피부관리를 시행해줌으로 정상적인 각화과정을 해낼 수 있는 환경을 조성해주고, 그로 인해 건강한 각질형성세포가 만들어져 정상적으로 각질층에서 탈락되도록 한다.
- 자외선 차단 크림을 사계절 사용한다.
- 쌀뜨물로 꾸준하게 세안한다.

E. 기미 예방법

- 자외선으로부터 피부를 보호한다. 외출 시 양산, 모자 등을 착용하고, 자외선 차단 크림을 바르고 메이크업을 한다.
- 정신적 · 육체적 스트레스를 최소화한다.
- 피부가 건조화되지 않도록 평상시 보습용 화장품을 사용하는 등의 홈케어를 잘해야 한다.

• 피부를 과도한 자극으로부터 보호한다.
• 비타민 C가 함유된 음식물을 많이 섭취한다.
• 비타민제나 경구피임약 사용 시 주의한다.

기미(과색소침착) 피부관리 프로그램

관리단계	화장품 처방	관리방법
포인트 클렌징	• 아이메이크업 리무버	• 눈과 입술의 포인트 화장을 깨끗이 지운다
얼굴 · 목 클렌징	• 화이트닝 클렌징 밀크, 클렌징 오일 또는 젤	• 경쾌하고 신속한 동작으로 부드럽게 목과 얼굴의 이물질과 화장을 지운다.
토너정리	• 화이트닝 스킨 로션	• 미용솜에 스킨토너를 묻혀 바른 후 가볍게 두드려 준다.
피부분석	• 문진, 촉진, 견진, 피부 미용기기 사용	• 수분량, 피지량, 각질량, 탄력도, 색소침착 정도, 예민도, 혈액순환, 면포 등의 피부상태를 분석방법에 따라 확인한다.
딥클렌징 주 1회	• 효소, AHA,스크럽	• 딥클렌징의 종류에 맞는 사용법에 따라 각질을 정리하고 해면으로 닦고 토너로 정돈한다. 효소 사용 시 3~5분 스티머기기를 병행한다.
이온토관리	• 비타민 C 앰플 또는 용액 • 비타민 투입기 • 수용성 미백제	• 갈바닉 비타민 투입기를 이용해 비타민 C 앰플을 흡수시킨다.
마사지 주 1~2회	• 화이트닝 영양크림, 아로마 오일	• 테크닉은 손바닥을 밀착시켜 피부상태에 따라 압의 강약과 동작횟수를 고려하여 천천히 부드럽고 리드미컬하게 매뉴얼 테크닉을 한다.
영양공급 화이트닝 앰플	• 비타민 C, NMF, 알부틴, AHA	• 유리병 앰플은 티슈에 싸서 따고 처음엔 눌러 주듯 바른다. 남은 액은 떨어뜨려 문지르듯 바르고 흡수시킨다.
팩/마스크 주 1~2회	• 일반 팩: 미백, 안색정화 • 특수 마스크: 콜라젠 벨벳, 고무 모델링	• 일반 팩: 젤, 크림 타입은 브러시로 팩제를 바르고 15분간 적용한다. • 특수 마스크는 20분 정도 적용한다.
기초 마무리	• 낮	• 화장수 – 아이크림 – 미백 세럼 – 미백보습크림 – 자외선 차단크림 – BB 밤 (피부 미백과 재생을 위한 기초 제품)
	• 저녁	• 클렌징 밀크/크림 – 화장수 – 아이크림 – 미백 세럼 – 미백재생크림(피부 미백과 재생을 위한 기초제품)
메이크업		• 액상형 또는 크림 파운데이션

② 주근깨

노란색, 갈색, 회색을 띤 직경 5mm 이하의 깨알 같은 반점 형태로 얼굴, 목, 어깨 등에 하나 또는 여러 개가 생기는 것을 주근깨라고 한다. 일반적으로 7세 이후에 많이 생기며, 특히 일광에 노출될 경우 수가 더 늘어나고, 색깔도 진해진다. 주근깨는 특히 서양인에게 많이 나타나며, 우리나라 여성 중에서도 흰 피부를 가진 사람에게 많이 나타난다.

A. 원인

- 유전: 환경적 요인에 의해 나타날 수도 있지만 유전적 요인이 더 크다. 유전적 소인이 있는 사람이 자외선을 오랫동안 쬐게 되면 주근깨 현상이 더욱 심해진다.
- 자외선: 자외선에 의해 멜라닌세포가 증가하면서 색소가 형성된다.

B. 치료법

- 레이저 치료: 레이저를 이용해 반점 하나하나를 제거하는 방법이다. 레이저 광선이 주근깨 피부에 닿으면 열로 바뀌고, 그 열로 인해 피부 온도가 40℃를 넘으면 단백질 변성이 일어나 주근깨 부위의 세포는 괴사하여 탈락되며, 그 자리에 새 세포가 생성된다.
- 화학적 박피
- 피부관리: 적절한 프로그램을 선정하여, 관리실에 꾸준하게 관리를 받는다.
- 민간요법: 아침, 저녁으로 오이 마사지를 하거나, 호박씨와 복숭아꽃을 1:1로 섞어 가루를 낸 다음 꿀에 개어 얼굴에 바른다.

C. 예방법

- 자외선을 차단한다. 외출 시 양산이나 모자를 착용하고, 자외선 차단 크림을 바르고 메이크업을 한다.
- 비타민 C를 복용한다.

③ 노인성 반점(seborrheic keratosis, 검버섯)

40대 이후 손등이나 얼굴 등에 생기며 흑갈색의 사마귀 모양으로 나타나며, 지루각화증이라고도 하며 여성의 경우 폐경기 이후 많이 발생한다. 피부엔 아무런 해가 없지만 나이 든 표가 나타나므로 미용상 저해요소로 작용한다.

A. 원인

- 바이러스
- 자연적 유전적 변이
- 햇빛에 의한 노화현상

- 오존층 파괴
- 영양부족

B. 치료

- 레이저 치료
- 화학적 박피
- 냉동요법
- 약물요법(2~4% 하이드로퀴논)
- 전기 소작법

C. 예방

- 균형 있는 영양을 섭취한다.
- 스트레스를 퇴치하고 해소한다.
- 외출 시 자외선 차단제를 바른다.

④ 흑피증

이마, 뺨, 목, 눈꺼풀, 몸, 손발에 짙은 갈색이나 검은색의 색소침착이 나타나는 현상으로 홍반, 구진 등의 염증성과 가려움증을 동반한다. 염증으로 인해 기저층이 파괴되어, 표피 내에 있던 멜라닌색소가 진피 속으로 내려가 깊숙한 곳에 자리잡게 된다. 이로 인해 흑피증의 색소는 검푸르게 보인다.

A. 원인

- 메이크업 제품
- 벚꽃 등의 생물이나 사물
- 화학물질
- 호르몬이나 살충제 등의 생활용품
- 흑피증을 일으키는 가장 흔한 원인은 화장품으로 인한 것이며, 독을 일으키기 쉬운 체질, 또는 색소침착을 일으키기 쉬운 체질 알레르기 체질에게서 주로 발생한다.

B. 치료

독이 반복되어 나타나는 현상이므로, 원인이 되는 알레르겐(allergen)을 찾아 내는 것이 중요하다. 70% 이상이 화장품 알레르기에 의해 발생하므로 모든 화장품 사용을 중단하고, 패치 테스트를 하여 원인이 되는 물질을 찾는다.

5) 저색소 피부

멜라닌 양이 감소하여 색소의 결손 또는 탈색이 나타나는 것이다. 색소결핍 현상(hypo pigmentation)이라고도 하며 선천적으로 피부 일부의 색소 세포기능이 없거나, 피부에 병이 있어 멜라닌 세포가 파괴 · 손상된 경우이다.

① 백피증

선천적으로 피부 내 멜라닌색소가 합성되지 않아 생기는 색소결핍 현상으로 피부에 전체적으로 나타난다.

② 백반증

후천적으로 인구의 약 1%에게서 발생하는 백반증(vitiligo)은 멜라닌색소 부족으로 인해 피부 표면에 백색 반점이 나타나는 것이다. 피부의 색을 짙게 만드는 멜라닌 생성은 티로신이라는 단백질이 혈액을 통해 피부조직에 이르면 티로시나아제 효소에 의해서 변화를 일으킨다. 그러나 여기서 멜라닌세포가 기능이 떨어지게 되면 부분탈색이 나타나는 데 그 이유는 아직 밝혀지지 않았다. 보통 20세 이후로 발생하며, 40세 이후 발생하는 백반증은 당뇨병, 악성빈혈, 갑상선기능항진으로 발생하는 것이다. 이 경우 먼저 헤어의 탈색이 나타나는데 이것은 백반증의 시작을 알리는 현상이며, 점차 유방 아래쪽, 겨드랑이, 생식기 부위, 입술, 코, 눈의 점막, 복부에 색소탈색 현상이 나타나게 된다.

A. 원인

- 유전설
- 면역설
- 신경 체액설
- 멜라닌세포 자기 파괴설
- 스트레스
- 신체적 · 정신적 장애
- 기타 화상과 일광

B. 의학적 치료

- 소랄렌을 이용한 자외선 요법
- 스테로이드제 요법

6) 반흔, 상처

피부에 입게 되는 모든 손상 이후, 우리의 신체는 입은 상처를 손실된 구성물질로 채우는 것과 입은 손상을 회복시키는 것을 시도한다. 이 과정에서 특수한 세포, 즉 섬유아세포들이 손상된 부위에서 성장하여 콜라겐층을 형성하게 된다. 그와 함께 많은 실핏줄이 형성되어 초기엔 붉고 손상을 입기 쉬운 조직, 즉 육아조직이 형성된다. 시간의 경과와 함께 이 육아조직은 반흔조직으로 바뀐다. 이러한 과정으로 신체에서 손실된 구성물질은 원래의 피부구조와는 다르게 불완전하게 보충되는 것이다. 반흔은 그 모양에 따라 피부 표면에서 함몰된 반흔과 융기된 반흔이 있는데 과잉으로 결합조직이 보충되어 융기된 반흔을 켈로이드(keloid)라고 한다. 켈로이드는 꼭 피부가 손상되어야만 형성된다는 것을 전제로 하지는 않는다. 반흔은 유전적인 요인과 개인적인 피부조직 형성의 차이에 따라 상이하게 나타난다. 물론 일시적이지만 초기에 반흔은 모양뿐 아니라 색상도 눈에 띄게 미용상 결점으로 나타나고, 몇 주 동안 붉게 계속된다. 점차 갈색의 색소가 생기고, 점차적으로 색소는 없어져, 반흔 자체가 원래의 피부색으로 돌아가게 된다.

(1) 의학적 치료방법

반흔 치료는 기본적으로 피부에 보기 흉한 반흔이 형성되었기 때문에 매우 어렵다. 미용상 문제가 되는 이 반흔조직을 제거할 경우, 아주 경미한 효과를 얻을 수 있으나 곧 똑같은 반흔 생성과정을 거쳐 다시 새 반흔이 생성된다. 비록 성형외과적으로 또는 그 외 의학적 방법으로 반흔을 더 개선시킬 수 있을지라도 효과 정도는 반흔의 모양에 따라 차이가 있다.

① 성형외과적 수술

- 사고로 인한 반흔을 거의 눈에 보이지 않게 변화시킬 수 있다. 즉 외과적으로 피부주름 형성 방향으로 반흔 방향을 바꾸는 것이다.
- 켈로이드의 밑에 있는 지방조직과 연부조직을 수술로 제거하여 피부를 편평하게 만든다. 효과를 안정시키기 위해 수술 후 방사선을 쏘인다. 그러나 수술로 제거하여도 수술 후 수술상처가 새로이 형성된다.
- 특수 반흔 연고로 켈로이드 부위를 마사지하여 반흔을 어느 정도 작게 할 수 있다. 이 연고는 양파에서 추출한 성분, 알란토인과 헤파린을 함유하고 있다. 양파 속의 황과 연결된 결합성분이 피부세포 성장을 조절하는 가운데 세 성분은 서로 결합하여 반흔을 매끄럽게 해주고, 반흔 주위를 서서히 정상 피부로 바뀌게 한다.
- 코디손을 주사하고 방사선을 쏘임으로 켈로이드를 개선할 수도 있다. 그러나 레이저를 이용한 치료는 절대 삼가야 하는데 이유는 더 악화되는 경우가 종종 발생하기 때문이다.

② 박피

여드름 상처나 곰보자국 등은 주위 피부를 깎음으로 반흔과 같은 수준으로 편평하게 하는 것이다. 이 성형외과적 수술은 피부손상을 막기 위해 매번 아주 조금씩만 깎아내기 때문에 여러 번 시행해야 한다. 1회 박피 후 피부는 얇아지며, 그 이후 다시 건강해지면 새로이 2차 박피를 실시한다(3~6달 간격을 두어서 2~3회 시행한다). 콜라겐을 주사하여 개선시킬 수 있다.

(2) 관리방법

① 양파즙으로 가볍게 마사지한다.
② 새로이 생성된 반흔에 붕대를 한다.
③ 절대 반흔 주위를 당기지 말고, 반흔에 종이 반창고를 붙인다.
④ 새로이 생성된 반흔은 자외선으로부터 보호해 준다.
⑤ 반흔조직 피부에 기계적 자극을 삼가한다.
⑥ 반흔이 원래 피부색으로 돌아오고, 눈에 띄지 않게 될 때까지는 6개월이 걸리므로 그 때까지 인내해야 한다.
⑦ 유분이 많이 함유된 크림으로 가볍게 마사지하여 매끄럽게 해준다.

(3) 메이크업

특수하게 높은 커버력을 지니고, 물에도 지워지지 않는 카모플라지 메이크업으로 보기 흉한 반흔을 가능한 커버한다. 이 메이크업은 피부에 며칠 동안 부착될 수 있으므로, 사용방법을 배워 익혀야 한다.

chapter 13

전신관리

Body Treatment

1 전신관리의 순서

2 전신 매뉴얼 테크닉의 효과

3 팔 매뉴얼 테크닉 동작과 순서

4 다리 매뉴얼 테크닉 동작과 순서

5 등 매뉴얼 테크닉 동작과 순서

전신 혹은 등, 가슴, 복부, 다리, 엉덩이, 발을 부위별로 매뉴얼 테크닉 및 관리를 통해 혈액과 림프순환 촉진, 근육이완, 탄력증진, 피로회복, 스트레스 완화, 피부미용 등의 효과를 볼 수 있다.

1. 전신관리의 순서

- 클렌징 – 각질제거 – 바디기기 관리 – 바디랩 및 팩 – 매뉴얼 테크닉 – 마무리
- 금기: 임산부의 가슴과 배, 악성종양, 알레르기 피부, 수술 직후, 감염성 질환, 화상, 외상, 접촉성 피부염 등

2. 전신 매뉴얼 테크닉의 효과

① 전신의 혈액 및 림프순환을 원활하게 해 준다.
② 신체의 원기를 북돋아 준다.
③ 피로 회복에 좋다.
④ 신경을 이완시켜 스트레스를 완화한다.
⑤ 근육 이완으로 통증을 감소시켜 준다.
⑥ 조직의 탄력을 증가시켜 준다.
⑦ 피부결의 유연성을 향상시켜 준다.
⑧ 체형을 아름답게 해준다.

3. 팔 매뉴얼 테크닉 동작과 순서

팔 마사지는 손의 끝에서부터 시작해 심장 쪽을 향해 실행하며, 심장 쪽으로 갈 때는 체중을 실어 힘을 주고 내려올 때는 가볍게 힘을 뺀다.

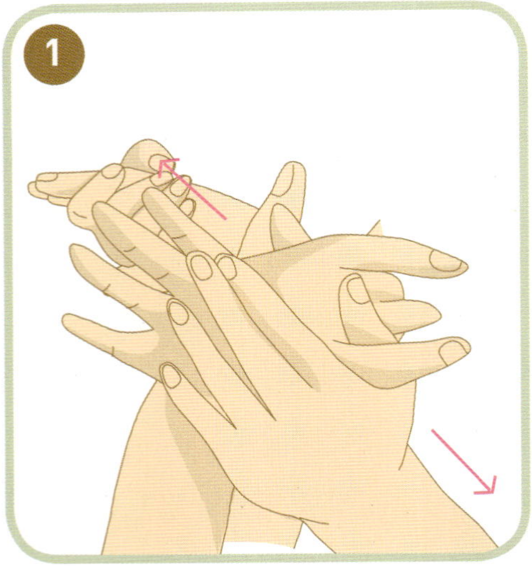

양손 엄지로 엄지, 약지를 잡고 흔들어 준 후 1회 쓰다듬고 오일을 바른다.

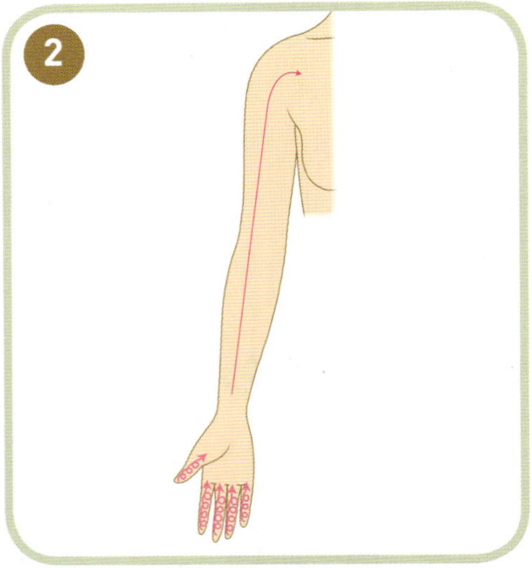

팔의 손등부터 어깨까지 쓰다듬는다(시술자는 고객의 왼손바닥을 오른손바닥으로 마주 대고 자신의 손으로 고객의 손등부터 어깨까지 쓰다듬는다, stroking)

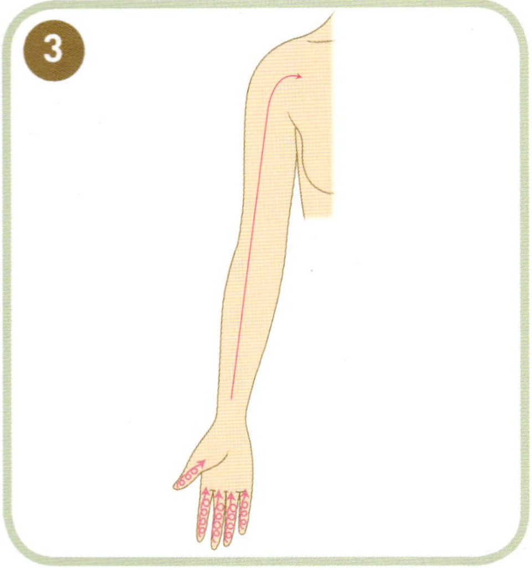

손가락 후면 부위를 엄지손가락으로 둥글게 원을 그리며 문질러 마사지한다.

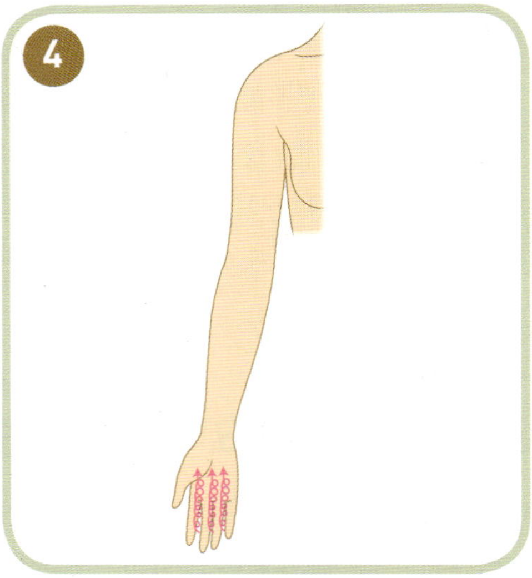

손바닥 손등을 둥글게 원을 그리며 문지르듯 마사지한다(뼈 사이를 마사지해야 한다, friction).

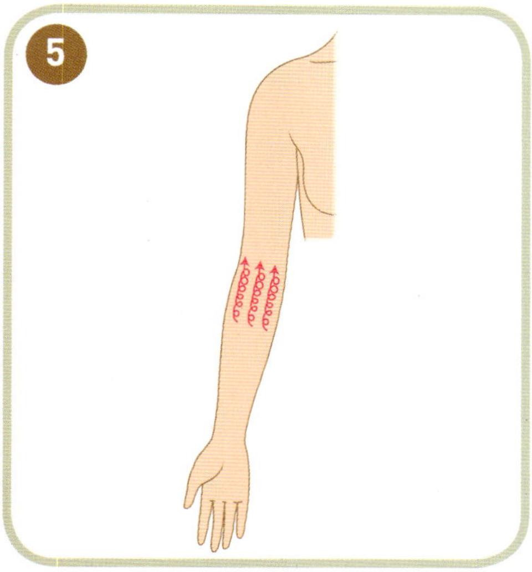

엄지손가락으로 팔목에서 팔꿈치까지, 전완부위에 원을 그리며 문지른다(friction).

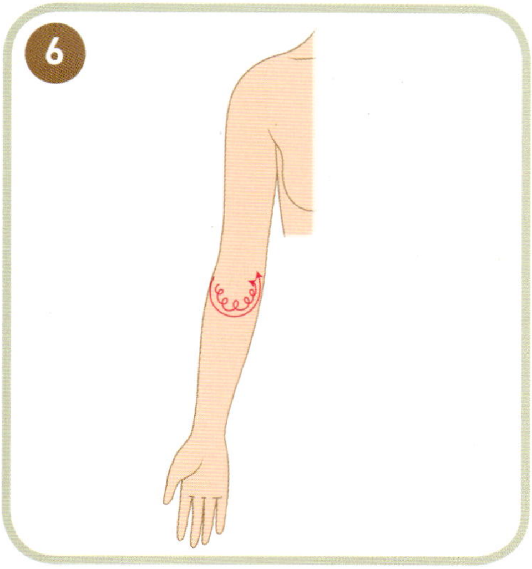

한 손으로 팔목을 잡고 중지와 약지 그리고 손바닥으로 팔꿈치를 문지른다(friction).

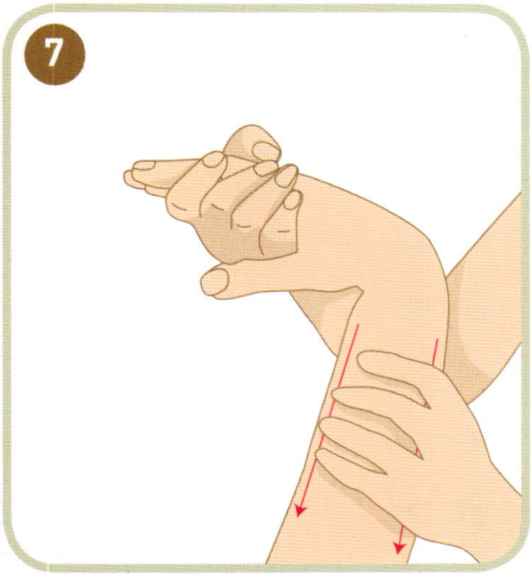

오른손으로 손을 잡고 안과 바깥쪽으로 누르며 스트레칭한다.

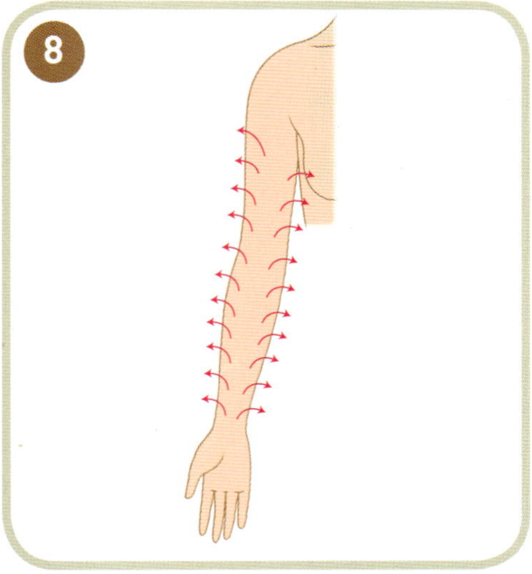

엄지와 검지로 손바닥과 팔 전체의 옆면을 반죽하듯 마사지한다(kneading).

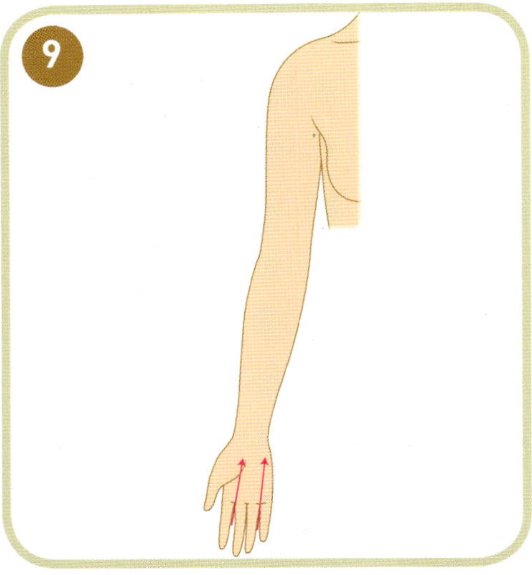

엄지손가락으로 손등을 밀어준다(stroking).

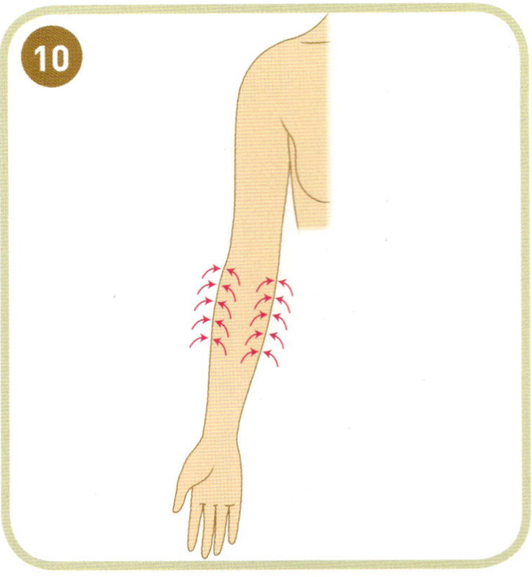

양 엄지 교대로 손목에서 팔꿈치까지 반죽하듯 마사지한다(kneading).

검지와 중지 사이로 각 손가락을 마사지하고 마지막 손가락 마디를 지그시 누르면서 튕겨 준다.

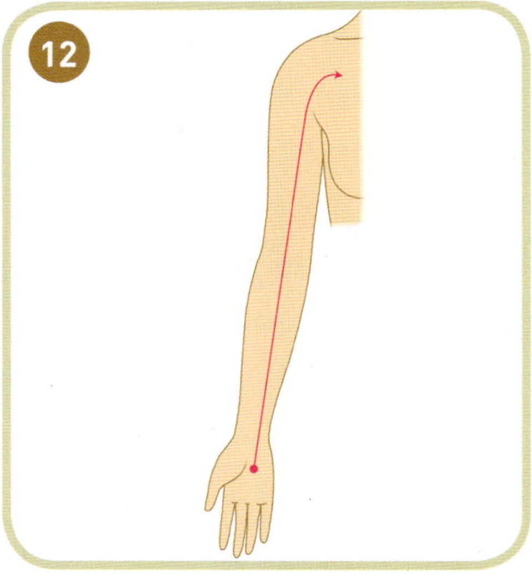

팔의 손등부터 어깨까지 쓰다듬는다(2번 동작과 동일).

13

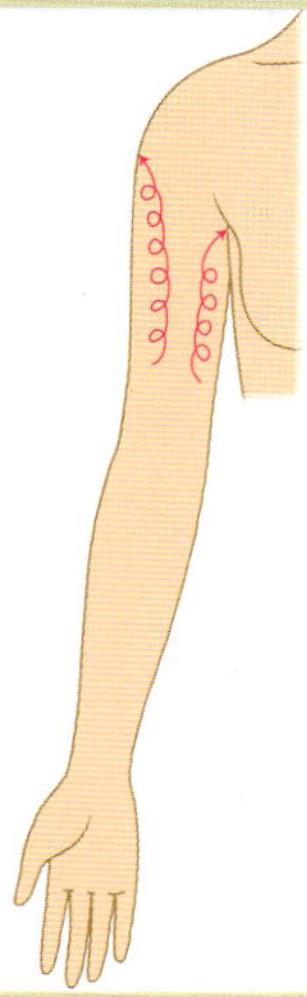

팔을 L자로 구부려 상완 이두근(bizeps)과 상완 삼두근(trizeps)을 엄지와 수근으로 누르듯 문지른다(friction).

14

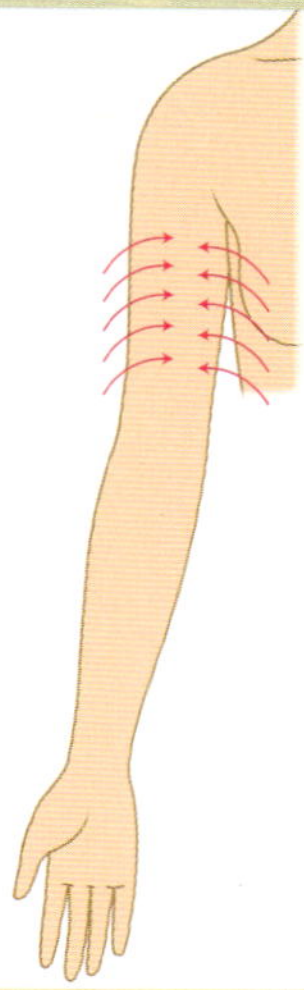

상완 이두근과 상완 삼두근을 주먹을 쥐고 지과로 마사지한다(팔을 L자 형태로 구부림. kneading).

15

주먹을 가볍게 쥐고 팔꿈치부터 어깨까지 두드려 준다(팔을 L자 형태로 구부림, tapotment)

16

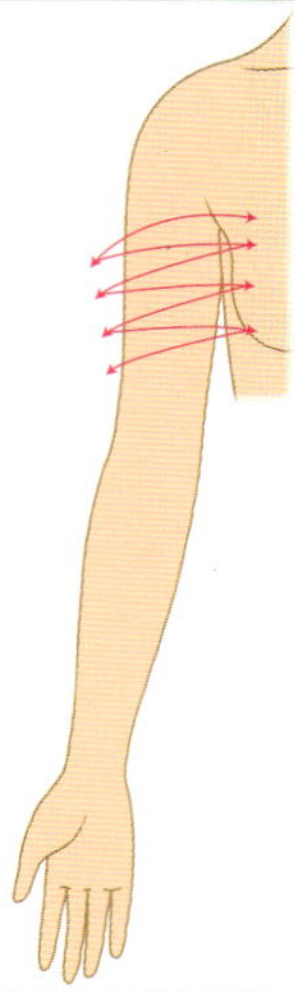

양 엄지로 상완 부위를 쓰다듬어 올라가고 내려올 때는 손바닥으로 쓰다듬는다(팔을 L자 형태로 구부림, vibration).

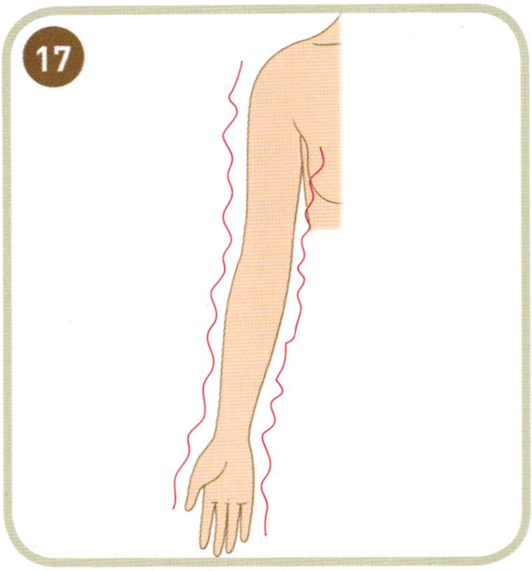

시술자는 두 손으로 고객의 손목을 잡고 완전히 이완된 팔을 가볍게 흔들어 준다(vibration).

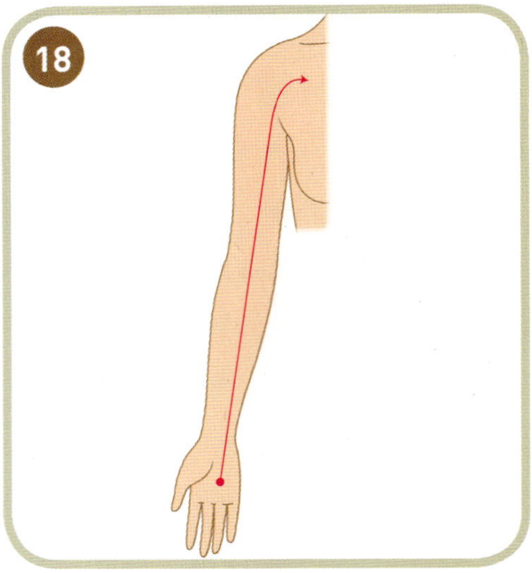

팔의 손등부터 어깨까지 큰 동작으로 쓰다듬는다(2번 동작과 동일).

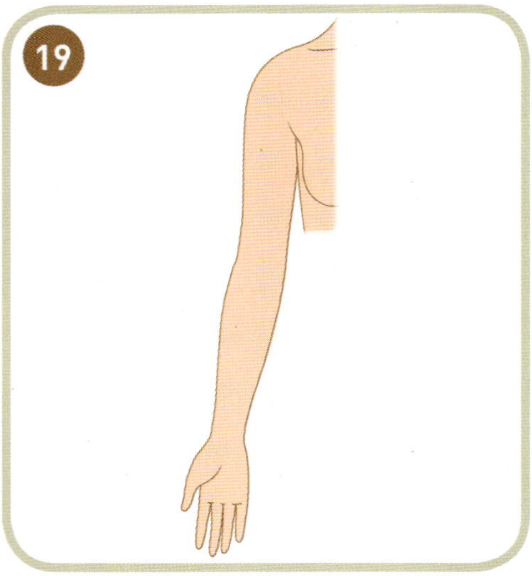

온습포로 유분기를 잘 제거한 후 다시 마른 수건으로 물기를 닦고 핸드로션을 바른다(피부관리 중 핸드 관리를 할 경우 팔 전체에 랩을 싸둔 후 팩 제거 시 함께 제거하면 효율적이다).

4. 다리 매뉴얼 테크닉 동작과 순서

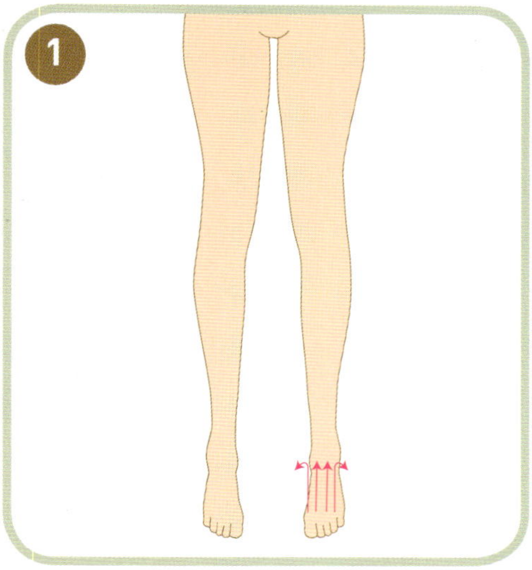

양손으로 발 전체를 먼저 쓰다듬는다.

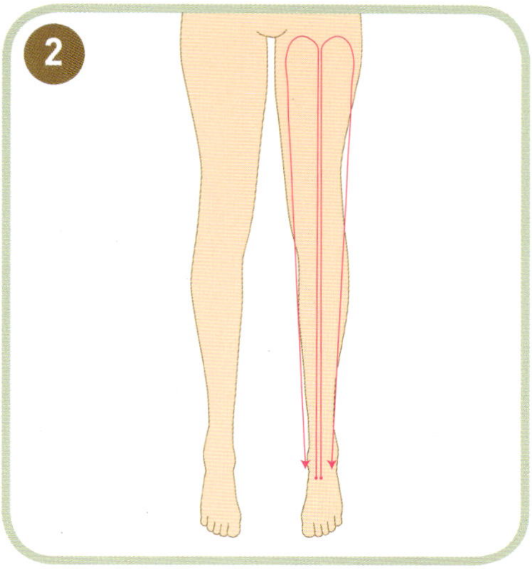

다리 전체를 쓰다듬는다.

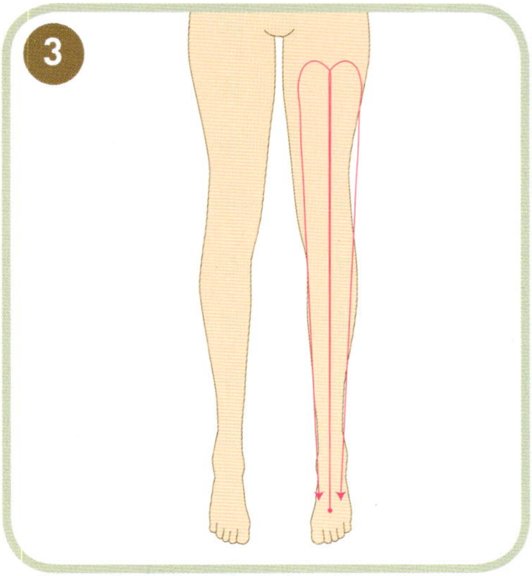

양손 교대로 길게 쓰다듬는다.

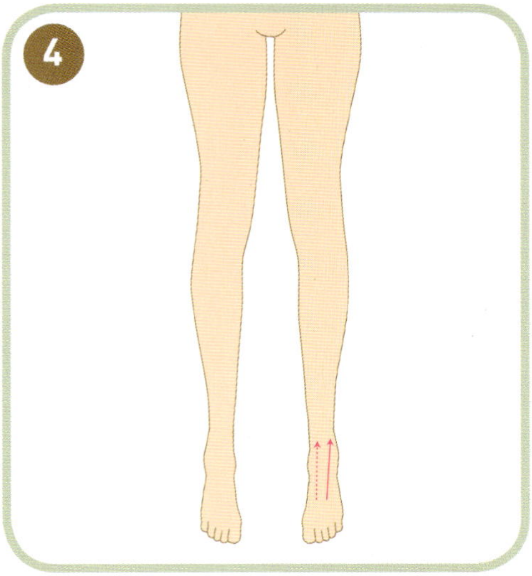

양손바닥으로 발바닥과 발등을 쓰다듬고 다시 발바닥을 엄지로 쓸어 주고 지압한다.

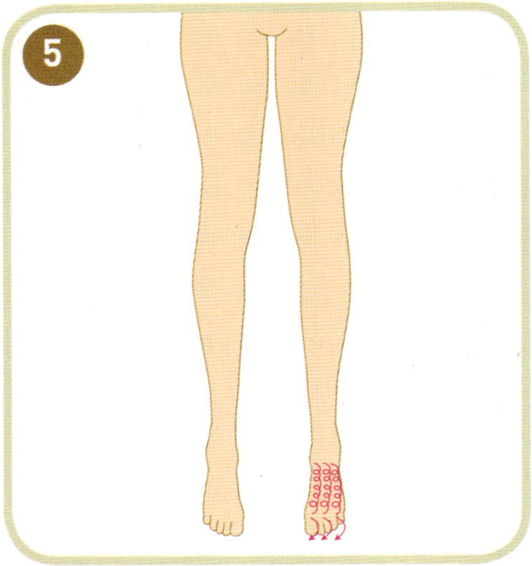

발가락과 발등을 원을 그리며 문지른다.

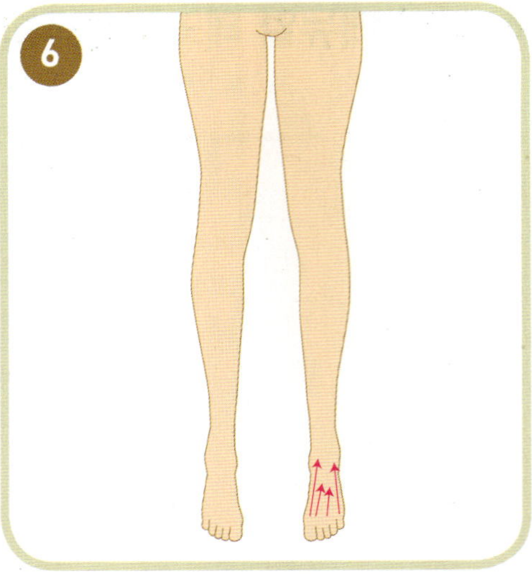

발등을 엄지로 심장 쪽으로 밀 듯이 쓰다듬어 올린다.

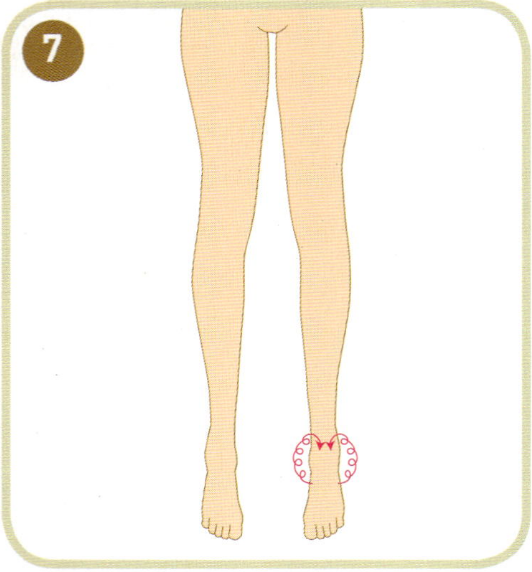

복숭아뼈 둘레를 원을 그리며 문지른다.

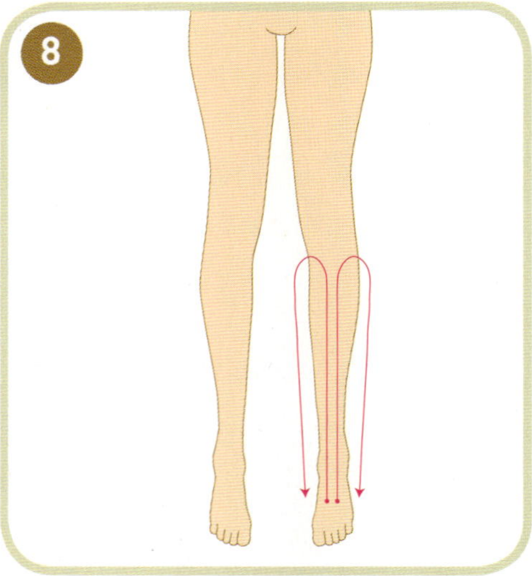

무릎(하퇴)까지 양손으로 쓰다듬기한다.

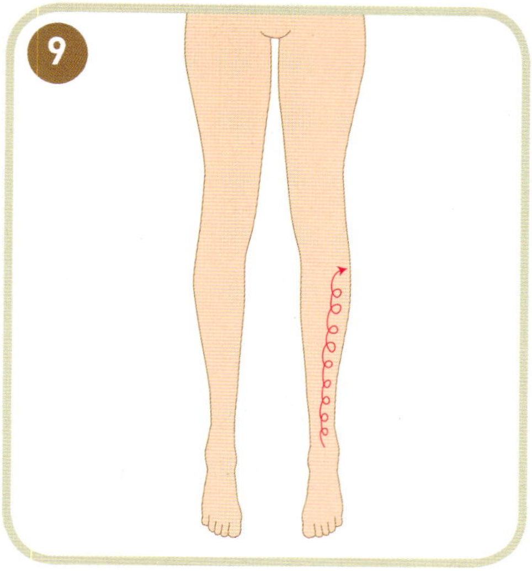

하퇴 부위를 문지르기한다.

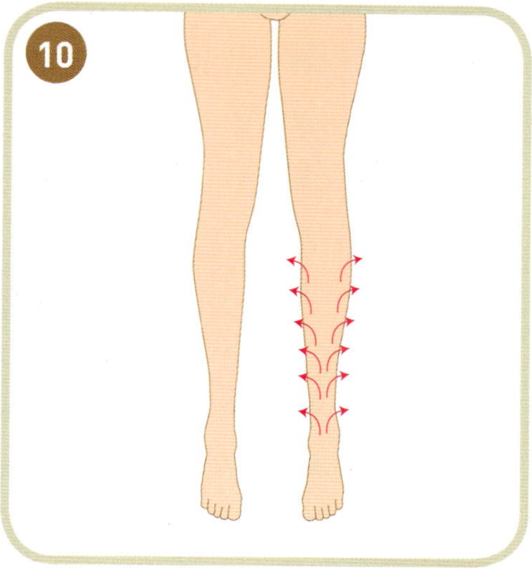

양 엄지 교대로 빗살무늬 모양으로 문지른다.

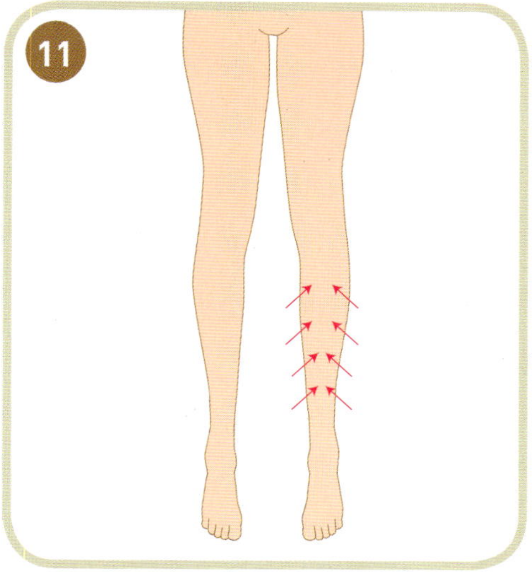

다리를 세워 종아리 부위를 주무르기한다.

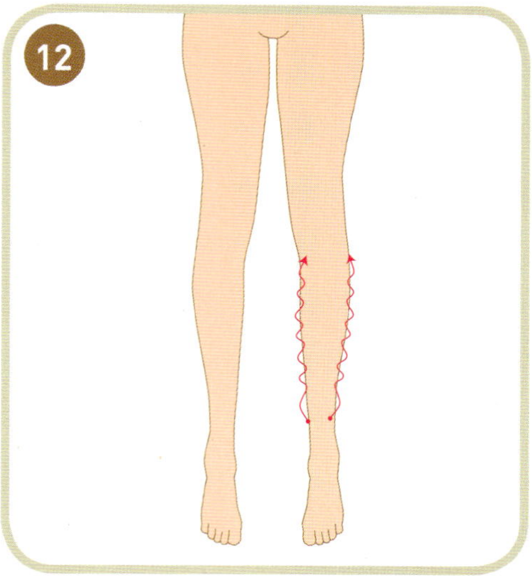

종아리에 바이브레이션 동작을 한다.

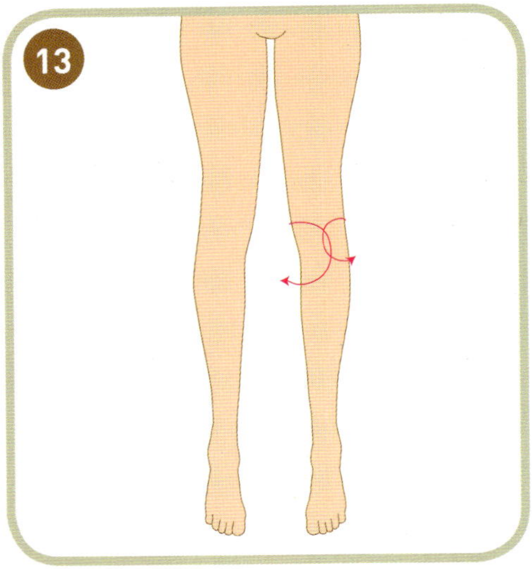

양손바닥 교대로 무릎을 주무르듯 쓰다듬는다.

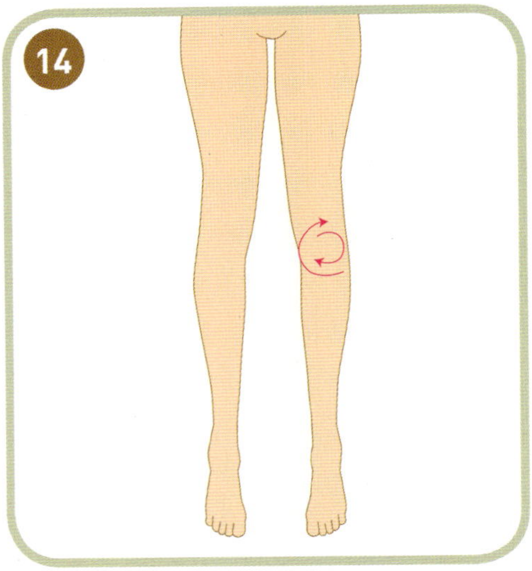

다리를 펴게 하여 양 엄지를 이용하여 교대로 무릎 모양을 따라 쓰다듬는다.

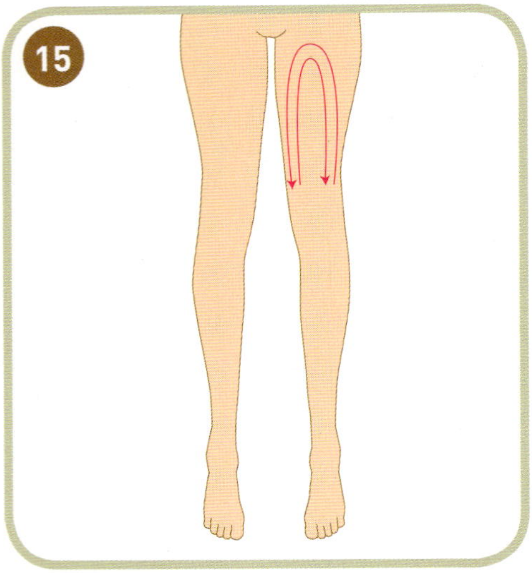

양손 교대로 대퇴 부위를 길게 쓰다듬어 준다.

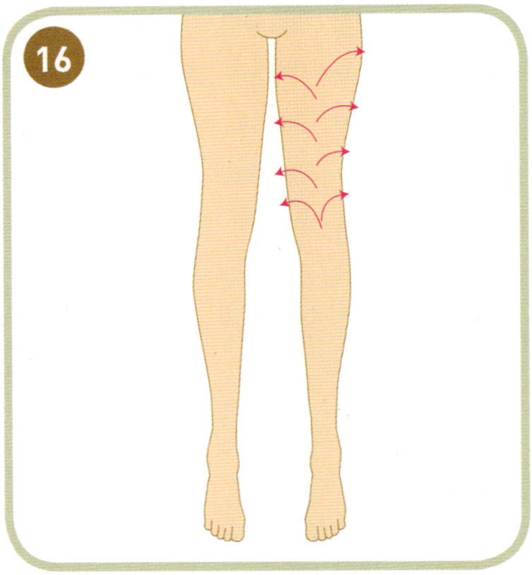

양손을 교대로 빗살무늬 모양으로 쓰다듬기 한다.

17

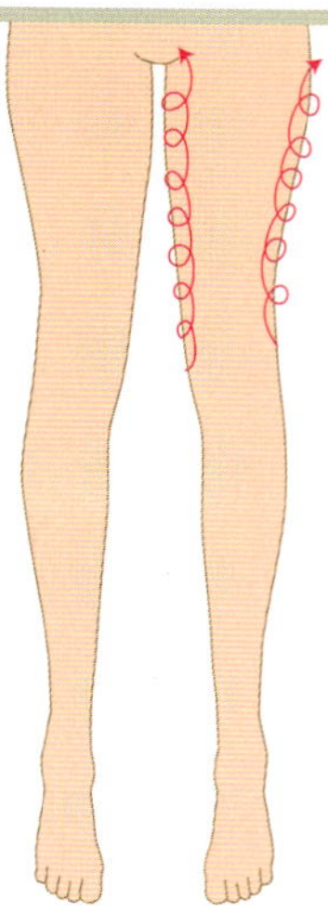

양손가락 전체로 원을 그리며 대퇴 내 · 외 측면을 문지른다.

18

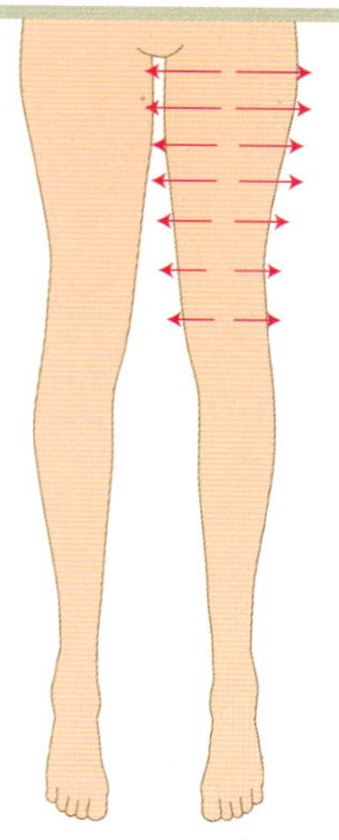

양수근으로 지그시 누르듯 쓰다듬고 손바닥으로 쓸어 다시 올라온다.

19

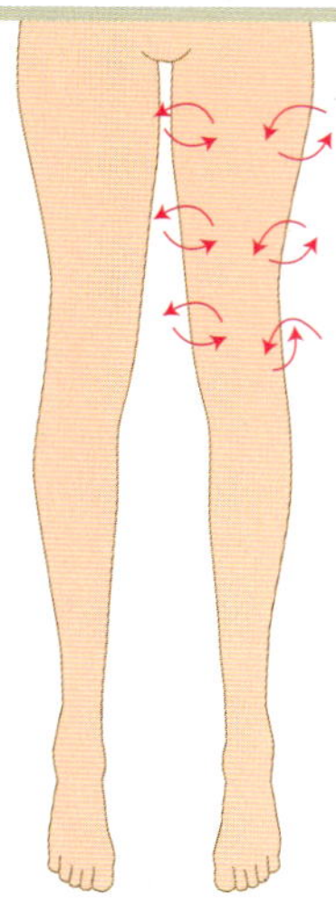

대퇴 부위를 주무른다.

20

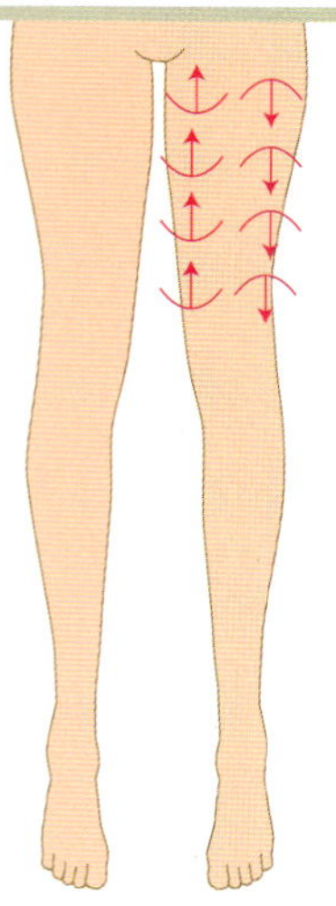

손의 측면(주먹)으로 대퇴 부위를 두드린다.

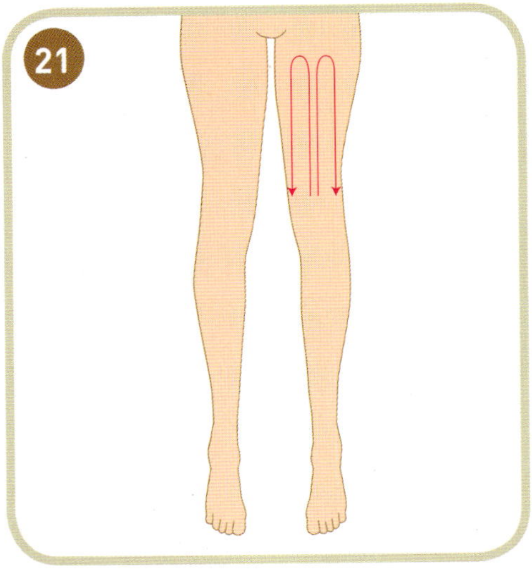

양 엄지로 지긋이 위로 쓰다듬고, 측면을 쓰다듬으며 내려온다.

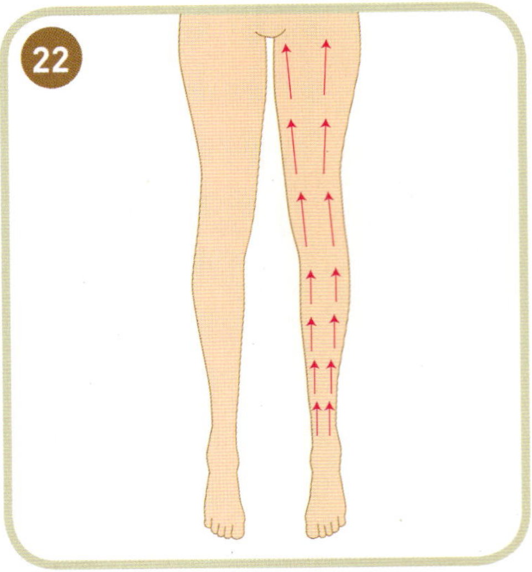

발목에서부터 서혜부까지 짜 주듯이 밀며 양손을 교대로 쓰다듬기한다.

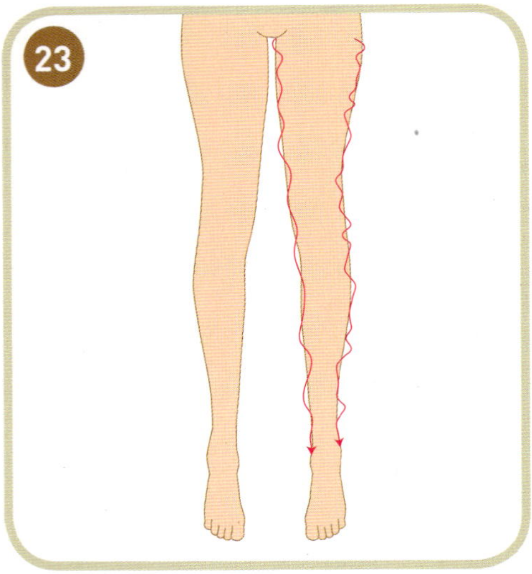

바이브레이션하며 내려온다.

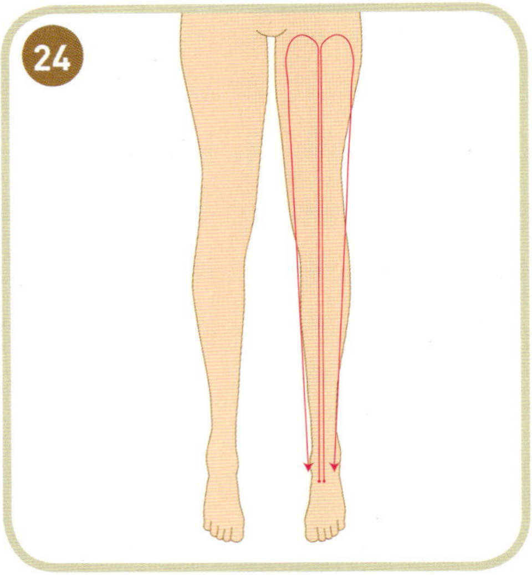

전체를 쓰다듬기하고 엄지와 새끼발가락을 당기며 마무리한다.

5. 등 매뉴얼 테크닉 동작과 순서

어깨나 목덜미에서 시작하여 허리선이나 액와 쪽에서 마무리한다.

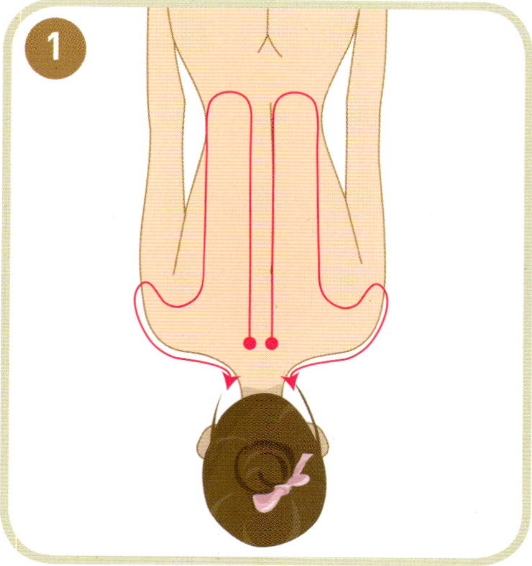

양손바닥을 붙여 어깨부터 허리선 쪽으로 쓰다듬고 다시 올라온다(effleumge).

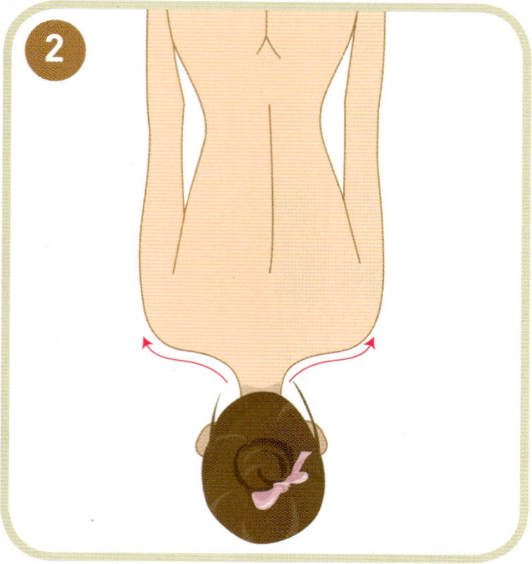

양손바닥을 교대로 사용해 좌 → 우측 승모근을 쓰다듬는다(effleumge).

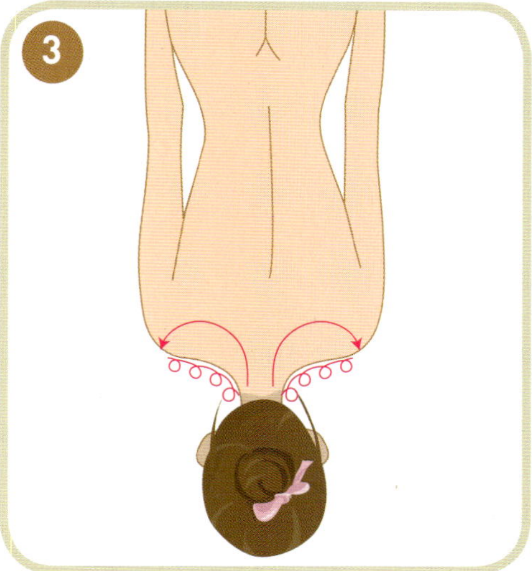

양 어깨의 승모근을 엄지로 동시에 문지른 후 견갑골을 쓰다듬는다.

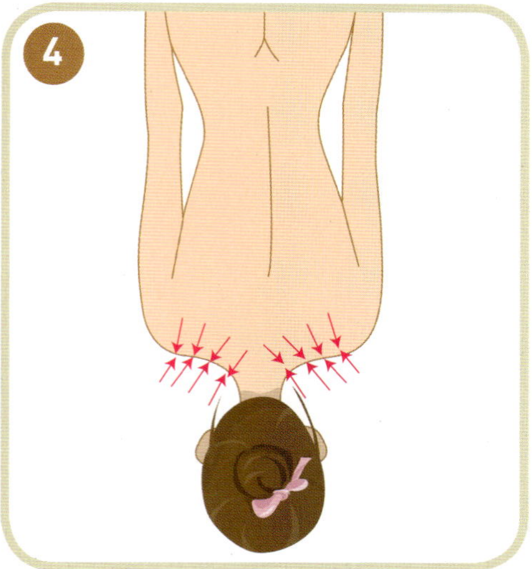

좌우측 승모근 부위를 주무르듯 풀어준다.

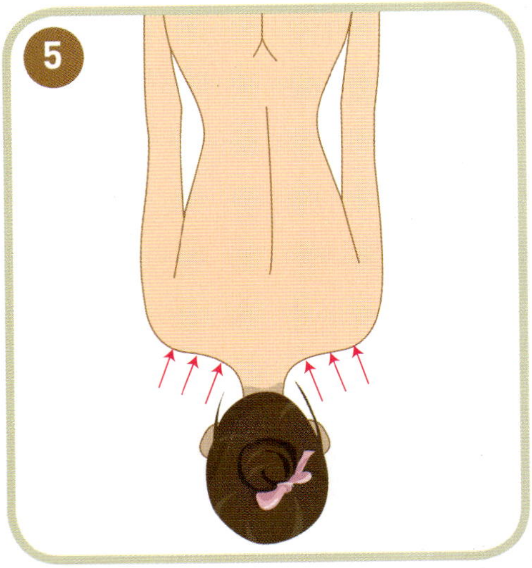

좌우측 승모근을 가볍게 주먹쥐고 두드린 후 쓰다듬는다(vibration).

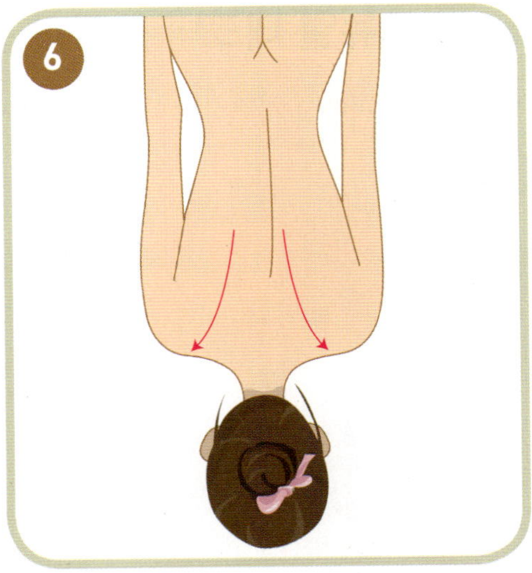

견갑골 부위를 엄지 교대로 좌 → 우측 각각 쓰다듬는다.

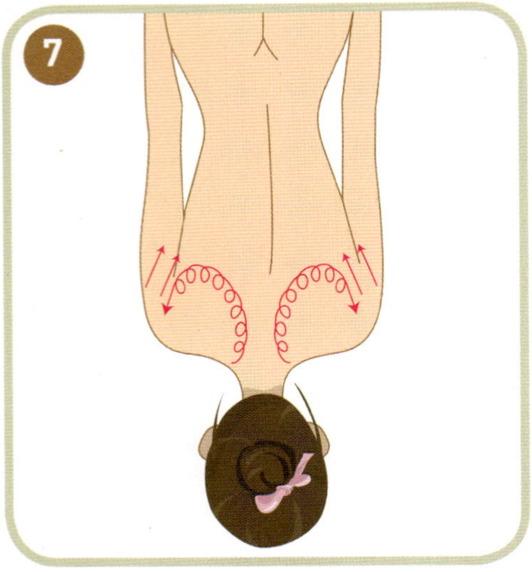

견갑골 부위를 위에서 아래 방향으로 양 엄지로 작은 원을 그리며 문지르고 좌우 액와에서 쓰다듬는다.

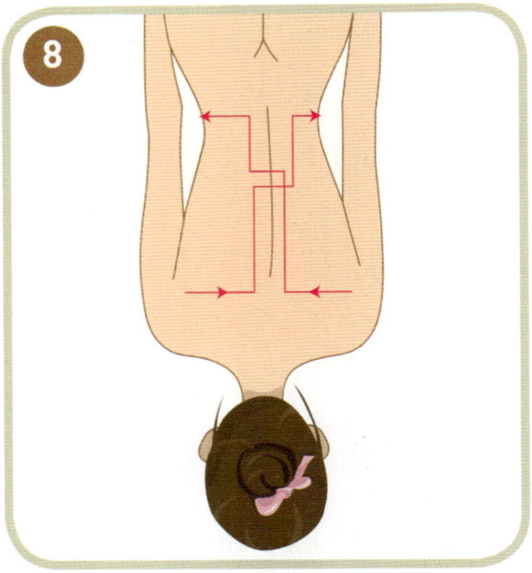

손바닥을 어깨 부위에 대고, 오른손 → 왼손 지그재그 계단 모양으로 좌우측 등을 쓰다듬는다.

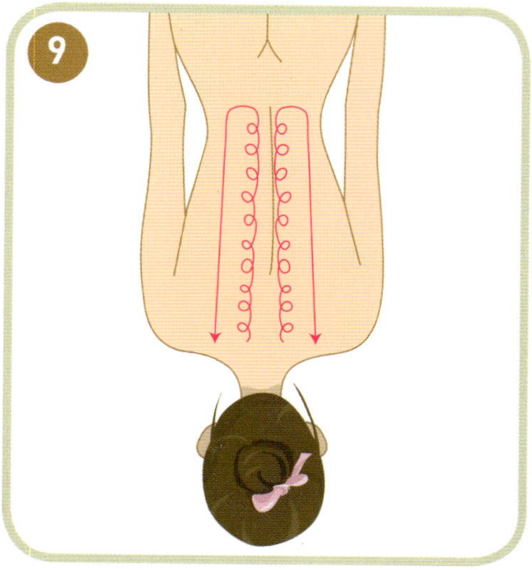

어깨에서부터 허리선 쪽으로 양 엄지를 동시에 사용하여 척추 기립근을 따라 문지른다.

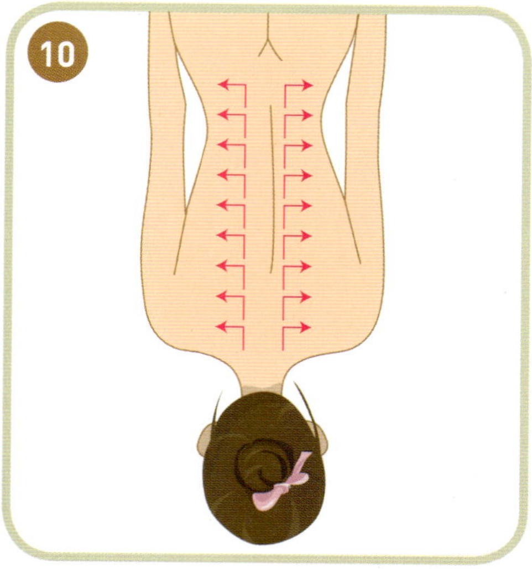

양 엄지에 압을 주어 척추 기립근 부위를 동시에 쓰다듬기한다

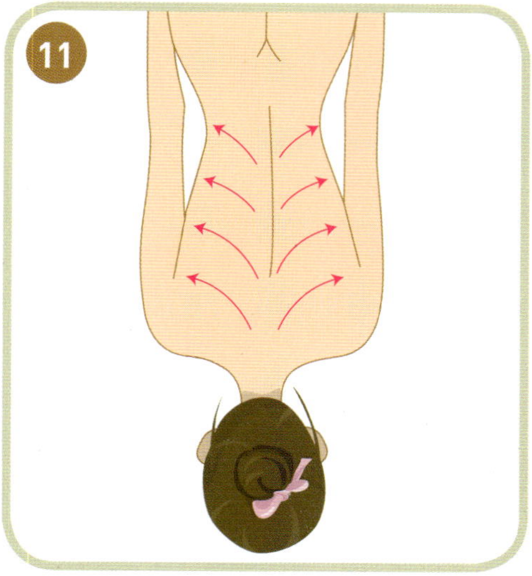

척추를 중심으로 쥐가 기어가듯 근육을 잡고 반죽하듯 주무른다.

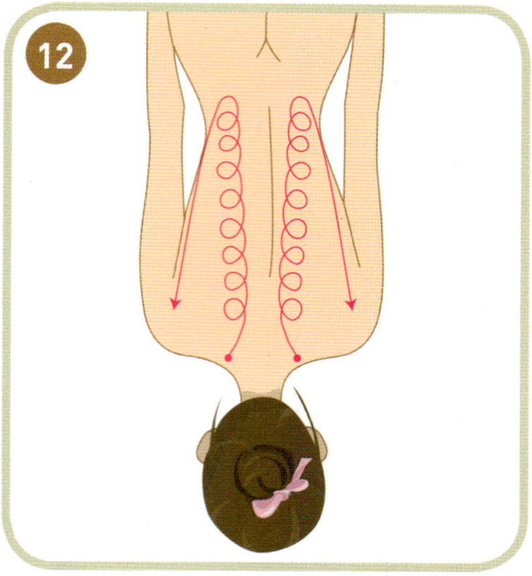

양손을 포개어 허리선에서부터 등 위로 체중을 실으면서 크게 원을 그리며 문지른다.

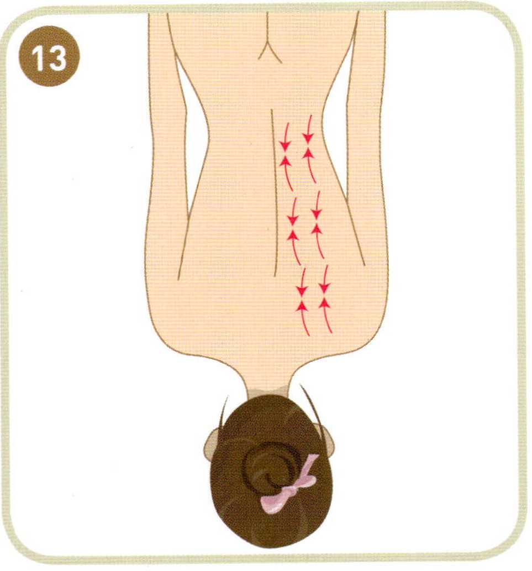

척근과 측면을 전체적으로 주무른다 (kneading).

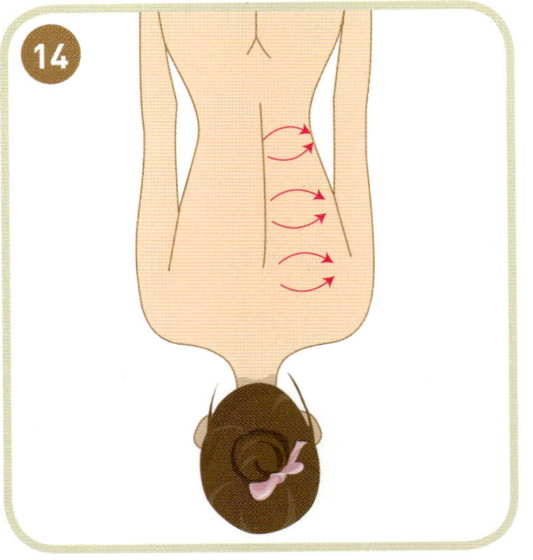

손바닥으로 등 전체를 두드린다 (tapotement).

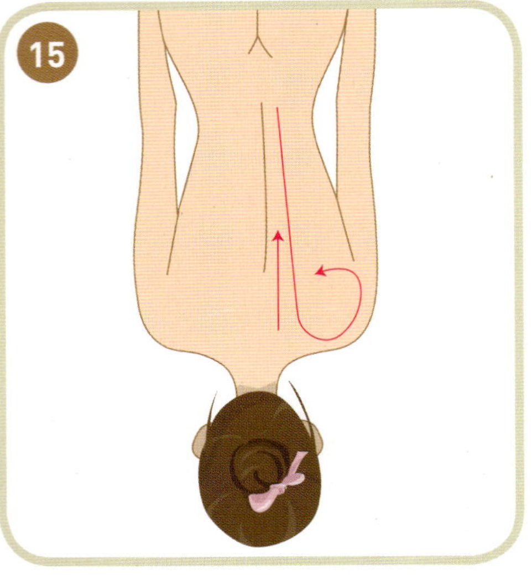

어깨와 허리선에 양손바닥을 붙여 쓰다듬고 견갑골 부위를 따라 쓰다듬기하고 측면을 따라 허리로 내려온다.

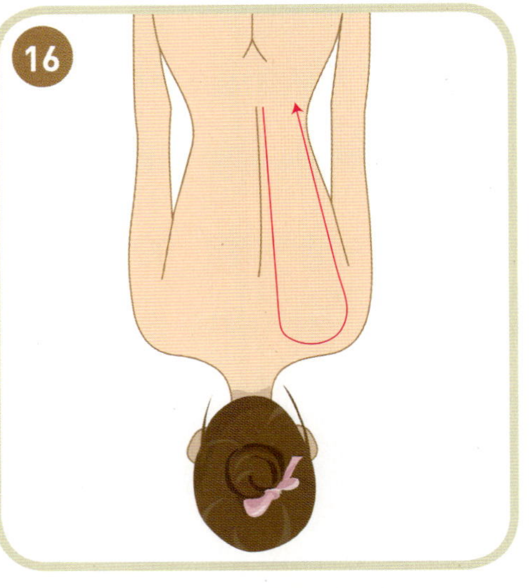

오른 전완으로 척추 기립근을 따라 지그시 쓰다듬고 측면으로 내려 온다.

수근으로 원을 그리며 꼬리뼈 주변을 문지른다.

양손을 포개어 꼬리뼈 위쪽에 작은 C자 모양을 그리며 쓰다듬고 다시 큰 C자형으로 쓰다듬는다.

양손 포개어 허리 부위에 크게 ∞형 그리며 쓰다듬기 한다.

허리선 부위를 양손 지그재그로 쓰다듬기한다.

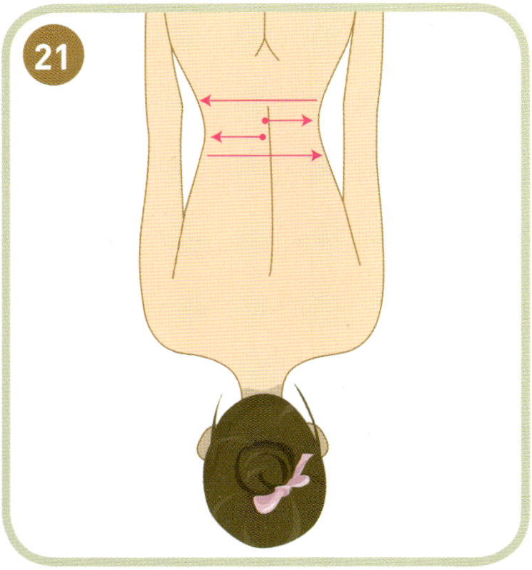

양손을 측면으로 천골 부위를 지그재그로 비비듯이 문지른다.

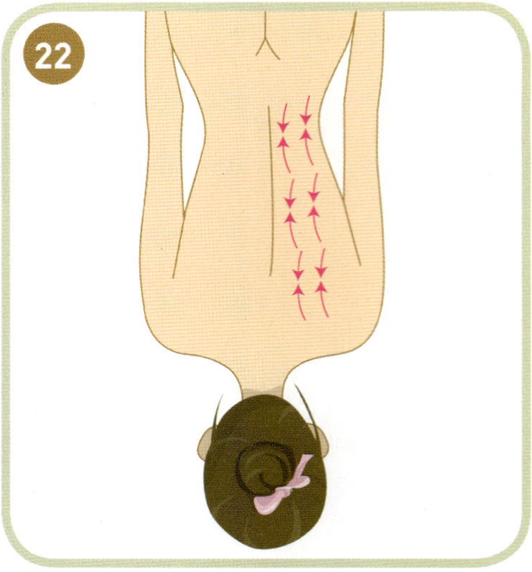

척근과 측면을 전체적으로 주무른다(kneading).

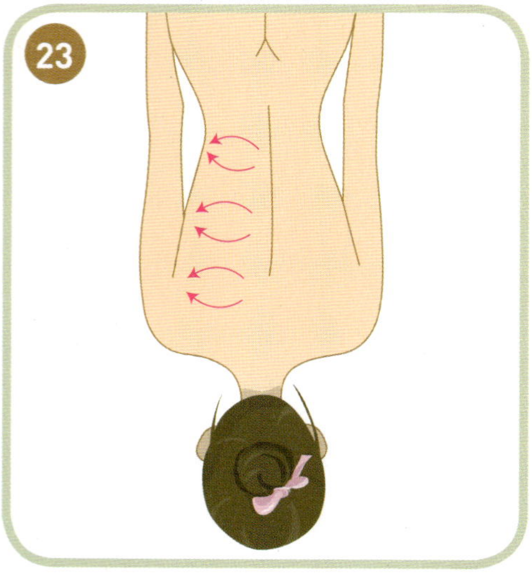

손바닥으로 등 전체를 두드린다(tapotement).

어깨와 허리선에 양손바닥을 붙여 쓰다듬고 견갑골 부위를 따라 쓰다듬기하고 측면을 따라 허리로 내려온다.

왼쪽 전완으로 척추 기립근을 따라 지그시 쓰다듬고 측면으로 내려 온다.

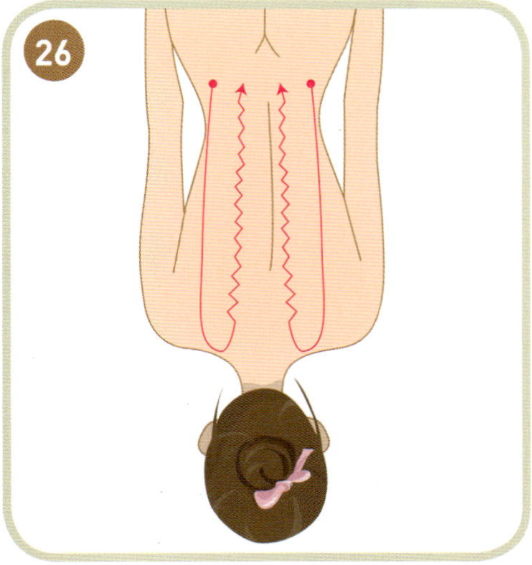

허리 측면을 따라 쓰다듬고, 어깨 부위에서부터 허리선까지 바이브레이션 동작을 한다.

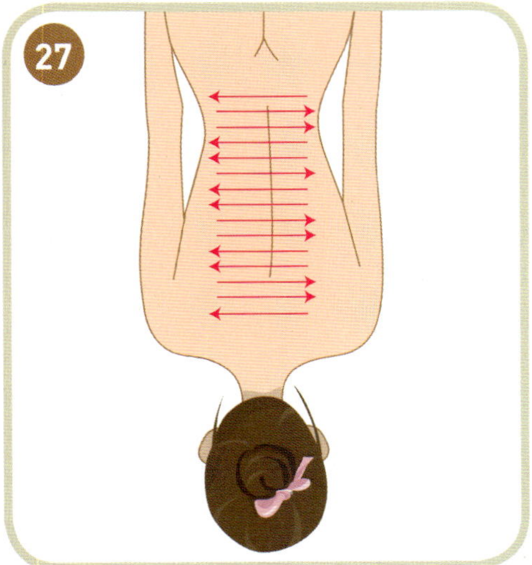

양 전완으로 쓰다듬듯 밀고 다시 쓰다듬으며 돌아온다.

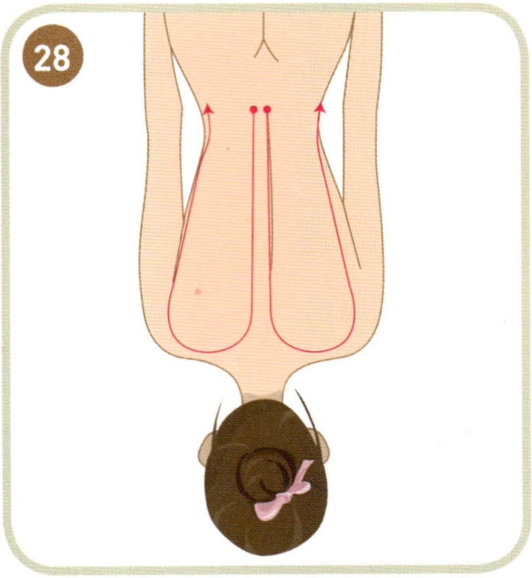

허리선에서 양손을 밀착해서 척추를 따라 어깨까지 올라가 쓰다듬고 다시 내려온다.

chapter 14

제모

Epilation & Depilation

1 의의

2 종류

1. 의의

인중 부위의 털, 얼굴의 솜털, 보기 흉한 다리의 털 등 여성의 다모증은 아름다움을 해치는 요소가 된다. 얼굴, 팔, 다리의 불필요한 체모와 액와 부위 털처럼 보기 흉한 체모를 여러 가지 방법으로 제거하는 것을 제모라고 한다. 제모를 통하여 신체적 · 정신적으로 건강하고 아름다운 모습을 지닐 수 있게 된다. 특히 노출이 많은 여름에 액와, 팔, 다리, 비키니 라인 부위의 털을 제거하기 위해 에스테틱 숍을 방문하는 고객의 수요가 꾸준히 성장하는 추세이다.

1) 부위

얼굴(눈썹, 이마, 입 주위, 턱 부위 털), 팔, 다리, 겨드랑이, 비키니 라인

2) 제모관리 시술 금지

① 당뇨병과 혈전증
② 모세혈관확장 부위 및 매우 얇은 피부
③ 일광으로 화상을 입었거나 붉게 달아오른 피부
④ 상처와 피부질환이 있는 경우
⑤ 정맥류, 사마귀, 점 부위의 털
⑥ 사우나 또는 장시간 목욕한 직후
⑦ 간질환자
⑧ 심한 타박상
⑨ 외상, 찰과상, 종기, 발진
⑩ 골절, 탈골

주의: 제모 직후 심한 비누 세안과 목욕, 메이크업은 삼가한다.

2. 종류

1) 제모 관리

'Pilus'는 라틴어로 hair를 의미하고, 'de-'는 보이는 털을 표면적으로 없애는 의미이고, 'e'는 털을 완전하게 없애는 것을 의미한다. 다시 말해 depilation은 일시적인 제모를, epilation은

영구적인 제모를 지칭하며, 제모방법은 크게 이 두 가지로 분류할 수 있다.

(1) 일시적 제모

털을 표면적으로 제거하기 때문에 다시 털이 성장해 올라오면 일정한 주기로 제모를 반복 실시해야 하는 번거로움이 있다.

① 가위를 이용한 제모

털의 모간(hair shaft) 부위를 가위로 자르는 방법으로 통증과 부작용은 없으나 바로 헤어가 성장해 올라옴으로 피부 표면이 깨끗하게 처리되지 못하며, 다시 자라난 헤어는 더 두꺼운 털로 자라는 단점이 있다.

② 면도기를 이용한 제모

짧은 시간에 가장 손쉽게 제거할 수 있는 방법으로 통증과 부작용이 없는 장점이 있으나 가위를 이용한 제모방법과 마찬가지로 모간만을 제거함으로 곧 다시 털이 자라고, 다시 자라나는 털은 더 굵은 털로 자라 나온다.

③ 족집게를 이용한 제모

특히 눈썹의 모양과 형태를 수정할 때 적절하게 이용할 수 있는 방법이다. 이 방법은 털의 모근까지 제거되고 털이 다시 생장되기까지 4주 정도 소요된다. 그러나 족집게(핀셋)를 이용하여 눈두덩이의 눈썹을 자주 제모하는 경우 피부가 늘어나 처지는 단점이 있다. 제모 후 카모마일, 아줄렌, 알란토인 등과 같이 진정작용을 하는 성분이 함유된 화장수나 젤을 발라 주도록 한다.

④ 화학적 제모

연고, 파우더, 크림, 액체, 반창고 형태 등 여러 종류 중 튜브용 제모크림이나 무기 황화물(아황산염)로 털을 연화시킨다. 화학적 제모크림에는 세균 감염을 예방하는 살균성분, 멘톨과 같은 진정성분, 불쾌한 냄새를 방취해 주는 성분, 크림과 같이 피부를 보호해 주는 크림 성분이 들어 있다. 제모크림은 강알칼리이므로 제모 후 pH 조절을 위해 산성 스킨로션으로 닦아주거나 마스크해 준다.

⑤ 탈색법

털의 색을 엷게 탈색시키는 방법으로 거의 사용되지 않는 방법이며, 아주 민감한 피부에 적용된다. 탈색제품은 염기성의 H_2O_2로 젤리 형태이며 제거하고자 하는 털 부위에 탈색제를 바르고 잠시 후 물로 깨끗이 씻어준다.

⑥ 왁스를 이용한 제모

가. 온왁스

왁스, 송진, 꿀 등으로 만들어진 온왁스(warm wax)는 비교적 넓은 부위에서 많은 양의 털을 짧은 시간 내에 제거할 수 있는 방법이다. 제모효과는 약 4~5주 정도 유지되며 제모시술 후에 성장되는 털은 더 가늘게 올라오고 지속적으로 시행하여 모유두가 퇴행되면 더이상 털이 자라지 않게 된다.

48~50℃ 정도로 녹인 왁스를 따뜻한 상태로 발라 왁스가 털과 함께 응고되면서 제모가 유도되는 방법이다. 부직포를 이용한 온왁스 제모법은 털의 부착력을 좋게 하여 수월하게 제모되므로 다리, 팔과 같이 넓은 부위의 많은 양을 제모할 때 사용하면 효과적이다.

■ 온왁스 시술 방법

시술 전 미리 왁스 워머기를 켜서 왁스를 녹이고 적당한 정도의 묽기로 조절해 놓는다.
준비물: 왁스 워머기, 왁스, 탈컴 파우더, 나무 스파출라, 부직포, 미용솜, 진정용 화장품(스킨토너, 젤,밀크로션, 크림), 왁스 제거용 오일, 종이컵, 알코올, 족집게, 가위, 소독제, 위생장갑

a. 피부의 피지막이 제거된 상태에서 시술한다.
b. 손을 소독하고 라텍스 장갑을 낀다.
c. 제모 부위를 소독한다.
d. 긴 헤어는 가위로 잘라 1.5cm 정도로 길이를 정리한다.
e. 제모 부위에 털 성장 반대 방향으로 파우더를 바른다.
f. 스파출라로 왁스를 적당량 덜어서 팔목 안쪽에 온도를 체크한 후 45도 각도로 털의 성장 방향대로 빠르고 균일하게 직사각형 모양으로 바른다. 이때 부직포 크기보다 작게 바른다.
g. 왁스 위에 부직포를 대고 털의 방향대로 부드럽게 문질러 완전히 부착시킨다.
한 손으로 피부에 텐션을 주고 다른 손으로 부직포를 잡아 털 성장 반대 방향으로 한번에 힘을 주며 떼어 낸다. 부직포 제거 후 제모 부위에 가볍게 손을 대어 눌러 준다.
h. 남아 있는 몇 개의 털은 족집게로 뽑고, 피부에 붙어있는 왁스는 왁스 용해 오일을 발라 제거한다.
i. 제모 부위에 진정용 화장품을 미용솜에 묻혀 바른다(알로에, 카모마일, 알란도인 함유).

나. 냉왁스

냉왁스(cold wax)는 실온에서 끈적끈적한 상태로 바로 사용할 수 있으며 제모 방법은 온왁스 시술법과 동일하다.

다. 하드왁스

고체 상태의 하드왁스(hard wax)는 온왁스 형태로 녹여서 털에 바르고 이 왁스가 고체로 다시 굳었을 때 떼어서 제모하는 형태이다. 겨드랑이, 얼굴, 비키니 라인의 제모를 하고자 하는 경우에 사용한다.

시술 전 미리 왁스 워머기를 켜서 작업하기 좋은 상태로 적당히 녹여 조절해 놓는다.

■ 하드왁스 시술 방법

준비물: 왁스 워머기, 하드왁스, 탈컴 파우더, 나무 스파출라, 미용솜, 진정용 화장품(스킨토너, 젤, 밀크로션, 크림), 왁스 제거용 오일, 종이컵, 알코올, 족집게, 가위, 소독제, 위생 장갑

a. 피부의 피지막이 제거된 상태에서 시술한다.
b. 손을 소독하고 라텍스 장갑을 낀다.
c. 제모 부위를 소독한다.
d. 긴 헤어는 1.5cm 정도로 가위로 잘라 길이를 정리한다.
e. 제모 부위에 털 성장의 반대 방향으로 파우더를 바른다.
f. 스파출라로 왁스를 적당량 덜어서 팔목 안쪽에 온도를 체크한 제모 부위에 45도 각도로 털의 성장 반대 방향대로 빠르고 균일하게 바른다.
g. 왁스가 적당하게 응고되면 한 손은 텐션을 주며 누르고 다른 손으로 왁스의 가장자리

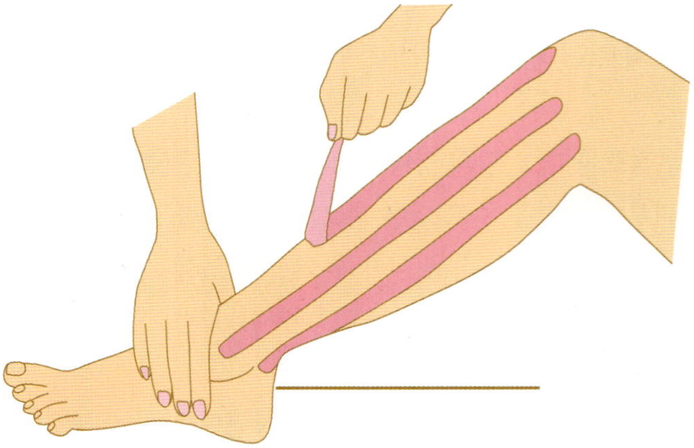

그림 14-1 왁스를 이용한 제모

를 조금 떼어 놓은 후 잡아서 털 성장 반대 방향으로 빠르게 떼어낸다. 제거 후 제모된 피부에 가볍게 손을 대어 눌러준다.

h. 남아 있는 털은 텐션을 주며 족집게로 뽑는다.

i. 제모 부위에 진정용 화장품을 미용솜에 묻혀 충분히 바른다(스킨토너, 젤, 밀크로션).

(2) 영구적 제모

전기기구를 이용하여 모근의 모유두를 손상시켜 털이 다시 자라 나오지 않게 영구적으로 제모하는 방법이다. 제모는 통증과 위험이 따르는 정밀한 시술이므로 정확한 기기 사용법에 대해 교육받고 임상경험이 많은 전문가가 시술해야 한다.

① 종류

a. 전기 분해법: 직류전류를 보내 모근 하부를 파괴시키는 법으로 시간이 많이 소요되고 효과도 좋지 않은 것으로 보고되었다.

b. 고주파법: 전기바늘을 모근에 넣어 교류 전류를 흘려 보내 주위의 조직을 파괴하는 방법이다. 전기바늘은 피부 표면의 보호를 위해 제모 부위 이외는 절연체로 처리되어 있다.

c. 레이저 제모법: 주변 조직의 손상 없이 모근, 모낭, 모유두에 포함되어 있는 멜라닌만을 제거하는 영구적 제모방법이다.

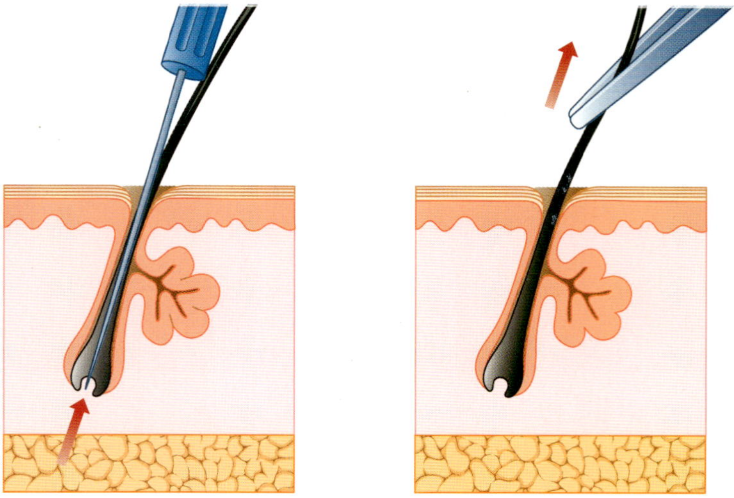

그림 14-2 전기바늘을 이용한 제모

② **방법**

a. 바늘의 절연부분이 벗겨지지 않았는지 미리 확인한다.

b. 전기가 들어오는지 확인한다.

c. 교류전류가 들어온 상태에서 바늘을 털 성장 방향대로 모공에 밀어 넣어 모구, 모유두까지 집어 넣는다.

d. 약 1~2초간 전류를 통과시킨다.

e. 이때 스파크가 일어나며 모구가 파괴된다.

f. 전기를 끄고 바늘을 뺀다.

g. 핀셋으로 털을 살짝 뽑아낸다. 이때 저항 없이 털이 잘 빠지면 제모가 성공적으로 된 것이다.

h. 가는 털은 가는 바늘, 굵은 털은 굵은 바늘을 사용한다.

chapter 15

림프드레나지

Lymph Drainage

1933년 덴마크의 생물학자 닥터 보더(Emil Vodder)에 의해 CIDESCO 대회에서 소개된 림프마사지는 림프의 흐름을 원활하게 도와주는 방법이다.

드레나지(drainage)란 배수, 배설의 뜻으로 관 체계를 통해 유동액이 통과하는 것을 의미한다. 건강한 조직의 조직액(림프액)은 항상 서로 교환되며, 산소 및 영양이 풍부한 혈액은 동맥과 모세혈관을 통해 조직에 공급된다. 혈액의 흐름이 원활하려면 세포벽을 통한 물질교환과 세포의 대사과정이 활발해야 하며, 대사 축적물은 세포 사이 조직액으로 방출된다. 이러한 조직액의 대부분은 모세혈관을 통해 정맥으로 유입되고 일부는 임파관을 흘러 중심순환을 통해 좌측 쇄골하정맥으로 유입된다. 임파관은 혈관에 비해 압력이 약해서 순환이 느리고 쉽게 중력의 영향을 받는다. 특히 근육활동은 임파순환의 원동력이 되므로 신체활동을 하지 않으면 순환이 느려지고 정체된다. 또한 젊을 때에는 활발하던 노폐물의 배설이 나이가 들어감에 따라 여러 가지 이유로 느려지고, 점차적으로 이러한 산성 노폐물이 우리가 모르는 사이 몸속 어딘가에 조금씩 쌓여 가는데 이러한 과정에서 몸이 노화하게 된다.

또한 사람의 체질에 따라 노폐물이 쌓이는 곳이 각각 다른데, 어느 부위에 노폐물이 쌓이느냐에 따라 성인병명이 결정되는 것이다. 그러므로 이 노폐물을 감소시키는 것이 모든 성인병의 원인을 제거하는 방법이자 다시 젊어지는 방법이라고 학자들은 주장하고 있다. 이 같은 이론을 통해서 우리 몸의 노폐물 배설이 원활하지 못할 것이 만병의 근원이며 노화의 원인임을 다시 한번 확인할 수 있다. 이러한 노폐물을 함유한 정맥과 림프관의 흐름을 촉진시키는데 가장 유효한 방법이 바로 림프드레나지이다. 펌프작용과 흡입작용을 통한 림프드레나지를 시술하여 림프의 순환이 증진되면 노폐물 수송(배설)이 활발해지고, 그 결과 세포의 신진대사 또한 증대된다.

1. 적용 피부

민감성 피부, 여드름 피부, 주사(rosacea), 셀룰라이트(cellulite), 튼살, 눈 주위 등의 부종 부위, 모세혈관확장 피부, 과색소침착 피부, 성형수술 후의 반흔 등에 시술할 수 있다.

2. 효과

1) 자율신경계 조절

자율신경을 조절하여 기능의 항상성을 유지하게 해 주고 어깨결림, 류머티스 등의 통증을 완화시킨다.

2) 면역기능 강화

신체에 염증이 생겼거나 감염되었을 때 림프구가 현저히 증가하는데, 림프드레나지를 통해 림프구의 흐름이 원활하게 되면 저항력이 강해지며 병의 치유 또한 빨라진다.

3) 노폐물 배설 촉진으로 림프관과 혈관근육의 흐름 활성화

혈관을 파이프관으로 표현한다면 림프관은 심장 모양의 관이 여러 개 이어져 있는 모습과 같으며, 이 심장 모양의 한 단위를 통해 노폐물 배설의 흐름이 원활하게 된다.

4) 부기 제거

의사 보더(Dr. Vodder)에 의한 부기 제거는 여러 경로를 통하여 이루어진다. 즉 부드러운 자극의 림프드레나지 특수 테크닉, 림프 연동운동의 자극 등에 의해 림프흐름이 원활해진다. 이러한 작용으로 인해 눈그늘, 눈주머니(누낭), 비만, 부종 등의 관리를 할 때 시행할 수 있다.

5) 스트레스 완화

부교감 신경계에 작용하여 스트레스 지수를 낮추어 준다.

6) 정체된 셀룰라이트 완화

오렌지 피부인 셀룰라이트는 과도한 수분과 노폐물이 지방세포에 축적되어 연소가 되지 않는 상태이므로 림프배농으로 셀룰라이트 현상이 감소될 수 있다.

3. 시술방법

1) 주요 동작

① 펌프동작
② 정지상태의 원 동작
③ 퍼 올리는 동작
④ 회전동작

2) 방법

- 손가락 또는 손바닥을 이용하여 펌프작용과 흡입작용(pumping & suction)을 교대로 적당한 압을 주어 시행한다.
- 동작 시 손 동작만이 아니라 팔 전체를 움직여 동작을 하여야 효율적인 테크닉을 적용할 수 있다.
- 항상 대임파절을 먼저 적용한 후, 소임파절에서 동작을 하고, 마지막에 다시 대임파절에서 림프 테크닉을 시행한다.
- 손의 압력은 30~40mm/Hg정도로 한 부위에 5회 정도 동작한다.

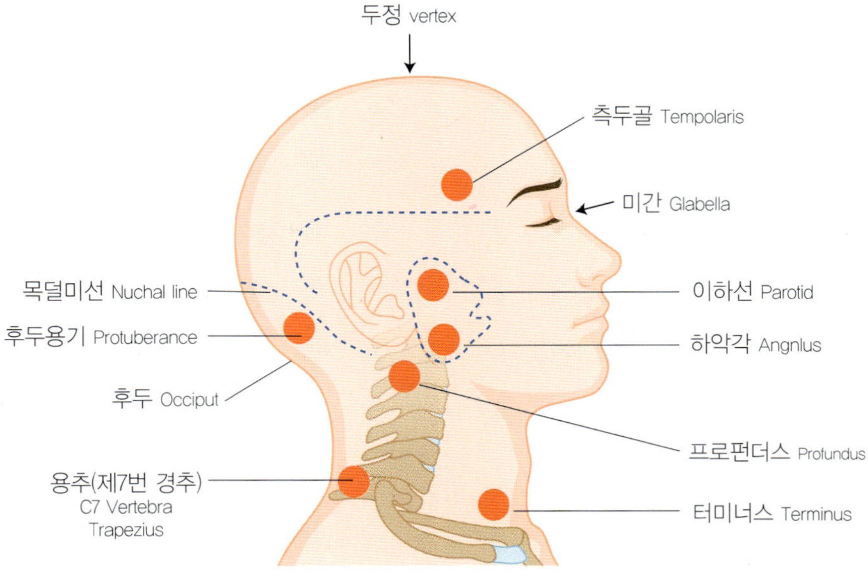

그림 15-11 얼굴 및 경부림프절 위치

4. 얼굴 림프관리 동작과 순서

1) 목 림프드레나지

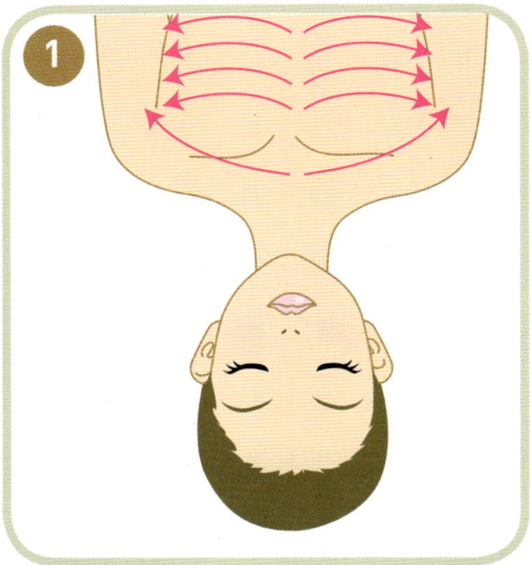

흉골에서 겨드랑이까지 엄지로 쓰다듬기(1회)

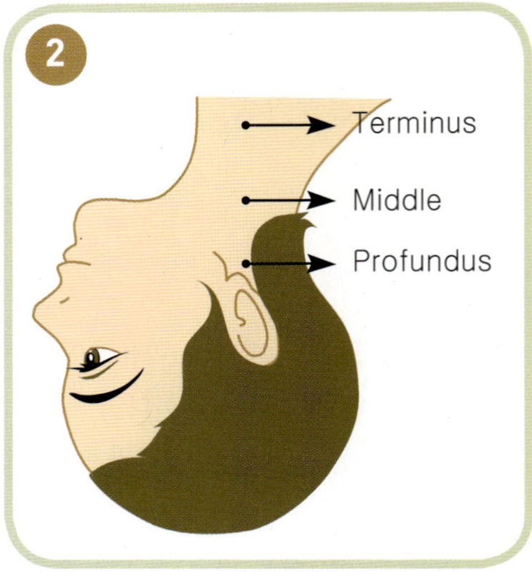

2, 3, 4지로 경부 림프절의 정지상태 원 동작(5×3회)

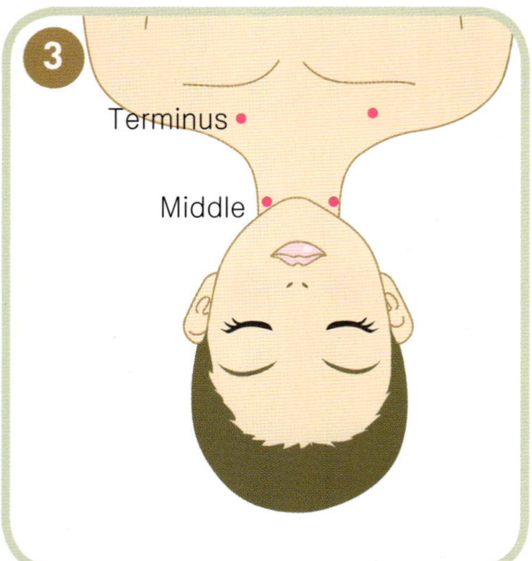

후두부 림프 정지상태 원 동작(5×3회) → occipute(생략) Middle → Terrinus

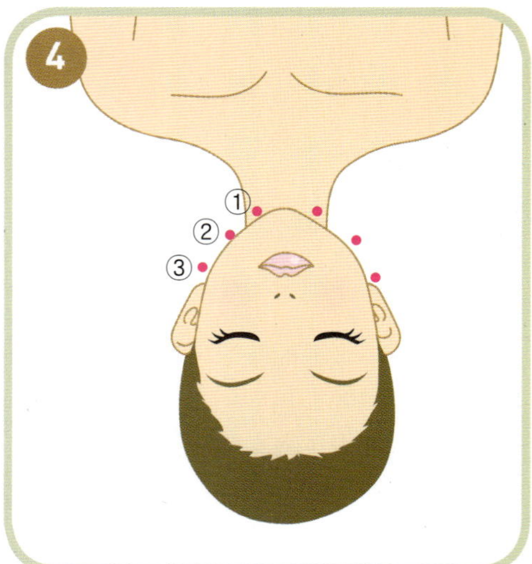

하악림프 부분의 3지점 3, 4지로 정지상태 원동작(5×3회)

포크기법: 2, 3지를 귀 앞과 뒤에 대고 정지 상태 원 동작(5×3회) P → M → T

견봉 부위 정지상태 원 동작(5×3회. 손으로 감싸면서)

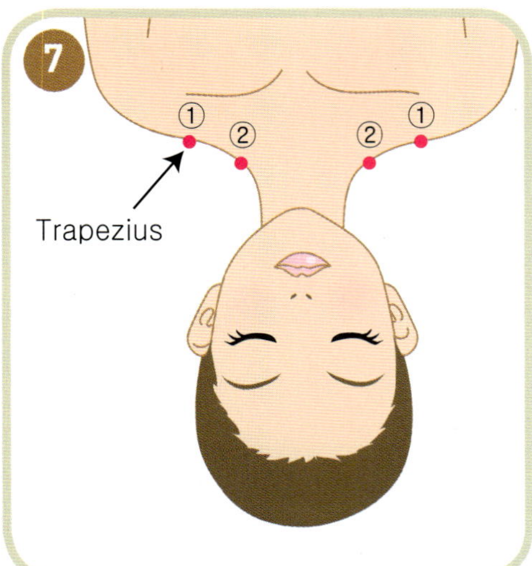

승모근 부위 두지점 정지상태 원 동작 Terminus(5×3회)

견봉 부위 살짝 잡고 정지상태 원 동작(5×3회)

쇄골 위 어깨 부위에서 사지로 전체 손가락으로 상태 원 동작 → Terminus까지(5×3회)

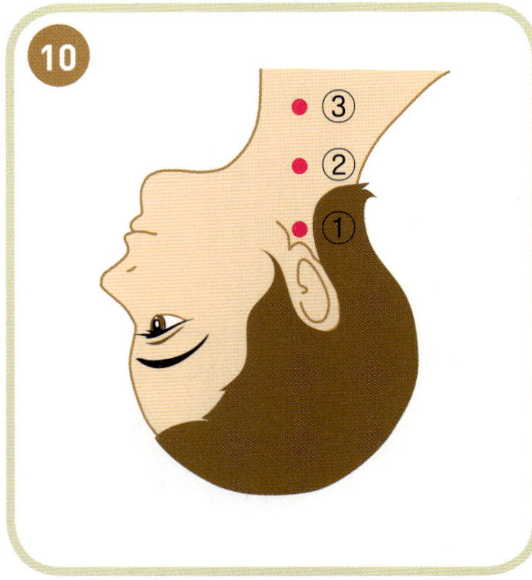

Profundus → Middle → Terminus(5×1회)

쇄골선을 따라 겨드랑이 방향까지 엄지로 쓰다듬기(1회)

2) 얼굴 림프드레나지

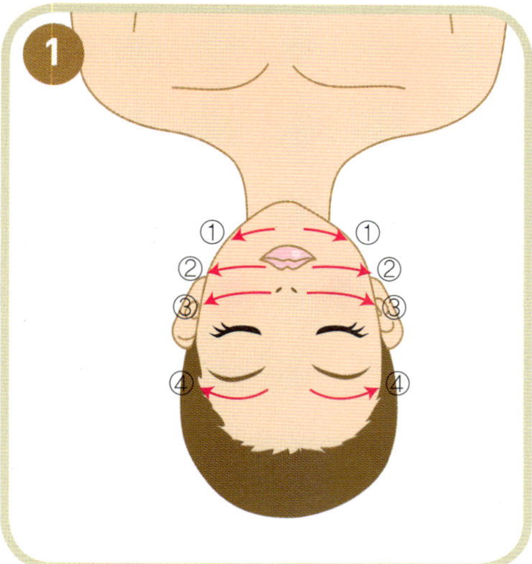

입술 아래, 입술 위, 코에서 볼, 이마 림프절 방향으로 쓰다듬기(엄지 또는 전체 손가락 이용)

턱 중앙에서부터 angulus 따라 정지상태 원 동작(5×3회)

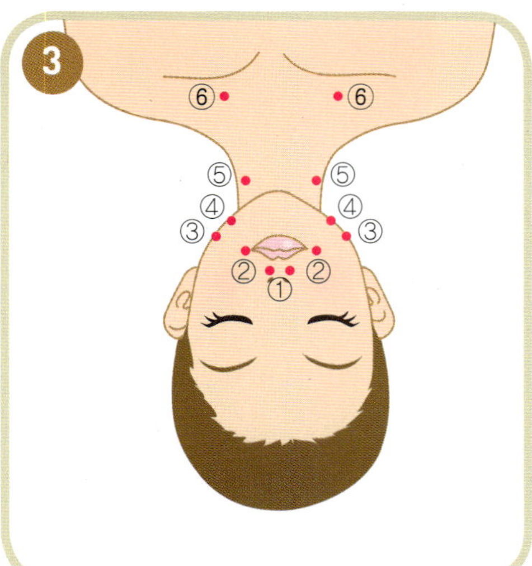

윗입술: 윗입술 중간 → 구각 → 하악각 정지상태 원 동작 → Profundus, Middle, Terminus(5×3회, 2지만 사용)

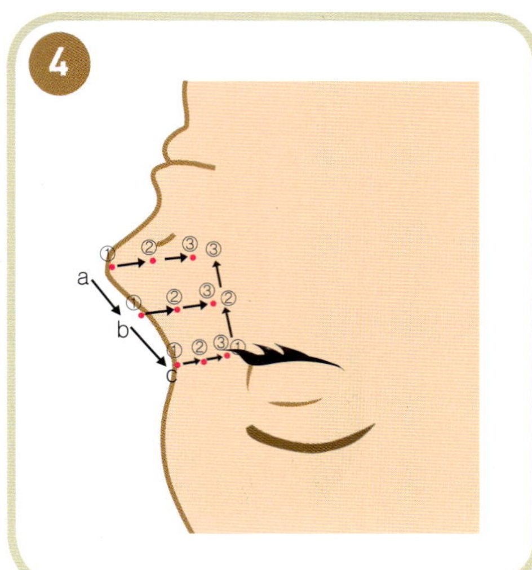

코: 2지 또는 3지로 코끝 → 코 중간 → 콧부리 → 코 측면 1,2 ,3번(5×3회, 3지 이용)

코 옆, 입술 옆, 입술 아래 정지상태 원동작 → 턱 아래에서 하악각까지 2, 3, 4지를 이용하여 새끼손가락 방향으로 밀며 신장시키듯 정지상태 원 동작(부위별 3회)

눈 밑 내측 부위 → 중앙 부위 → 눈아래 외측 부위 정지상태 원 동작(5×3회, 3 · 4지 또는 중지 사용)

검지로 코벽을 쓰다듬고 눈썹머리부터 엄지검지로 가볍게 눈썹 집어주기(3회)

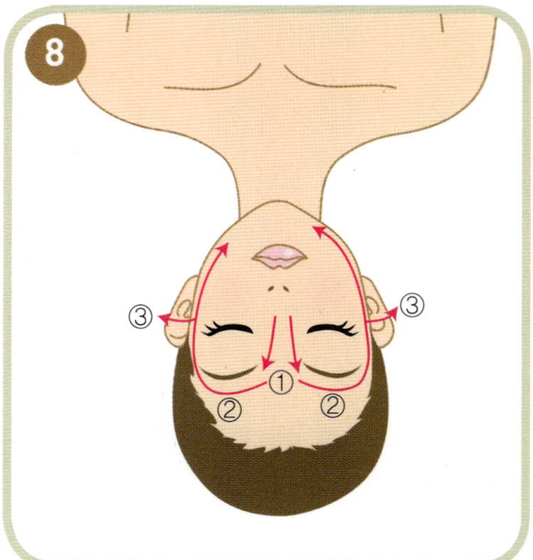

엄지로 코의 뿌리 부분을 쓸어 올린 후 미간 부위에서부터 모지구로 천천히 누르며 Temporalis에서 감싼 상태에서 가볍게 누르는 동작(3회)

눈썹머리, 중앙, 눈썹 꼬리에 대고 정지상태 원 동작 → 2 · 3 · 4지 이용(5×3회)

2 · 3 · 4지로 이마 중간 1 · 2 · 3지점 상태 원 동작(5×3회)

귀 중간(parotis) 귓볼 앞(angulus) 정지상태 원 동작(5×3회)

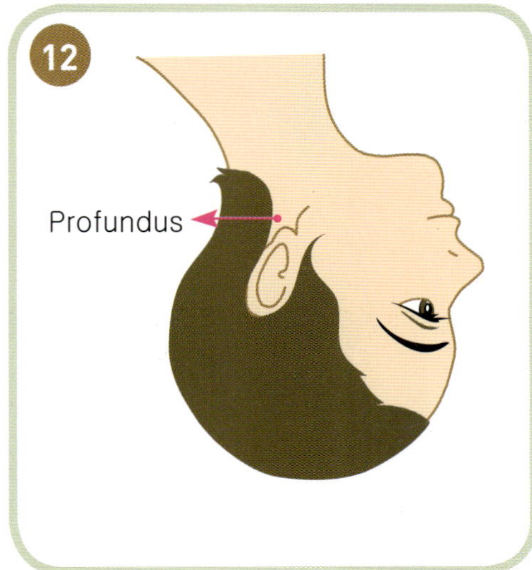

Profundus 정지상태 원 동작(5×1회)

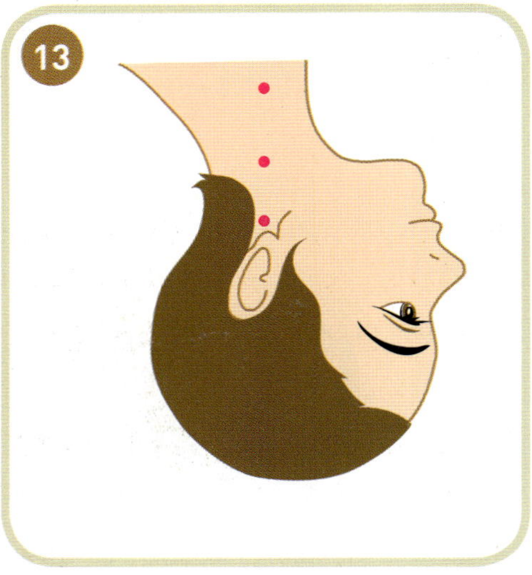

Profundus 정지상태 원 동작(5×4회)
→ Profundus, Middle, Terminus(검지)부위 정지상태 원 동작(5×4회)

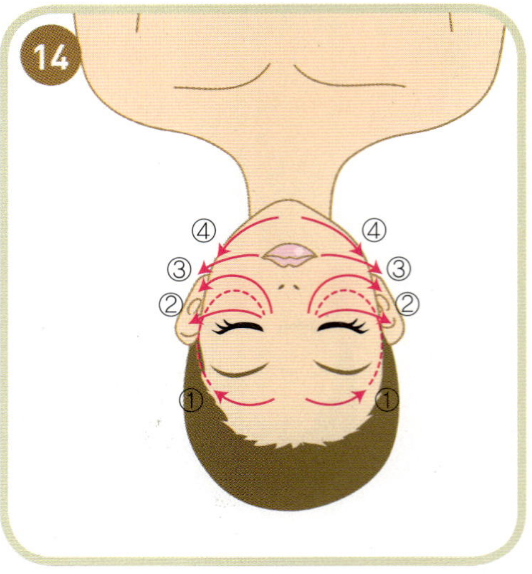

전체 쓰다듬기

① 엄지로 이마에서 temporalis까지
② ①번 동작을 연결해 엄지로 눈 아래 부위에서 profundus로 쓰다듬기
③ 양 입술 끝에서부터 컵 모양으로 귀 아래까지
④ 엄지로 턱에서 하악각까지 쓰다듬기

chapter 16

자외선과 피부
Ultraviolet Light and Skin

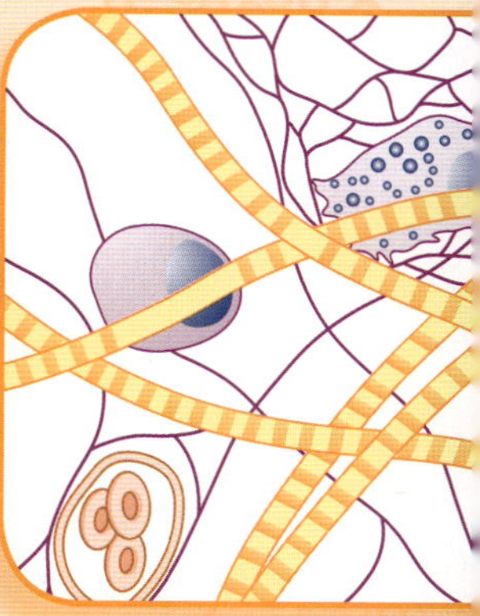

1 자외선

2 자외선의 분류

3 자외선 홍반 유발 최소량

4 자외선 차단방법

5 썬스크린 제품의 자외선 차단 값

피부에 적당한 자외선을 쬐면 혈액순환이 촉진되고 피부 지방에 들어 있는 프로비타민(provitamin)이 비타민 D로 전환되며, 빈혈, 구루병, 피부병 등의 치료와 살균 효과를 얻을 수 있다. 또한 적당히 그을린 피부는 탄력 있고 건강해 보인다. 그러나 피부가 자외선에 장시간 동안 노출되면 부정적인 영향이 나타난다. 즉 자외선의 영향으로 피부조로(premature aging) 현상은 물론 피부노화 촉진, 기미, 주근깨, 잡티 등의 색소과다 현상이 발생한다. 그 외 피부염증과 홍반현상, 피부암 같은 심각한 피부질환이 발생하기도 한다. 계속적으로 악화되어 가는 환경오염은 자외선에 의한 피부질환 발생의 위험성을 더욱 가중시키고 있다.

1. 자외선

자외선은 1801년 요한 빌헬름 리터(Johann Wilhelm Ritter)에 의해 발견되었다. 햇빛(태양광선)을 프리즘으로 분석해 보면 광선의 파장(wavelength)에 따라 각기 무지개처럼 독특한 색상을 띠고 있는 것을 육안으로 볼 수 있다.

1) 가시광선

눈으로 볼 수 있는 광선을 가시광선(visible light)이라 하며, 파장에 따라 보라, 남색, 파랑, 초록, 노랑, 주황, 빨강 등이 차례로 배열되어 있다. 이 색상의 배열이 한눈에 보이는 것이 무지개이다. 보라색 광선이 가장 짧고, 빨간색의 광선 파장이 가장 길다.

2) 자외선

보라색 광선 바로 바깥 부분에 있는 광선인 자외선(ultraviolet light)은 우리 눈에 보이지 않는다.

3) 적외선

반대편의 빨간색 바깥 부분에 있는 광선으로 역시 우리 눈에 띄지 않는 것이 있는데, 이것이 적외선(infrared light)이다.

■ 광선의 파장 단위

- 나노미터(nanometer, nm): 1/10억
- 옴스트롬(angstrom, Å): 1/1000만

2. 자외선의 분류

자외선은 태양으로부터 발산되는 전자파로서 그 파장이 100~400nm 사이에 있는 광선의 영역을 말한다. 그 파장의 영역을 다음과 같이 구분한다.

1) UV-A

320~400nm로 가장 긴 파장이어서 장파장으로 불리우기도 하지만 에너지는 가장 약하다. 피부 깊숙이 침투하여 주름을 형성하고, 색소침착을 유도하며 조기 노화의 원인이 되는 자외선으로 일상생활에서 가장 쉽게 접하는 광선이다.

2) UV-B

280~320nm로 중파장이라고도 한다. 파장은 UV-A보다 짧으나, 에너지는 훨씬 더 강하여 우리 피부에 좋지 않은 영향을 미친다. 피부에 생기는 기미와 피부건조의 원인이 되며, 피부가 붉어지고, 붓고, 물집이 생기는 홍반현상을 일으킨다.

3) UV-C

280nm 이하로 가장 짧은 파장을 가지고 있어 단파장이라고도 부른다. 대기권의 오존층에 모두 흡수되어 버리므로 지상에까지 도달하지 못하므로 실제로 지상에는 존재하지 않는 자외선이다(오존층이 파괴되면 UV-C도 지상까지 도달하여 피부에 막대한 영향을 미칠 뿐만 아니라 지구 전체의 생태계 균형까지 파괴하는 격심한 변화를 가져올 것이다).

3. 자외선 홍반 유발 최소량

자외선 중 피부에 영향을 미치는 파장의 범위를 액션 스펙트럼(action spectrum)이라고 하며, 다른 말로 작동 스펙트럼 또는 반응 스펙트럼이라고도 한다. 액션 스펙트럼은 피부에 홍반을 유발할 정도의 에너지를 갖는 파장범위를 말한다. 액션 스펙트럼과 각 파장의 홍반 유발 효과 사이의 관계를 나타내는 도표를 '맥킨레이/디피(Mackinlay/diffey)'라고 한다. 도표에 의하면 자외선 파장이 짧을수록 피부에 홍반을 유발하는 효과가 크고, 파장이 길어질수록 적어진다는 사실을 알 수 있다.

자외선이 피부에 홍반을 유발하는 에너지 강도는 자외선의 파장의 길이, 태양의 고도에 따라 다르며, 에너지 강도가 피부에 미치는 영향은 각 개인의 자외선 민감도, 자외선에 피부가 노출되는 시간의 길이에 따라 달라진다.

홍반 유발 효과가 적은 약한 에너지를 갖는 자외선이라 할지라도 그 자외선에 장시간 동안 피부가 노출되면 결국은 홍반이 유발될 것이다. 자외선이 피부에 홍반을 유발하는 데 필요한 최소한의 양을 자외선의 홍반 유발 최소량(Minimum Erythmal Dose, MED)이라고 한다. MED는 태양의 고도, 피부의 민감도, 피부의 태양 노출 시간의 길이, 지구상의 위도 등에 따라 서로 다르다.

액션 스펙트럼을 나타내는 도표상의 곡선을 살펴보면 자외선이 피부에 미치는 피해영역을 크게 UV-B 피해영역과 UV-A 피해영역으로 나눌 수 있다. UV-B 피해영역에서 일어나는 피해는 세포핵 내의 DNA에까지 영향이 미친 피부암 또는 흑색종 같은 병변이며, UV-A의 피해영역은 유리기 생성에 따른 포토에이징(광노화)현상이다. 그러므로 피부에 악영향을 미치는 자외선 공격으로부터 효과적으로 피부를 보호하기 위해서는 UV-B는 물론 UV-A까지도 차단해야 한다.

4. 자외선 차단방법

자외선의 피해로부터 피부를 보호할 수 있는 가장 완벽한 방법은 피부를 자외선에 노출시키지 않는 것이다. 그러나 정상적인 일상생활을 영위해 가는 동안 전혀 햇빛을 받지 않고 산다는 것은 불가능하다. 그러므로 햇빛을 일상적으로 쪼이고 즐기는 생활을 하면서도 피부를 적절히 보호할 수 있는 방도에 대하여 연구한 끝에 이른바 자외선 차단 화장품 즉, 썬스크린(sun-screen) 제품을 만들어 낸 것이다. 썬스크린 제품이 자외선의 공격에 대처하는 완전한 무기일 수는 없지만 현재로서는 피부를 자외선으로부터 보호해 줄 수 있는 가장 최선의 방법이라고 할 수 있다. 얼굴에는 아무 것도 걸칠 수 없으므로 항상 모자, 양산 등을 사용하여 자외선을 차단해 주고 또한 자외선 차단용 크림이나 로션을 함께 발라 보호해 주는 것이 좋다.

1) 자외선 차단제품 종류

(1) 자외선 흡수제품

썬크림 등의 자외선 차단제품을 피부에 발랐을 때 자외선이 썬크림에 들어 있는 자외선 흡수물질에 의해 흡수되어 피부에 침투하지 못하게 만들어지거나, 산란작용에 의해 자외선의 침투를 차단시키는 제품이다.

예) 벤조페논계, 옥틸디메칠, 파바(paba), 메칠 안트라나닐산 등

(2) 자외선 산란제품

썬스크린 제품을 피부에 발랐을 경우 자외선이 피부 표면에 흡수되는 것이 아니라, 산란물질에 의해 자외선이 침투되는 것을 반사 · 산란시키도록 만들어진 제품이다.

예) 이산화티탄, 산화아연, 운모, 탈크, 카올린 등

- UV–A 차단성분: 벤조페논(benzophenon) 계열인데 피부 부작용 유발의 위험성 때문에 거의 사용하지 않고 주로 메틸안트라닐산이 사용되고 있다.
- UV–B 차단성분: 파바 역시 UV–B의 차단효과가 높으나 피부 부작용 유발 때문에 거의 사용하지 않는다.

현재 관심을 끌고 있는 썬스크린 성분 원료 중 배양 멜라닌 색소가 있는데, 이것은 인체 피부세포의 멜라닌 색소와 그 화학적 조성이 동일하므로 피부에 가장 안전하지만 가격이 너무 고가인 점이 흠이다. 그 외 자외선 차단 성분이 물에 너무 쉽게 용해되는 것을 방지하거나 자외선의 반사작용을 통하여 피부 내 침투를 막아 주는 성분으로 이산화티탄, 아연화, 탈크, 전분, 나일론, 마이카 등이 사용된다.

- 유의점: 썬스크린을 한 번 발랐기 때문에 얼마든지 장시간 동안 햇빛에 피부를 노출하여도 자외선에 의한 해가 없는 것으로 인식하는 사람들이 많은데 이는 잘못된 생각이며, 자외선 차단제의 유효시간은 일정하므로 차단 값에 따른 일정시간이 지나면 계속적으로 덧발라 주어야 한다.

5. 썬스크린 제품의 자외선 차단 값

홍반(erythma)은 피부가 햇빛에 장시간 노출되면 그 노출 정도에 따라 피부가 벌겋게 달아오르는 증상이다. 자외선이 피부에 홍반을 유발하는 데 필요한 에너지 최소량을 홍반 유발 최소량(Minimum Erythema Dose, MED)이라 하며, 이는 태양의 고도, 피부의 민감도, 피부의 자외선 노출 시간, 지구상의 위도에 따라 달라진다.

피부의 민감도는 간단히 나타내기 어렵다. 그러나 자외선에 의한 피부 노출 시간만은 측정이 간단하다. 따라서 썬스크린 제품의 자외선 차단 효과를 시간적인 단위로 표시하는 것이 실제적으로 용이하다. 그래서 MED에 영향을 미치는 요인 중에서 시간적인 요인을 활용하여 썬스크린 제품의 자외선 차단 값을 나타내게 된 것이다.

예를 들어 태양의 고도가 70°에 이른 여름철 어느 날, 한낮에 맨 피부를 햇빛에 노출하였더니 불과 15분 안에 피부에 홍반이 유발되었다. 그리고 이번에는 피부에 어떤 썬스크린 제품을 바르고, 동일한 조건에서 피부를 노출하였더니 홍반이 유발되기까지 90분이 걸렸다고 했을 때, 그 썬스크린 제품을 바른 효과는 시간적으로 계산해서 6배의 피부보호 효과를 가져온 결과이다. 이때 그 썬스크린 제품의 자외선 차단값은 SPF 6(sun protection factor)으로 나타내게 된다.

■ 썬스크린 제품의 자외선 차단값 공식

$$\text{SPF} = \frac{\text{썬스크린을 바르고 홍반이 나타날 때까지 걸린 시간}}{\text{썬스크린을 바르지 않고 홍반이 나타날 때까지 걸린 시간}}$$

위와 같은 공식으로 계산된 SPF 값은 언제 어떤 조건하에서도 동일한 차단값을 갖는 것은 결코 아니다. 가령 어떤 썬스크린 제품에 SPF 15라는 자외선 차단값이 명기되어 있을 때, 그 제품의 실질적인 자외선 차단값은 때와 장소에 따라 달라진다. 즉 태양의 고도가 변하면 각각 자외선 파장의 강도가 달라진다.

태양의 고도가 낮은 아침, 저녁 시간에는 긴 파장의 UV-A 차단이 더 중요하다. 왜냐하면 UV-A는 거의 흡수되지 않고 그대로 지상에까지 도달할 뿐만 아니라, 그 에너지량도 한낮에 고도가 높을 때보다 훨씬 많다. 한낮에는 대기층의 두께가 상대적으로 얇기 때문에 UV-A는 물론 UV-B도 거의 흡수되지 않고 그대로 지상까지 도달하지만 UV-A의 경우 그 위험 스펙트럼의 에너지량이 낮 동안에는 아침과 저녁에 비하여 훨씬 적다. 그러므로 한낮이나 여름철 같이 태양의 고도가 높을 때에 사용해야 하기 때문에 썬스크린 제품은 주로 UV-B 차단 쪽에 초점을 맞추어 조제하고 있다. 그러나 UV-A 자체도 피부에 손상을 가져다 주므로, 자외선 차단제품은 UV-A와 UV-B 모두를 차단해 주는 제품이 우수한 것이라고 할 수 있다.

■ PFA

UV-A를 차단하는 지수는 PFA(protection factor of UV-A)로 나타내며, 보통 PA^{+}, PA^{++}, PA^{+++}로 표기한다. +(one plus)는 자외선 차단제를 바르지 않은 경우에 비해 2~4 미만으로 차단효과 있음, ++(two plus)는 4~8 미만으로 차단효과 강함, +++(three plus)는 8 이상으로 차단효과 매우 높음을 나타낸다.

$$PFA(PA) = \frac{\text{자외선 차단제를 사용했을 때 최소흑화량(MPPD)}}{\text{자외선 차단제로 사용하지 않았을 때 최소흑화량(MPPD)}}$$

chapter 17

피부관리에 사용되는 성분, 약초, 천연팩

Ingredient of Herb & Natural Pack

1. 성분

1) 캄퍼

캄퍼(kampfer) 나무에서 얻어지고, 기름이나 알코올에 용해되며, 혈액순환을 촉진하고, 살균 작용과 소양감을 진정시키는 작용을 한다. 지성, 여드름 피부의 화장품 성분으로 이용된다.

2) 하마멜리스

하마멜리스(hamamelis)에서 얻는 탄닌 계통의 물질로, 대표적인 천연 수렴제이다. 모공수축을 위해 여드름 압출 후 많이 사용되며, 모공수축, 진정 및 상처 재생작용도 한다.

3) 리포좀

세포막의 구조와 같은 인지질로 이루어진 작은 공 모양의 입자이며, 이 작은 입자 속에 수분이나 유효성분이 함유되어 있다. 이 입자는 유효성분들을 피부 속에 운반해 주는 역할을 한다. 즉 피부의 지방이 리포좀(liposom)의 인지질 성분을 깨트리게 되면, 입자 속의 유효성분들이 경피에 흡수되는 것이다. 리포좀이 함유된 제품은 젤 상태이거나 유분이 아주 적은 액상타입이다. 리포좀 성분은 노화 피부나 건성 피부에 아주 효과적이다.

4) 알란토인

알란토인(allantoin)은 곡물 배아, 밤나무 껍질 등에서 추출한 성분으로 상처를 빨리 치유시키는 재생 작용을 하므로 노화 피부, 일광 후 손상된 피부 등에 사용한다. 또한 죽은 각질제거 목적으로 사용하면 거친 피부가 부드러워진다.

5) 사포닌

사포닌(saponin)이라는 이름은 라틴어 Sapo(Soap)에서 유래되었으며, 비누와 비슷한 작용을 하며 된장 또는 차를 끓이거나 나물을 삶을 때 거품이 일어나는 것은 바로 사포닌 성분의 작용 때문이다. 사포나리아 뿌리, 도라지, 인삼, 대나무, 덩굴차, 침엽수 등에 많이 함유되어 있고, 습진이나 피부종양을 빨리 치유시키는 작용을 한다.

6) 탄닌

참나무, 솔잎, 감 등의 떫은맛의 성분으로 알카로이드에 속하는 천연 수렴 성분이며 차에도 탄닌(tannin) 성분이 있다. 하마멜리스와 마찬가지로 모공이 큰 피부의 아스트린젠트 성분으로 주로 화장품에 사용된다.

7) 클로로필

클로로필(chlorophyll)은 식물의 엽록소 성분으로서 냄새를 제거하는 작용과 상처를 치료하는 작용을 한다. 화장품 색소 또는 여드름 피부용 화장품 성분으로 사용된다.

8) 비타민 A

수용성으로 한선, 피지선 분비의 원활한 작용을 도와 피부를 촉촉하고 부드럽게 하며 건성, 노화 피부의 정상화를 돕는다. 계란 노른자, 뱀장어, 우유, 버터, 당근, 무우, 파슬리, 시금치, 토마토, 호박, 바나나 등에 많이 함유되어 있다.

9) 비타민 B_6

수용성으로 피지 분비 억제 작용을 하며 여드름, 비듬 치료제 등으로 이용된다. 소고기, 돼지고기, 햄, 쌀겨, 밀가루 등에 많이 함유되어 있다.

10) 비타민 B

수용성으로 피부 저항력을 강하게 하고 피부를 윤기 있게 해준다. 비타민 B가 부족할 때는 살갗이 트고, 신경의 피로가 쉽게 온다. 난황, 소시지, 우유, 무우잎, 바나나, 완두콩, 메밀가루 등에 많이 함유되어 있다.

11) 비타민 B_2

수용성으로 일광에 강해지고 혈액순환을 원활하게 하며 피부의 신진대사를 촉진시켜 피부를 싱싱하게 한다. 우유, 치즈, 소고기, 꽁치, 연어, 시금치, 양배추, 토마토, 오이, 김, 호박 등에 많이 함유되어 있다.

12) 비타민 D

유용성으로 피부의 새로운 세포형성을 돕고 칼슘과 인 대사를 원활하게 한다. 버섯, 간유, 계란노른자, 버터, 우유 등에 많이 함유되어 있다.

13) 비타민 C

아스코르브산(ascorbic acid)을 비타민 C라고 하며 백색 결정체로 물에 쉽게 녹는다. 이 비타민의 결정은 건조한 상태에서는 안정적이나 수용액 내에서는 공기, 열, 빛, 구리나 철과 같은 금속에 의해 쉽게 파괴된다. 알칼리성에 약하나 산성에는 비교적 강하다. L-ascorbic acid는 융점이 190~192℃이고 신 맛(산미)을 내는 백색 또는 약간 황색을 띤 결정인데 물과 알코올에는 녹으나 벤졸, 에테르, 그 외 유기용제에는 녹지 않는다. 비타민 C의 중요한 성질은 요오드, 과산화수소 같은 완화한 산화제에 의하여 쉽게 산화되어 산화형 비타민 C로 되고 약한 환원제 즉 유화수소, 씨스테인 및 글루타치온 등에 의하여 환원되어 L-ascorbic acid로 돌아가는 것이다. 이 산화환원 반응은 생체 내에서도 가역적으로 진행될 수 있는 것이고 생리학적으로 중요한 의미를 갖는다.

기능으로는 세포 간 결합체로서 세포와 세포의 관계를 유지해 주는 교원섬유(collagen)의 생성, 모세혈관벽, 치아의 상아질, 연골, 뼈 등의 발육과 유지에 관여한다. 이들은 교원섬유의 생성량에 좌우되며 아스코르브산의 역할이 중요하다. 또한 철분이 쉽게 흡수되도록 위장관 안에서 제2철을 제1철로 변화시키고, 골수 내에서 적혈구를 생성하며, 염산과의 상호작용과 페닐알라닌 및 티로신 등의 아미노산 대사 및 콜레스테롤로부터 스테로이드 호르몬의 합성에도 관여한다. 비타민 C의 산화는 그 수용액을 공기 속에 방치할 때에도 일어나고 pH 5.0 이하의 산성에서는 천천히 가역적으로 진행되나 중성이나 알칼리성에서 더욱 분해되어 변화하는 것은 불가역적이다.

아스코르브산의 급원은 주로 신선한 과일류와 채소류에 많이 함유되어 있다. 오렌지, 귤, 포도, 레몬, 토마토와 양배추, 시금치 같은 잎이 많은 야채류 등은 좋은 급원체이다. 감귤류와 딸기류는 아스코르브산을 많이 함유하고 있다. 우유는 아스코르브산 함량은 적으나 저온살균법(pesteurization)에 의하여 더 많이 감소된다. 보통 신선한 채소와 과일 내에 함유되어 있는 비타민은 오래 저장되면 될수록 감소된다. 신선한 채소나 과일을 냉장고에 저장하는 것도 비타민 C를 잘 보존할 수 있는 방법이다.

14) 레티노이드

레티노이드는(retinoid, Vitamin A acid)비타민 A를 화학적으로 원소와 결합시킨 것으로 화장수, 크림, 젤 형태로 되어 있다. 피부과에서 아크네 치료를 위해 주로 사용되며, 피부 화장품과 모발 제품에도 사용되나 용도는 제한되어 있다.

(1) 레티노이드의 특징

① 표피층의 새 세포 형성을 촉진시킨다.
② 피부의 각질층을 빠른 속도로 떨어지게 해 준다.
③ 모낭에 막힌 피지, 각질 등을 모공 밖으로 밀어내어 모낭의 통로를 자유롭게 해준다.
③ 막혀 있는 모낭의 피지를 피부 밖으로 밀어내게 되는 치료 초기 단계에는 아크네가 더 활동하게 됨으로 환자는 초기에 더 악화된 현상을 느끼나, 점차적으로 치유됨을 느끼게 된다.

(2) 효과

- 이 치료법은 거의 항상 강한 홍반현상과 각질현상을 동반한다.
- 레티노이드를 투약하면 피지샘 분비가 적어지고, 아크네 발생 시 나타나는 몇 배로 커진 피지샘의 크기가 축소된다.
- 임신한 사람에게는 투약을 금하는데 이유는 약물의 부작용을 일으키거나, 자궁 속에 태아에게 해를 입히게 되기 때문이다.
- 인체 내부에 사용하든 외부에 사용하든 레티노이드 처방법은 약 8~12주 걸리며 의사의 지시 아래 행해야 한다.

15) 호르몬

호르몬(hormone)은 신체기관 구성물질 중 내분비선에 생산되는 물질로서 각 기관의 기능을 자극 또는 조절한다. 내분비선에서 만들어져 거기서 직접 혈액으로 보내져 각 신체에서 호르몬 작용을 한다.

피부미용에 특히 관련 있는 호르몬은 성호르몬이며, 실제로 노화과정에서 성호르몬은 저지하기 어려울 정도로 감소한다는 것이 학술적으로 증명되었다. 성호르몬이 감소되면 다음과 같은 노화현상이 나타난다.

① 피부가 위축된다.
② 결합조직이 탄력성을 잃는다.
③ 각질화 과정이 촉진된다.

이런 이유로 화장품 회사들은 관리 제품에 여성호르몬(estrogen)을 첨가하여 제조한다. 여성호르몬은 배란주기를 억제시키며, 또한 많은 경우 아크네 치료에 효과적이라는 것이 입증되었다. 여성호르몬이 함유된 제품을 부분적으로 피부에 적용했더니 적용한 부분에만 효과가 나타났으며, 적은 양의 여성 호르몬은 부작용이 없었다.

■ 여성호르몬 사용 시

- 장점
  ① 진피층 내의 유두층 형성이 좋아진다.
  ② 새 세포생성이 왕성해짐으로 세포 수가 증가한다.
  ③ 피부에 많은 수분과 유분을 만들어 준다.
  ④ 호르몬 함량이 높은 것은 신중하게 사용한다.
- 부작용
  ① 여성의 경우 생리주기가 불규칙해진다(기미현상).
  ② 남성의 경우 모발성장 촉진제로 여성호르몬을 투여했을 시 여성처럼 지방조직이 발달된다.

16) 피토호르몬

Phyto란 말은 그리스어로 식물(plant)이라는 뜻이며 식물도 호르몬을 분비하며 식물의 성장과 발육에 관여한다. 식물 호르몬에는 창상(상해)호르몬, 성장호르몬, 쇠약호르몬, 식물의 성호르몬 등이 있다. 창상호르몬을 아니카(arnika)로 바꿔 쓸 수 있는 이유는 화농성의 염증 시 아니카 식물로 싸면 화농성 염증이 가라앉기 때문이다.

식물은 손상을 입으면 창상호르몬을 방어물질로 분비하여, 스스로 상처를 치료하려고 한다. 특히 창상호르몬이 풍부한 식물로는 아니카, 금송화, 질경이 등이 있으며, 염증을 완화시키고 조절해 주는 작용을 한다. 식물의 성호르몬(phytohormone)은 재생 크림 성분으로 아주 탁월하다.

■ 효과

① 세포 재생
② 보습력을 높여준다.
③ 원기를 회복시켜 주고, 치료효과가 있다.

피토호르몬을 많이 함유하고 있는 식물은 홉, 토끼풀, 버들가지, 밀배아, 아니카 등이 있다.
아니카는 혈액순환을 촉진시켜 주며 마사지 크림, 모발용 화장수 등의 성분으로 사용된다.

17) 콜라겐

① 결합조직의 중요한 구성요소이며 호르몬과 관계가 있다.
② 교원질에 속하는 단백질 물질이다.
③ 용해성과 비용해성으로 분류된다.

용해성 콜라겐 → 천연콜라겐 / 태반추출 콜라겐(Embryo)

비용해성 콜라겐 → 나무껍질의 젤라틴

■ 태반 추출 콜라겐의 효과(화장품 제조 시 많이 사용)

① 섬유아세포의 재생을 도와 콜라겐 섬유의 결합을 증가시킨다.
② 피부의 탄력성과 긴장감을 개선한다.
③ 피부세포의 수분 결합력을 개선한다.
④ 노화된 피부와 빛에 손상된 피부에 특히 적합하다.

18) 엘라스틴

엘라스틴은 단백질로 결합조직의 탄력섬유 구성요소이며 탄력유지를 해주는 섬유이다. 특히 엘라스틴을 많이 함유하고 있는 기관은 혈관과 간이다. 탄력섬유와 교원섬유는 피부에 아주 밀접하게 연결되어 결합조직의 팽창과 수축에 관계한다.

엘라스틴은 그 자체가 매우 작아 현미경으로만 관찰이 가능하며, 지나치게 팽창되면 끊어지거나 찢어질 수 있다(예, 임신 중 결합조직의 엘라스틴 섬유가 손상되면 하얀 줄이 생긴다. striae 현상, 팽창선조현상, 선조증). 엘라스틴은 저항력이 있는 단백질이어서 용액으로 만들기 매우 어려우며, 엘라스틴과 콜라겐을 서로 혼합하여 제품을 만들면 더 효과를 얻을 수 있다.

19) 플라센타

플라센타(placenta, 태반)는 내분비선에서 만들어지는데, 특히 임신이 되면 양이 늘어난다. 자궁점막은 노란색 신체 호르몬 작용에 따라 변화되고, 태아가 잉태되고 나서 플라센타가 형성되어 성장한다. 플라센타는 태아를 성장하게 해 주며, 태아는 탯줄로부터 생명유지에 필요한 영양소를 공급받는다. 태반에는 효소, 비타민, 포도당, 유지방, 아미노산, 무기염, 미량원소(미량이지만 생물에 필수 불가결한 요소) 등 플라센타를 포함하고 있다. 플라센타는 수용성과 지용성으로 시중에 나오며 각각의 용액에서 용해된다. 수태 3개월 된 양, 송아지, 돼지 등에서 플라센타를 추출하여 약 3~5%가 화장품에 사용된다. 플라센타는 혈관을 활성화시켜 주고 피부의 신진대사를 자극시키므로 노화된 피부, 혈액순환이 되지 않는 피부, 여드름 피부에 효과적이다.

20) 천연 보습인자

피부의 친수성분으로 수분보유량을 조절하는 가장 이상적인 물질이며, 1950년대 독일의 야코디(Jakodi)가 발견하였다. 젊은 피부가 높은 수분결합력과 훌륭한 보습력을 지니고 있는 것은 피지막의 수분증발 억제작용과 각질층의 수분 보유 능력을 가지고 있기 때문이며, 각질층으로부터 특성성분을 빼면 각질층도 흡습성을 잃게 되는데 이러한 수용성 흡습물질을 NMF이라고 한다.

노화 피부는 수분함유 기능이 저하되어 손실을 보인다는 것이 인식된 이후로 현대 화장품 개발업체는 노화억제를 위해 특수한 성분을 발견하였는데, 이것이 천연 보습인자이다. 피부를 부드럽고 유연하게 하기 위해선 수분공급이 필요하고, 보습인자는 수분에 의해 만들어지게 된다.

보습인자는 적은 양을 공급해 주어도 피부에 많은 양의 천연 보습 함유 능력을 얻게 해 준다. 흔히 천연 보습인자를 NMF(Natural Moisturizing Factor)라고 하며, 아미노산, 암모니아, 케라틴, 탄산, 요소, 요산, 젖산, 염기산, 마그네슘이온, 칼슘이온, 나트륨과 칼륨이온, 인산이온, 염소이온 등의 성분을 결합하고 있다.

■ NMF의 특징

① 케라틴에 자연적으로 수분을 공급하여, 피부각질층 보습력을 정상화시킨다.
② NMF는 피부의 유분과 함께 피부의 피지막을 형성한다.
③ 피부의 보습력을 증가시켜 피부표면에 탄력성을 부여한다.
④ 내 · 외적으로 공급되는 물질(영양, 공기, 물)에 의해 생성되는 수분이 거의 대부분이다.
⑤ NMF중 1/5은 땀에서, 4/5는 표피층의 구성 세포 물질과 각화과정 중 만들어진다.
⑥ 인공 보습인자는 주로 젖산의 나트륨염, 여러 가지 아미노산 그 외 수분을 함유하고 있는 물질인 소비트(Sorbit)로 만들어진다.

2. 약초

1) 우엉

줄기의 성숙도로 1년산과 2년산을 구분하는데, 1년산보다 훨씬 숙성한 모양을 하고 있는 2년산 우엉의 암갈색의 통통한 뿌리를 이른 봄에서 5월 초순 사이나 늦은 가을 때쯤 수확하게 된다. 수거한 뿌리는 깨끗이 물로 씻어 건조한 방에서 말리거나, 인위적으로 50℃가 넘지 않게끔 하여 전기오븐에 넣어 건조시킬 수도 있다. 1차로 말린 우엉의 뿌리는 강력한 수분흡수력을 갖고 있기 때문에 보관할 때 역시 건조하고 통풍이 잘 되는 곳에 보관하는 것이 요구된다.

두피와 모발보호를 위하여 우엉뿌리 기름은 옛날부터 사용되어 왔는데 기름으로서뿐만 아니라 알코올 또는 물을 첨가하여 다양하게 사용한다. 피부 청결제 또는 여드름 방지를 위해 특히 좋다.

2) 당아욱

6월 후반부터 9월 사이 꽃이 피기 시작할 때 꽃잎을 따서, 아주 건조한 날씨일 때 꽃잎을 하나씩 넓게 펴서 그늘에 두어 말린다. 잎사귀는 별도로 썰어서 꽃잎과 같은 방법으로 건조시키면 된다. 보라색을 띠는 꽃잎은 학명이 Flares Malvae Silvestris이고, 잎사귀는 학명이 Folia Malvae이다. 부드럽게 하고 완화시키고 진정시키는 당아욱의 특성상 피부미용에서도 다방면으로 사용되고 있는데 예민하거나 건성인 피부에 특히 좋다. 식물성 즙액, 에테르 유지 성분 이외에 수용성 보랏빛을 띄고 있는 색소, 즉 말빈(Malvin)은 피부미용에 특별히 활용되고 있다.

3) 멜리사

1년에 두 번 6월과 9월에 땅 바로 위에서 가지를 잘라 꽃다발을 엮어 거꾸로 세운 다음 사람이 잘 다니지 않는 건조한 곳의 높은 곳에 걸어 말린다. 가장 적합한 장소로는 음식이나 채소를 보관하는 창고가 좋다. 실외에 놓아두면 잎사귀가 금방 주황색으로 변색되는데 그렇게 되면 쓸모가 없어진다. 꽃이 마른 뒤에 잎사귀를 줄기에서 떼어내는데 수거된 잎사귀는 절대로 금속류와 마찰되어서는 안 되고, 종이상자에 보관하는 것이 제일 좋다.

멜리사의 학명은 Folia Melissae이다. 긴장완화 효과를 가지고 있는 레몬 향기의 성분은 멜리사잎이 가지고 있는 에테르유(Oleum Melissae)에 기인한다. 이 외에도 멜리사는 고유의 향기 성질을 보유하고 있을 뿐만 아니라 염증완화, 피부항암에 좋고 알레르기를 억제하는 기능을 갖고 있다. 고대로부터 구전되어 오는 이 멜리사의 성질은 현대 의학계에서 여러 임상실험을 거쳐 그 기능이 입증되고 있다.

4) 박하

열매를 맺기 직전의 박하잎 속에 함유된 에테르유의 양이 제일 많다. 해마다의 날씨에 따라 차이가 있긴 하지만 6월부터 8월 사이에 박하가 열매를 맺기 때문에 수거하기에는 5월이 제일 좋다. 햇빛이 박하잎 속의 에테르에 깊은 영향을 주기 때문에 수거할 때에 특히 날씨를 보아 맑고 화창한 날에 수거해야 한다.

땅 바로 위에서 가위로 가지를 자르고 나서 싱싱하지 않은 잎사귀를 모두 제거한 다음 대바구니처럼 통풍이 잘되는 그릇에 담아 운반해야 한다. 박하잎의 에테르유는 비닐류와 접촉하면 변질되기 쉬우므로 운반할 때 플라스틱 제품으로 포장하거나 접촉하는 것은 금물이다. 운반한 다음, 조그마한 다발로 엮어 거꾸로 세워 야채를 보관할 수 있는 건조한 곳에서 말린다.

건조가 되면 마른 잎사귀를 줄기에서 떼어내게 된다. 박하의 학명은 Folia Menthae Piperitae이다. 박하의 특성인 상쾌감, 긴장 이완력, 청결함, 세척력, 그리고 혈액순환력으로 인해 약초미용에서 빠뜨릴 수 없는 식물이다. 구강청결제, 머리 감는 샴푸, 피부보호제 등 거의 모든 미용제품에 이 박하유가 첨가되어 있다.

5) 장미

건조하고 해가 활짝 개인 날 만개한 장미의 꽃잎을 조심스럽게 딴다. 수거된 꽃잎은 하나씩 공기가 잘 통하는 넓은 바구니 위에 펴서 그늘진 곳에서 말리게 된다. 말려진 장미꽃잎의 학명은 Flores Rosae Centifolae이다.

고효능 화장품을 생산할 때 장미유와 장미수는 빠뜨릴 수 없는 원료 중의 하나이다. 이것들이 가지고 있는 특유의 향기 때문이기도 하지만 피부치료 작용 또한 인정을 받기 때문이다. 귀한 장미유를 얻기 위해서는 장미잎을 수증기로 정제해야 하는데 이 과정에서 부산물로 장미수가 나오게 된다. 장미수는 피부를 아름답고 매끄럽게 하며 탄력과 생동감도 주기 때문에 화장품 제조에서 많이 사용되고 있다. 또한 장미수의 독특한 맛 때문에 편도과자나 사탕을 만들 때 재료로 첨가되기도 한다.

장미유의 주요 생산국은 불가리아와 프랑스인데 1kg의 장미유를 얻기 위해서는 3,000kg의 장미잎이 필요하기 때문에 천연 장미유는 비쌀 수밖에 없다. 이 천연 장미유는 몇 방울, 또는 몇 그램 단위로 시중에서 구입할 수 있지만 대부분 천연 장미유와 거의 비슷한 효과를 낼 수 있는 합성 장미유로 대체하고 있다.

6) 로즈마리

로즈마리의 잎사귀(Folia Rosmarini), 꽃(Flores Rosmarini), 그리고 열매(Herba Rosmarini) 모두가 충분한 에테르유를 함유하고 있는데 그 주성분은 피넨, 장뇌, 코네노엘, 보르네오엘 등이다. 이 유지는 일조의 양에 따라서 좌우된다. 장소에 따라 차이가 나긴 하지만 대체적으로 4월에서 5월 하순까지 꽃이 피게 되는데, 이때 건조하고 청명한 날씨를 골라 꽃줄기를 수거하게 된다. 가지를 하나씩 거꾸로 세워 그늘진 곳에 걸어 말린 다음 다 건조된 후에 잎사귀와 꽃은 가지에서 분리한다.

민속적으로 로즈마리는 신부의 꽃 또는 결혼의 꽃이라 불릴 정도로 신화와 전래되는 이야기 속에서, 사랑, 결혼, 출생, 아름다움을 상징하는 심볼로서 자주 등장되는 매체이기도 하다. 고전 신화에서의 로즈마리는 사랑과 미의 여신 아프로디테로부터 축복을 받는 식물로 나오고 그런 연유로 행복감에 도취해 있는 새 신부는 로즈마리 화환으로 몸치장을 하고, 새로 태어난 아기에게는 행운과 기쁨을 기원하며 조그만 로즈마리 꽃다발을 손에 쥐어주는 풍습이 있다. 중세 때에는 사랑의 마술사라는 칭호를 받기도 하였다.

16세기부터 로즈마리가 미용제품으로 애용되기 시작하였다. 그 당시 화장품들은 비교적 단순하여 안의 내용물이 수요자들에게 알려졌는데, 로즈마리는 특히 혈액순환 촉진력과 피부 활성력으로 많은 사람들에게 인기가 있었다. 특히, Aqua Reginae Hangaricae라는 세안수는 역사상 제일 사랑받는 화장품이라는 기록을 남기기도 했다.

7) 셀비어

셀비어는 기후에 따라 차이가 있기는 하지만 정원에서 6, 7월에 꽃이 피는데, 꽃이 피기 바로 직전에 수거해야 한다. 먼저 가지 전체를 땅 가까이에서 자른 다음에 조심스럽게 잎사귀를 하나씩 떼어낸다. 떼어낸 잎사귀는 통풍이 잘 되는 바닥 위에 뿌려서 그늘진 곳에서 말리게 되는데 가끔씩 뒤집어 준다. 야생 셀비어도 위와 같은 방법으로 건조시키고, 이 건조된 셀비어 잎사귀는 학명으로 Folia Salviae라 불린다. 셀비어잎 속의 에테르유와 장뇌는 피부미용 특히 여드름에 좋은 성분이 많이 들어 있다. 특히 피지선의 활동을 완화시키고, 염증을 완화시키며 피부를 정화하기도 한다.

예전에는 잇몸에 피가 날 때 싱싱한 셀비어 잎사귀로 잇몸을 문지르면 치유되었고, 피부가 갈라지거나 가려움증, 몸에서 악취가 날때, 취침 중에 땀을 많이 흘릴 때 셀비어잎 가루를 타서 목욕하기도 했다. 지금은 의약품이 발달되어 겨드랑이에 냄새가 날 경우 겨드랑이 향수제를 간단히 사용하는데, 겨드랑이 향수제의 화학적 성분은 일시적으로 악취를 없애주지만 셀비어잎으로 목욕하면 악취를 내게 하는 요인을 근본적으로 치료하게 된다.

8) 창질경이

질경이의 잎사귀는 5월 초부터 8월 말 사이 꽃이 막 개화할 무렵, 그러나 씨가 아직 여물기 전에 수확한다. 수확된 잎사귀는 통풍이 잘되는 바닥 위에 놓아 그늘에서 말린다. 너무 촘촘히 놓아 두거나 사람의 손길이 너무 자주 닿으면 쉽게 검은색으로 변하게 되므로 주의해야 한다. 건조 작업이 끝난 후에 변질되지 않은 채 초록색으로 남아 있는 것만 이용이 가능하다. 질경이 잎사귀의 학명은 Folia Plantaginis Lanceolate이다.

질경이차의 약효로서의 기능은 무엇보다도 잎에 포함된 탄닌과 유사한 성분인 에테르유, 엽록소, 점액소, 비타민 A와 C, 철분, 석회 그리고 응결효소에 기인하고 있다. 질경이 잎의 피부 미용학적 기능은 모공수축, 염증 완화 그리고 부패 방지이다. 그리하여 피부미용학적으로는 청결하지 못한 피부, 유분이 많은 피부 그리고 여드름이 많은 피부를 위하여 이상적인 식물로써 인정받고 있다.

9) 백리향

날씨와 장소에 따라 차이가 있긴 하지만 백리향은 일반적으로 5월 중순에서 9월 중순 사이에 개화하게 된다. 특히 양질의 백리향이 자라는 고원지방에서는 조금 늦은 6월 하순부터 꽃이 피지만 지중해 연안 지방에서는 대부분 5월 중순에 거의 꽃을 피운다. 수확은 개화가 되었을 때 따뜻한 날을 잡아 하게 되는데 가지째 잘라서 다발을 엮어 그늘진 곳의 높은 곳에 걸어 말린다. 건조된 후에 꽃과 잎사귀를 가지에서 분리시킨다. 백리향의 학명은 Herba Thymi이다.

피부가 기름진 사람, 피부가 청결치 못하고 여드름이 많은 사람은 싱싱한 백리향 잎사귀로 양념한 음식을 먹으면 효과가 좋다. 백리향유는 소독기능이 있어 내복용으로나 외부 사용으로 효과가 있고 깨끗한 피부를 가꾸기 위한 자연치료법으로 아주 좋다. 보통 병원 내에서는 티몰의 성분 때문에 백리향이 처방되기도 하는데 아주 미량으로 처방된다. 그 이유는 과다복용하면 인체에 치명적일 수 있기 때문이다. 미량의 백리향을 복용하면 염증방지, 수축방지에 효과적이고, 조금 더 많은 양을 쓰면 통증을 가라앉게 하지만 6g 이상 대량으로 복용하면 치사할 수도 있다. 그리고 백리향유에서 추출된 에테르유가 일반적으로 모든 피부에 부작용 없이 쓰이지 않는다는 것이 증명되었다. 이 백리향의 에테르유는 두 가지 얼굴을 가지고 있어 적당량을 쓰게 되면 큰 효과를 볼 수 있지만 잘못 쓰면 피부를 상하게 하는 결과를 가져올 수 있다. 그래서 백리향유가 함유된 제품을 쓸 때에는 반드시 패치 테스트를 한 다음 사용해야 한다.

10) 산사나무

산사나무의 꽃은 5월 중순에서 6월 중순 사이에 피기 시작하는데 이때 수거가 된다. 꽃이 달린 가지 밑둥을 잘라 통풍이 잘되는 그늘진 곳에 거꾸로 걸어서 말리게 된다. 꽃의 열매와 마찬가지로 잎사귀도 약초의 훌륭한 재료가 된다. 건조가 되면 꽃과 잎사귀를 줄기에서 떼어내게 된다. 산사나무의 꽃은 학명으로 Flores Crataegi이고 잎사귀는 Folia Crataegi이며 꽃과 잎의 혼합물은 Folia Crataegi Cum Floribus이라 불린다.

약초로 쓰이는 풀이나 나무는 그 생김새나 향기로써 어떠한 효과를 가지고 있어 어떤 치료에 효과가 있는지 추측이 가능한데 로즈메리의 향기는 집중력과 활성화에 도움이 되고 장미의 은은한 향기는 불안감을 완화시켜 주며 박하의 상쾌한 향내를 맡으면 적극성이 증진된다. 산사나무에서 우리는 부드럽고 달콤한 향을 맡을 수 있고 새하얀 산사나무의 꽃에서 다정다감한 느낌을 받을 수 있는데 약효 면에서도 이와 다르지 않다. 산사나무의 즙은 우리 피부를 부드럽고 감성적으로 풍부하게 만들어 주는 효과가 있다.

11) 속새

속새나무를 습기찬 땅에서 수거하게 되면 알카로이드 독성을 형성하는 속새 나무에 기생하고 있는 버섯에 오염되므로 각별히 유의해야 한다. 이 버섯에 감염이 되면 줄기에 녹이 슨 듯한 고동색 반점이 생기게 된다. 건강한 나무는 땅 가까이에서 가지를 쳐서 한 개씩 개별적으로 그늘진 곳에 거꾸로 매달아 건조를 시키게 된다. 건조가 된 후 색깔이 초록색이 유지되어야 제대로 건조가 된 것이며 고동색이나 노란색으로 변질된 것은 젖은 땅에서 수거가 된 것이기 때문에 추려서 제거해야 한다.

속새나무는 학명으로 Herba Eguiseti이라 불린다. 속새나무는 규산이 풍부한 식물인데 규산의 함수성과 휘발성은 피부표면의 결체조직을 고정시켜 주는 역할을 하고 피부 내의 혈액순환을 더욱 증가시키며 모공을 수축시켜 주는 작용을 한다. 피부의 염증, 여드름, 이 속새나무는 피부의 청결에도 아주 놀라운 기능을 가지고 있다.

12) 아니카

6~8월 화탁 없이 만발한 꽃잎을 뜯는다. 단 맑은 날에만 오렌지빛 꽃잎을 뜯어야 하는데 이유는 태양이 비칠 때 꽃잎 속의 정유량이 최고이기 때문이다. 수거한 신선한 꽃잎은 광주리 바구니 또는 종이에 넣어 실내 온도 정도의 따뜻한 곳에서 건조시킨다. 어떤 경우이든 절대로 햇빛을 쏘여서는 안 된다.

혈액순환이 잘 안되고 지저분한 피부에 아니카 꽃잎 한 줌을 끓는 물에 첨가하여 수증기(스팀)를 쏘이면 아주 효과적이다. 또한 아니카 꽃잎에서 화장품을 제조할 수 있는 오일과 알코올 추출물을 얻을 수 있으며 이것은 생물학적으로 가치 있는 기본성분이다. 아니카 추출물은 혈관의 혈액순환을 촉진시켜 피부는 촉촉해지고 자극을 받게 되고, 염증이 가라앉게 된다. 또한 아니카 오일로 건조하고, 각질이 일어나고, 염증이 진행되는 피부에 수분 공급을 해 주는 탁월한 크림을 만들 수 있다. 아니카 꽃의 알코올 추출물은 피부의 생기와 활력에 최고로 좋은 성분이다.

13) 카모마일

카모마일은 6월에서 8월 사이에 꽃이 피는데 일반적으로 두 번 개화한다. 9월에 날씨가 화창하면 수거가 가능한데 건조하고 해가 나는 날을 선택해서 꽃봉우리가 반쯤 개화했을 때 수거하게 된다. 이때 혀 모양의 꽃잎 사귀는 수평모양인데 안쪽으로 말려가지 않도록 한다. 아래 2cm 아래쪽을 가위로 자를 때 너무 밑둥을 자르면 다음 해에 꽃이 피지 않게 되니 주의해야 한다. 수거한 후 통풍이 잘되는 대발 위에 널어 그늘에서 말린다. 가끔씩 꽃봉오리를 뒤집어 주고, 골고루 잘 건조된 후 꽃봉오리와 부드러운 흰색의 잎사귀를 가지 부분에서 떼어 낸다.

카모마일이 갖고 있는 특유의 치유력은 에테르유, 고무, 왁스, 유지 그리고 조직산에 기인한다. 일명 Chamazulen이라고 불리는 유명한 카모마일유는 꽃에서 추출하는 귀중한 치료성분이다. 순수천연 아줄렌(azulen)성분은 구하기가 어렵고 또 비싸서 이 성분이 포함된 피부미용 제품을 만들 땐 유사 가공된 성분을 투입하는 것이 일반적이다.

그럼에도 불구하고 유사 가공된 아줄렌 성분의 기능은 순수 아줄렌의 그것과 차이가 없고 순수 천연 성분을 투입한 것만큼 비싸다. 카모마일 꽃이 가지고 있는 특유의 자극완화, 냄새 제거, 진정, 안정 등의 기능 때문에 약초미용에서는 빼놓을 수가 없는 식물이며, 목욕비누, 보습제, 도포제, 방향제, 피부 영양크림, 머리 린스제에도 카모마일 꽃은 필수적인 첨가제이다.

3. 천연팩

1) 당근팩

당근의 풍부한 카로틴(비타민 A)은 피지 분비를 원활하게 해준다.

사용법 : 당근즙 5ts + 꿀 1ts + 밀가루

2) 요구르트팩

요구르트 속의 유산균은 피부 미백효과를 부여하고 지성 피부에 좋다.

- 사용법: 요구르트 6ts + 밀가루

3) 양상추팩

파셀리나 양상추는 피지 분비가 많은 지성 피부에 좋다.

- 사용법: 으깬 양상치 + 밀가루

4) 딸기팩

딸기 속에 있는 풍부한 비타민 C는 멜라닌 세포 증식작용을 억제시켜 피부를 희게 해 준다.

- 사용법: 적당량 으깬 딸기(물기를 뺀 상태) + 분유 3ts

5) 포도팩

딸기와 마찬가지로 풍부한 비타민 C를 함유하고 있어 멜라닌 세포 증식작용을 억제시켜 미백효과를 부여한다.

- 사용법: 껍질과 씨를 빼내서 으깬 포도 + 식물유 1ts + 밀가루 4ts

6) 알로에팩

햇빛, 화상에 좋으나 독성물질이 있어 임산부나 생리 중인 여성은 삼가야 한다.

- 사용법: 알로에 젤 6ts + 밀가루(로션 농도)

7) 계란 노른자팩

노른자 속에 레시틴, 콜레스테롤, 비타민 등이 함유되어 있어 지쳐 있는 피부에 좋다.

- 사용법: 노른자 1개 + 우유 3ts + 밀가루 2ts

8) 바나나팩

과일 중에서 바나나는 각종 영양이 많다. 건성 피부, 피로한 피부의 회복을 도와준다.

- 사용법: 강판에 간 바나나 1개 + 요구르트 + 우유를 희석하여 밀크로션 농도로 만든다.

9) 오이팩

자연팩 중에서 가장 피부 성질과 같으며 약산성을 띠고 있어 부작용도 거의 없고 비타민 C의 산화효소 작용으로 표백효과도 좋다. 오이에는 엽록소, 비타민 C, 각종 무기질이 함유되어 있어 진정작용을 한다.

- 사용법: 오이즙 + 밀가루(약간) + 분유(밀크로션 농도)

10) 해초팩

미역, 다시마, 쑥에는 각종 미네랄이 함유되어 있어 진정, 보습효과가 탁월하다.

- 사용법: 미역이나 다시마를 물에 담가 소금기를 빼고 얇게 썰어 밀가루 2ts을 섞는다.

chapter 18

피부미용실 경영

Skin Care Salon Management

1. 개요

현재 에스테틱 살롱은 단순한 피부미용 서비스를 제공하는 장소에서 탈피하여 트렌드를 리드하고 건강과 아름다움을 책임지며 고객에게 즐거움을 주는 장소로 변모하고 있다. 뷰티산업 중에서도 피부미용 산업은 초고속으로 발달하고 있으며 건강과 아름다움의 중심에서 미래에도 계속 번창하는 고부가가치 산업이 될 것으로 전망된다. 현재 많은 에스테틱 숍이 있음에도 고객 서비스와 질 높고 차별화된 시스템 운영 등의 성공적인 경영으로 계속 창업하는 수가 늘어나고 있다.

1) 피부관리실의 기본경영 시책

① 경영자는 관리실 업무에서 벗어나 사회활동으로 시야를 넓히고 정보화 사회 속에서 정보를 수집하는 선견지명이 필요하다.

② 피부미용, 화장 등 아름다움과 건강에 대해 조언을 하고, 고객을 대신하여 고객의 아름다움을 관리하는 분야이므로 광범위한 지식을 겸비한 뷰티 테라피스트가 될 필요가 있다.

③ 경쟁시대에 타 관리실과 차별화된 특성으로 개성을 창출하는 것이 아주 중요하다. 즉 피부 미용기술, 고객 서비스, 프로그램, 관리실의 분위기 등을 독창적으로 가꾸어야 한다.

④ 피부미용 지식을 토대로 한 사람의 손과 마음의 기술이므로 항상 격조 있는 관리실의 이미지를 만드는 것이 필요하다.

2) 연령에 따른 피부관리 관련 관심사

경영자는 스스로 건강과 미를 선도하는 이미지를 풍겨야 하고, 고객의 마음을 읽는 심리경영을 통해 고객에게 높은 만족감을 주어야 한다.

(1) 10대

- 지성, 여드름 피부인 경우만 스킨케어에 대한 관심을 보인다.
- 수성세안 정도만 한다.
- 마사지, 팩의 필요성을 인식하지 못한다.
- 크림은 겨울 또는 피부가 건조할 때만 사용한다.

- 화장수, 밀크로션 정도를 사용하고 있다.
- 포인트 메이크업과 가벼운 화장을 한다(이에 따른 피부관리 중요성과 인식에 대한 교육이 요구된다).

(2) 20대 초반

- 피부에 대해 가장 고민이 없는 미의 세대이다.
- 메이크업을 본격적으로 시작하고, 전반적인 화장에 대한 관심도가 높다.
- 이미지와 디자인 등 표면적 미에 많은 관심을 보인다.

(3) 20대 후반

- 피부 청결과 현재 상태의 피부유지를 위해 노력한다.
- 얼굴에 부분적으로 변화가 생기기 시작하여 부위별 피부상태가 다르게 나타난다.
- 계절 변화에 따라 잔주름과 피부건조가 발생한다.
- 아이크림을 많이 사용하고 있다.
- 본격적으로 스킨케어에 관심을 가지고 관리를 하는 세대이다.

(4) 30대 초반

- 육아와 가사 등 바쁜 생활로 인해 피부관리 및 화장에 대한 관심도가 낮다.
- 잔주름, 기미, 주근깨가 나타나기 시작한다.
- 청결과 현재 피부의 상태를 유지하는 것이 중요하다.
- 피부관리를 소홀히 하여 피부에 문제가 나타난다는 것을 인식하게 된다.

(5) 30대 후반

- 주름과 기미에 대해 많은 고민을 한다.
- 피부가 서서히 건성으로 변하기 시작한다.
- 피부의 투명감이 없어진다.
- 홈케어 관리를 철저하게 하고 주기적으로 마사지, 팩을 한다.

(6) 40대 초반

- 피부노화가 진행되고, 기미와 주름살은 일반적인 고민이 된다.

- 거의 건성 피부 유형이다.
- 메이크업에 대한 관심이 높다.
- 피부가 손상되었음을 스스로 인식하며 피부관리에 대한 목적이 구체적이기 때문에 피부개선 효과가 뛰어난 화장품을 선호한다.
- 홈케어 피부관리를 철저하게 하고, 전문 피부관리에 관한 관심이 높아진다.

(7) 50대

- 탄력성 저하, 피부 위축, 깊고 굵은 주름 등 노화현상이 현저하게 나타난다.
- 40대의 규칙적이며 철저한 홈케어 지향형과 10대의 단순한 홈케어 지향형으로 구분된다.
- 규칙적이며 철저한 피부관리 지향형은 피부관리에 대한 의식이 매우 높으므로, 가격이 고가인 화장품을 사용한다.
- 30~40대가 화장품의 효과를 중요시한다면, 50대는 효과를 중요시하지 않는다.

2. 피부미용실 개업 시 유의사항

살롱을 개업하려면 우선 점포 구입이 가장 시급한 문제이다. 점포를 임대하여 새로 설비를 할 경우 혹은 기존의 살롱을 인수받았을 경우, 그리고 자신의 건물에 설비를 할 경우 등 여러 가지 형태가 있다. 점포를 구입하면 경영자는 운영 시 지켜야 할 미용법규, 사업자 등록, 세금 관계, 성공적인 경영을 위한 제품지식, 판매기술, 필요한 자본 규모 등의 사항을 고려하고 유의해야 한다.

1) 위치 선정

처음 점포를 내서 개인 사업을 해 보겠다고 마음 먹었을 때 무엇보다 중요한 것은 좋은 상권 내에 좋은 위치를 얻는 것이다. 상권이 잘 형성된 곳이란 대단위 아파트 단지 같이 주거 밀접 지역 내의 관리실로 왕래하기가 비교적 쉬워 고객을 다른 지역에 비해 많이 확보할 수 있는 곳을 말한다. 요즘과 같이 주차난이 심할 때 주차할 수 있는 공간을 확보할 수 있는 곳이라면 더욱 좋은 위치라고 할 수 있다.

(1) 에스테틱 살롱 위치 선정 시 고려해야 할 사항

① 가까운 곳에 경쟁 숍이 없어야 한다.

② 주요 도로에서 살롱까지 쉽게 들어올 수 있어야 한다.

③ 교통이 편리해서 많은 사람이 쉽게 왕래할 수 있는 곳이 좋으며 버스, 지하철 등의 이용이 편리한 곳이면 더욱 좋다.

④ 주차시설이 잘 되어 있어야 한다.

⑤ 생활수준이나 패턴이 에스테틱 살롱을 이용할 수 있는 조건인지 살펴 보아야 한다.

이 다섯 가지 조건을 모두 구비하려면 대단히 어렵고, 고가의 임대료나 권리금을 지불해야 한다. 그렇지만 죽은 상권에서의 살롱 운영이란 매우 어려운 일이므로 유의해야 한다.

2) 자본 규모

(1) 자본 및 재정

일반적으로 사업에 있어서 캐피탈(capital)이란 용어를 사용할 때 조직의 순가치(networth)를 생각하게 된다. 크든 작든 모든 사업은 자본을 필요로 하며, 에스테틱 살롱 개업 시 우선적으로 부딪히는 문제는 자본이 얼마나 필요하며, 어디서 얻을 것인가 하는 것이다.

사업을 시작하는 데 얼마나 많은 자본이 필요한가에 대한 필요한 자금을 결정하기 위해 경영자는 필요로 하는 것의 목록을 작성해야 한다. 살롱 설계 시 소요되는 예산된 비용부터 앞으로 경영 시 변화될 내용까지 구체적으로 계획한다.

(2) 건물(부지)

필요한 자금은 현존 건물을 구입할 것인지, 새로운 구조로 세울 것인지, 장기간의 임대 또는 월세인지에 따라 좌우된다.

(3) 선반과 전시 및 내부 시설물

마음 속에 이상적인 살롱을 구상하고 있다면 살롱의 견적을 내기가 아주 간단할 수 있다.

(4) 자본

'자본을 어떻게 끌어들일 것인가'는 에스테틱 살롱의 구조에 따라 다음과 같이 얻을 수 있다.

- 일정 기간 동안의 은행이나 금융투자회사로부터 대출을 받는다. 해당 액수에 따라 응해야 할 요구조건이 있을 것이다.
- 무담보 대출을 받는다.

- 은행에 적당한 담보를 제공하고 당좌 대출을 받는다.
- 저축 또는 그 이전의 사업 등으로 수익된 개인적인 자산을 이용한다.
- 중소기업청으로부터 창업자금을 지원받는다.

(5) 경영상의 자본

경영상 예상되는 비용에 대해 3~6개월 기간 동안 투자할 수 있는 정도의 경제력이 필요하다.

(6) 총 경비 산출

월세 또는 본인 소유의 건물일 경우에는 세금, 봉급, 전기세, 전화, 운송료, 우편요금, 광고, 보험, 사업등록, 청소 기타 등의 매월 필요한 행정적인 비용 혹은 총 경비가 있다. 이러한 목록을 가능한 정확히 산출해서 뽑아본다.

(7) 재고

적당한 상품 재고 없이는 판매를 할 수 없으며, 판매 없이는 총 경비를 낼 수 없을 것이다.

(8) 권리금

무슨 사업이든지 시작하게 되면 기본적인 자본이 투입되는데, 점포 임대료 이외에도 위와 같이 시설비, 초도 물품 구입비 등이 포함된다. 그러나 정작 목돈이 드는 부분은 권리금이 차지하는 경우가 많다. 권리금이란 임대하려는 장소의 상권을 성장시키고 자리잡은 대가로 임차인이 임대인에게 지급하는 돈이다. 동일 업종인 경우에는 시설의 완비와 기존 고객의 확보 등의 장점이 있으나 새롭게 인테리어와 시설을 설비해야 할 경우에는 높은 권리금 이외에 시설비가 따로 포함되어야 한다.

권리금은 장소를 매입하거나 임차하려는 사람이 지불한 것이라고 해서 언제든지 다시 회수하거나 받을 수 있다고 생각하는 것은 잘못이다. 주변의 사업여건이 아주 좋거나 좋아질 가능성이 많다면 문제가 없지만, 쇠퇴하는 지역이라면 다시 되돌려 받을 수 없고 집주인이 권리금을 인정하지 않을 경우엔 더욱 힘들다. 전매자가 권리금을 목적으로 사업이 번성하는 것 같이 보이기 위해 손님으로 가장한 사람을 동원하거나 장부를 조작할 수도 있다.

더욱이 에스테틱 살롱의 경우 원장이 바뀌면 손님이 적어도 1년 이내에 물갈이를 하게 된다. 다시 말하면 원장과 같은 분위기를 좋아하던 사람들이 모였기 때문에 거의 6개월에서 1년 사이 손님이 바뀌게 된다. 따라서 기존의 살롱을 인수할 경우 권리금이란 것은 자리를 잡는 1년 기간 동안 기존의 손님을 받아서 경영하고, 새로운 손님을 받아 사업을 확장시키는 자금을 투자한 것이라 생각하면 된다. 에스테틱 살롱을 인수할 경우 인수 이전에 지불된 티켓은 권리금 이외의 돈이므로 인수받은 날 이후의 것은 분명 계산해야 함에도 불구하고 많은 경우 인수자가 떠맡게 되어 이중으로 손해를 보는 경우가 많다.

3) 점포 계약 시 꼭 확인할 점

사업장소를 구입하기 전에 마음에 드는 곳이 발견된다면 기존에 에스테틱 살롱이었다 하더라도 미리 건물 주소를 알아 등기부 등본을 떼어 열람을 해보는 것이 좋다. 등기부 열람은 거래나 계약에 있어 꼭 필요하고 반드시 확인해야 할 사항이다. 등기부 열람은 관할 구역의 등기소에서 열람할 수 있으며, 사본을 발급받을 수 있다. 토지, 가옥 등기부에는 건물의 위치, 주소, 용도와 구조, 소유주, 그 동안의 매매과정, 최종 소유주, 취득연월일, 압류나 근저당 설정, 가등기 등 모든 사항이 나타나 계약 시 위험을 미리 예방할 수 있다. 관할 구청이나 시청에 가서 토지, 가옥대장을 떼어 등기부 등본과 일치하는지 확인해야 한다. 이러한 모든 절차가 조금 번거롭다고 생각하겠지만 확인을 통해 하자가 없을 경우, 계약하여야 법적인 보호를 받을 수 있다.

4) 임대

우리나라의 경우 에스테틱 살롱의 대부분이 임대계약이며, 일반적으로 2년 계약을 하며, 연장 시 다시 2년의 재계약을 한다. 이때 지역적인 조건을 검토하고 명성을 쌓는 것이 중요하다. 적당한 살롱 건물을 찾는 것은 어려운 일이므로 원장은 계약서 작성 전 부동산과 관련된 여러 사항에 대해 미리 알아 두어야 한다.

① 살롱의 크기(사업 목표와 해당기간 동안에 가능한 확장을 고려한다)
② 고객 주거지와 숍과의 적당하고 가까운 거리
③ 중심 위치
④ 대중교통 수단이 용이한 곳
⑤ 배달이 용이한 곳
⑥ 살롱 정면의 방향
⑦ 임차기간
⑧ 사업 목표에서의 집세 비율
⑨ 오염의 문제, 소음, 먼지, 매연, 습기, 열
⑩ 전화 설치
⑪ 광고물 설치에 대한 허가 조명 및 간판, 문과 창문의 간판

⑫ 화장실과 세면시설(관리실 전용 구비 여부)
⑬ 건물의 화재보험
⑭ 전력 콘센트의 수
⑮ 냉난방 설치를 위한 구조 변경에 따르는 비용
⑯ 필요한 여분의 배관
⑰ 바닥재: 건강상 25mm 이하의 비닐 바닥재로 벽을 덮는다.
⑱ 페인트, 벽지, 선반 부착 등의 조건에 대한 허가
⑲ 원하지 않는 설치물, 바닥재, 재료, 물건 등 전 소유자가 남기고 간 것을 집주인을 통해 정리
⑳ 안전점검

5) 계약서 작성

계약은 소유주, 중개인, 임차인이 하게 되는데, 2~3인이 각각 계약서를 나누어 갖는다. 계약서는 반드시 검인계약서를 작성하여 딸린 물품이라든가 부대시설에 대한 소유권 및 사용권을 기재해 두는 것이 좋다. 계약서 작성시 소유주의 주민등록증을 확인하는 것이 좋으며, 어쩔 수 없는 상황이라면 소유주의 인감이 찍힌 위임장을 받아두는 것이 좋다.

이렇게 해야만 나중에 생길지 모르는 분쟁 때 증거로 제시하여 인정받아 보호를 받을 수 있다. 계약 후에도 등기부 등본을 확인하는 것이 좋다. 전화요금, 수도요금, 도시가스, 전기요금 등 각 공과금도 입주하는 날을 기준으로 정확하게 검침한다. 모든 공과금은 한 달씩 미루어지기 때문에 기존의 에스테틱 살롱을 인수할 경우엔 두 달치 공과금을 입주자가 내야 하는 상황이 발생하기 때문이다.

6) 사업자 등록

사업을 하는 사람은 개인 또는 법인으로 누구나 사업자 등록을 해야 한다. 피부 미용업의 경우는 미용사면허증(종합) 또는 피부미용사 자격증을 취득한 사람만이 살롱을 경영할 수 있으므로 이 일은 시청이나 (사)한국피부미용사 중앙회의 각 지회에 문의하면 일을 쉽게 처리할 수 있다.

3. 피부미용실의 시설

① 욕실, 세탁실, 라커룸, 파우더룸, 준비실 등의 바닥은 유출되거나 배수된 물이 침투할 수 없는 방수 재질이어야 한다.

② 목욕실, 샤워 룸 혹은 인접한 벽은 공인된 방수처리와 함께 바닥에서 적어도 1800mm 높이로 마무리되어야 한다.

③ 바닥에서 천정까지 높이는 적어도 2400mm가 되어야 하며, 최소한 살롱의 2/3 정도가 되어야 한다.

④ 바닥은 매끄럽고 고른 표면으로, 쉽게 청소할 수 있어야 한다.

⑤ 천장은 딱딱하고 매끄러운 표면의 재질로 건축한다. 즉 섬유성의 플라스틱, 플라스틱 보드, 섬유성의 시멘트, 시멘트 렌더 혹은 다른 승인된 재료를 사용한다.

⑥ 조명설치는 청소하기 쉽고 먼지가 앉는 것을 방지할 수 있도록 설치되어야 하고, 유수장치 설치 후에 조명을 자유롭게 설치한다. 조명은 고객에게 편안한 느낌을 주는 색으로 선택한다.

⑦ 세면대는 온수와 냉수를 함께 나오도록 설치한다.

⑧ 손 씻는 시설 또한 편리한 위치에 설치되어야 하고, 냉 · 온수와 비누, 손을 건조시키는 시설 등이 구비되면 더 좋다.

⑨ 장식장과 기구 등은 내구성이 있고 매끄러우며, 방수가 되고, 쉽게 청소되는 재질로 싸여 있거나 제작되어야 한다.

⑩ 사용된 미용솜, 티슈 등의 쓰레기를 위한 용기는 뚜껑이 있는 연한 색의 내구성 있고 방수가 되고 쉽게 청소되는 것이 바람직하다.

⑪ 적절한 환풍 · 조명시설을 갖춘다.

⑫ 살롱의 평면도를 다양하게 연구하여 자신이 구상하고 있는 평면 디자인과 실내 디자인으로 계획한다.

⑬ 건축가를 선정하고 견적을 요청하여 결과가 나오면 일에 착수할 수 있다. 에스테틱 살롱을 완성하는 데 걸리는 시간은 날씨가 많은 영향을 끼치기 때문에 건축 과정이 늦어질 수도 있다.

⑭ 광고를 연결하고 디자인하며 설치하는 것이 필요하다. 이 시점에서 경영자는 미래의 모든 광고에 사용할 로고를 선정해 두면 좋다.

⑮ 사업자등록 신청을 한다.

⑯ 공중위생 영업을 하고자 하는 자는 보건복지가족부령이 정하는 시설 및 설비를 갖추고 시장, 군수, 구청장에게 신고하여야 한다.

4. 경영의 면모

살롱을 시작하겠다는 결심이 서는 순간부터 실현 가능한 이익창출을 위한 운영은 필수적이며 사업가다운 면모가 필요하다. 고객에게 만족을 주는 차원에서 관리가 행해지고, 자신을 필요로 하는 사람을 만나는 기쁨과 즐거움이 관리사에게 주어진다. 살롱을 시작할 때 다음 사항을 꼭 점검해 본다.

1) 살롱을 개업하는 이유

에스테틱 살롱을 시작하는 데는 사람마다 다양한 이유가 있다.

① 사업을 하고 싶은 욕구

② 이익을 얻고 부를 축적하기 위한 욕구

③ 지역 공동체의 사회적 욕구

④ 사람들에게 만족감을 줌으로 자기 발전의 자존감을 얻기 위하여

⑤ 여가시간을 이용한 자기 능력 개발

살롱 원장은 대부분 하루 종일 숍에 매달려 있어야 한다. 좁은 사각 공간에서 버틸 자세가 되어 있지 않으면 이미 진 싸움이다. 다른 사업은 길가에 위치하고 있어 오가는 사람을 볼 수 있으나 에스테틱 살롱은 차단된 곳에서 문을 걸어 잠그고 손님을 기다려야 하기 때문에 지루한 면이 있다. 첫 개업 시 경영자의 애간장을 녹이는 부분이기도 하다.

2) 서비스를 요구하는 사회

살롱 경영의 바람직한 상은 어떤 것일까? 자신의 피부 때문에 고민하고 괴로워하는 나머지 대인관계를 원활하게 하지 못하는 경우, 조금만 신경 써 주고 홈케어 방법에 대해 조언해 주면 깨끗해질 피부를 방치하여 여드름과 잡티 투성이가 되는 경우, 화장품을 잘못 사용하여 문제성 피부가 되는 경우를 수없이 보면서 지역사회 사람들에게 편의를 제공한다는 생각보다는 사람들에게 사치를 조장하고 도움을 주지 못하면 일의 가치가 없는 것이다.

3) 적합한 법적 제도

피부미용사면허증(자격증)을 어렵게 취득하고, 사업자등록을 마치고 좋은 상권을 잡고 시설에 투자를 했더라도 법적으로 보호를 받고 있지 못한 상황에서의 경영은 무척 어려울 것이다.

4) 경영

(1) 단독 경영

혼자 소유하고 경영하는 형태로, 사업을 시작하기가 쉽고, 후에 폐업할 경우 덜 시끄럽고 문제가 없으며, 운영 권한을 모두 가질 수 있으며, 법적 요구사항이 적다. 단점은 사업상의 노하우가 제한적이고 적자에 대해 전적인 책임을 져야 하며, 사업을 개인이 계속적으로 관리 운영해야 하므로 시간적인 여유가 없다.

(2) 동업

동업이란 사업을 경영하는 데 있어 어떤 일에 대하여 둘 또는 그 이상의 인원이 공동으로 책임지는 경영을 의미한다. 동업자들은 서로 동의한 기준에 의해 이윤과 손해를 나누어야 한다. 장점은 서로 갖고 있는 사업상의 노하우를 통해 사업을 번창시킬 수 있고, 많은 시간을 새로운 교육에 투자할 수 있으며, 서로의 시간을 조정할 수 있어 시간 활용이 자유롭다는 점과 어려운 점을 타개해 나갈 수 있다는 점이다. 단점은 각 개인에게 문제가 있어 숍을 그만두게 될 경우 이익을 분배할 때 어려움이나 문제가 발생한다.

5) 상호명

상호명은 중요하며 요즈음은 보통 개인의 이름을 많이 사용한다. 기존의 관리실을 인수할 경우 개인 이름으로 된 상호명은 사업자 등록 시 정정해야 한다.

6) 피부미용 사업에 대한 전문 지식 습득

피부미용에 대한 노하우를 얻으려면 정규 교육기관에서 교육을 받은 후 살롱에서 실전을 쌓는 것이다. 개인적인 경험 이외에 도움을 받을 수 있는 단체로는, (사)한국피부미용사중앙회와 국제적으로 인정된 CIDESCO 학술단체가 있다. 이 단체가 주최하는 1년 단위의 피부미용 기자재 전시 및 세미나에 참석하여 새로운 정보를 얻어야 한다. 또한 최근에는 제품회사에서 자사 제품 홍보는 물론 적절한 이론과 실기교육도 병행하는 곳이 있으므로 항상 배우는 자세로 노력할 때 프로가 되는 것이다.

7) 제품 판매능력

소비자심리, 의사소통 등의 교육훈련 코스나 세미나 등에 참석하여 판매기술을 익힌다.

chapter 19

피부미용사 자격증 안내

Skin Care Professinal Certificate

1 CIDESCO 자격증

2 국가기술자격검정 피부미용사

1. CIDESCO 자격증

시데스코(CIDESCO)는 COMIT INTERNATIONAL D'ESTHETIQUE ET DE COSMETOLOGIE의 약자로 국제 피부미용 학술협회란 뜻이다. 1946년 제2차 세계대전 직후 핀란드의 헬싱키에서 조직되었으며 본부는 스위스 취리히에 있고, 현재 세계 34개의 지부를 가진 전통과 권위 있는 국제기구이다.

우리나라는 1986년에 가입되어 한국 CIDESCO지부(CIDESCO SECTION KOREA)란 명칭으로 등록되어 있으며, 현재 사단법인 한국피부미용사 중앙회, CIDESCO 한국지부라는 국제기구로써 우리나라에서는 유일하게 피부미용 전문인들에게 세계의 피부미용에 대한 정보 흐름을 알려주고 도와주는 국제기구 역할을 하고 있다.

1989년 9월 8일 대한미용사회 피부미용분과위원회가 발족하기 이전까지는 국내의 피부미용 전문인들의 권익을 위한 구심점이 되어줄 협력 단체가 국내에 없었기 때문에 CIDESCO 국제기구가 한국 CIDESCO란 명칭으로 국내 피부미용인의 단합을 위한 협력체로 일해 왔다. 현재 한국 전통의 피부미용(지압, 한방, 경락 등)을 해외에 소개, 보급시키려는 노력을 아끼지 않고 있다.

1) CIDESCO가 하는 일

(1) 세계의 최신 피부미용 정보 교환 및 국제 회원 상호 간의 우의 촉진

각 가맹국 대표의 총회, 에스테틱에 관한 연구발표, 각 회원국의 요청시 교육강사 파견, 각종 기자재 및 재료의 전시회 및 세미나, make-up contest 개최

(2) 3년 경력자를 위한 CIDESCO 시험

높은 수준의 직업 교육과 경험을 상징하는 'CIDESCO 디플마'(CIDESCO DIPLOMA)는 세계적으로 명성 있는 피부미용 자격증을 가리킨다. 최소한 3년의 살롱 근무경력을 가진 피부관리사가 CIDESCO 3년 경력자 시험의 이론과, 실기 양 부분을 통과하면 국제 CIDESCO 디플로마를 획득할 수 있다. CIDESCO 디플로마를 수여받은 자는 CIDESCO 디플로마 배지와 스티커를 사용할 수 있으며, 디플로마 보유자임을 광고할 수도 있다.

살롱을 경영하는 CIDESCO 디플로마 보유자는 그들의 살롱을 CIDESCO 인정 피부관리실로 신청할 수도 있다. 시험은 필기, 실기 두 부분으로 구성되어 있고, 디플로마는 시험 실시 3개월 후에 발급되며, 시험에 불합격한 응시자는 재응시가 가능하다.구비서류는 학원 수료증 사본 1부, 3년간 실무 경력 증명서, 사진 5장이다.

① **필기시험**

인체해부학 및 생리학, 피부학, 화학, 전기학, 영양학, 경영학 등의 과목 중에서 총 100개의 질문이 주어지는데 그중 70개 이상을 정확히 답하면 합격한다.

② **실기시험**

실기는 훼이셜 실기시험(매니큐어를 포함한 얼굴 관리), 전신 실기시험(손을 이용한 마사지), 기기관리, 제모, 추가 과목(응시자 선택)으로 구분된다.

가. 훼이셜 실기시험 내용(3시간 30분)

- 클렌징: 피부유형에 적합한 제품을 사용하여 적절한 순서로 시행한다.
- 피부진단: 피부 타입과 상태를 관찰하고 진단하여, 조언한다.
- 눈썹 염색과 눈썹 정리: 눈썹 정리 과정의 기술과 결과를 채점한다.
- 딥클렌징: 4가지 필링제품, 스팀, 프리마톨, 피지 제거 기기 중에서 선택한다.
- 얼굴 기기관리: 피부유형에 적합한 기기를 선정해 관리한다.
- 손을 이용한 마사지: 얼굴, 목, 어깨 부위를 다섯 가지 기본동작을 잘 혼합, 이용해 실시(20분 내)한다.
- 팩: 피부 타입과 상태에 따라 적절하게 선택하여 사용한다.
- 메이크업: 고객에 어울리는 평상시 메이크업을 실시한다.
- 매니큐어: 네일케어를 하며 기술을 채점하기 위해 붉은색의 네일폴리쉬를 통일하여 실시한다.

이상 훼이셜 실기시험의 평가는 시험기간 동안의 위생, 질서, 개인 복장과 관리 시 고객케어 등이 포함된다.

나. 전신실기시험 과정은 모델 준비, 바디분석표 작성, 전기기기의 관리, 팩 및 랩핑(wrapping), 손을 이용한 관리(마사지)로 진행된다(2시간 30분).

다. 제모관리를 평가한다(45분).

라. 추가 과목은 발관리, 손관리, 전기제모, 가슴관리, 전신과 얼굴관리, 스페셜 마사지(림프, 아로마, 반사신경 마사지, 지압), 판타지 메이크업, 카모플라지 기법 중 한 가지를 선택하여 시행하면 된다(45분).

③ **추가 과목 관련한 project와 pop 제작**

④ **구두시험(oral test)**

2. 국가기술자격검정 피부미용사

출 제 기 준 (필기)

직무 분야	위생	자격 종목	미용사(피부)	적용 기간	2011. 1. 1. ~ 2014. 12. 31.

○ **직무내용 :** 얼굴 및 신체의 피부를 아름답게 유지 · 보호 · 개선 · 관리하기 위하여 각 부위와 유형에 적절한 관리법과 기기 및 제품을 사용하여 피부미용을 수행하는 직무

필기검정방법	객관식	문제수	60	시험시간	1시간

필기 과목명	출제 문제수	주요항목	세부항목	세세항목
피부미용학 피부학 및 해부생리학 피부미용기기학 화장품학 공중위생관리학	60	1. 피부 미용학	1. 피부미용학 개론	1. 피부미용의 개념 2. 피부미용의 변천사
			2. 피부분석 및 상담	1. 피부분석의 목적 및 효과 2. 피부상담 3. 피부유형 분석 4. 피부분석표
			3. 클렌징	1. 클렌징의 목적 및 효과 2. 클렌징 제품 3. 클렌징 방법
			4. 딥클렌징	1. 딥클렌징의 목적 및 효과 2. 딥클렌징 제품 3. 딥클렌징 방법
			5. 피부유형별 화장품 도포	1. 화장품 도포의 목적 및 효과 2. 피부유형별 화장품 종류 및 선택 3. 피부유형별 화장품 도포
			6. 매뉴얼 테크닉	1. 매뉴얼 테크닉의 목적 및 효과 2. 매뉴얼 테크닉의 종류 및 방법
			7. 팩 · 마스크	1. 목적과 효과 2. 종류 및 사용방법
			8. 제모	1. 제모의 목적 및 효과 2. 제모의 종류 및 방법
			9. 신체 각 부위(팔, 다리 등)관리	1. 신체 각 부위(팔, 다리 등)관리의 목적 및 효과 2. 신체 각 부위(팔, 다리 등)관리의 종류 및 방법
			10. 마무리	1. 마무리의 목적 및 효과 2. 마무리의 방법

필기 과목명	출제 문제수	주요항목	세부항목	세세항목
		2. 피부학	1. 피부와 부속기관	1. 피부구조 및 기능 2. 피부 부속기관의 구조 및 기능
			2. 피부와 영양	1. 3대 영양소, 비타민, 무기질 2. 피부와 영양 3. 체형과 영양
			3. 피부와 광선	1. 자외선이 미치는 영향 2. 적외선이 미치는 영향
			4. 피부면역	1. 면역의 종류와 작용
			5. 피부노화	1. 피부노화의 원인 2. 피부노화 현상
		3. 해부생리학	1. 세포와 조직	1. 세포의 구조 및 작용 2. 조직구조 및 작용
			2. 뼈대(골격)계통	1. 뼈(골)의 형태 및 발생 2. 전신뼈대(전신골격)
			3. 근육계통	1. 근육의 형태 및 기능 2. 전신근육
			4. 신경계통	1. 신경조직 2. 중추신경 3. 말초신경
			5. 순환계통	1. 심장과 혈관 2. 림프
			6. 소화기계통	1. 소화기관의 종류 2. 소화와 흡수
			7. 내분비계통	1. 내분비샘의 종류 2. 호르몬의 종류와 기능
			8. 비뇨생식기계통	1. 신장과 배뇨 2. 생식기관의 구조
		4. 피부미용기기학	1. 피부미용기기	1. 기본용어와 개념 2. 전기와 전류 3. 피부미용기기의 종류 및 기능
			2. 피부미용기기 사용법	1. 기기 사용법 2. 유형별 사용방법

필기 과목명	출제 문제수	주요항목	세부항목	세세항목
		5. 화장품학	1. 화장품학개론	1. 화장품의 정의 2. 화장품의 분류
			2. 화장품 제조	1. 화장품의 원료 2. 화장품의 기술 3. 화장품 안정성
			3. 화장품의 종류와 기능	1. 기초 화장품 2. 메이크업 화장품 3. 모발 화장품 4. 바디관리 화장품 5. 네일 화장품 6. 향수 7. 에센셜(아로마) 오일 및 캐리어 오일 8. 기능성 화장품
		6. 공중위생관리학	1. 공중보건학	1. 공중보건학 총론 2. 질병관리 3. 가족 및 노인보건 4. 환경보건 5. 식품위생과 영양 6. 보건행정
			2. 소독학	1. 소독의 정의 및 분류 2. 미생물 총론 3. 병원성 미생물 4. 소독방법 5. 분야별 위생 · 소독
			3. 공중위생관리법규 (법, 시행령, 시행규칙)	1. 목적 및 정의 2. 영업의 신고 및 폐업 3. 영업자 준수사항 4. 면허 5. 업무 6. 행정 지도감독 7. 업소 위생등급 8. 위생교육 9. 벌칙 10. 기타 법규사항

출 제 기 준 (실기)

직무 분야	위생	자격 종목	미용사(피부)	적용 기간	2011. 1. 1. ~ 2014. 12. 31.

○ **직무내용 :** 얼굴 및 신체의 피부를 아름답게 유지 · 보호 · 개선 · 관리하기 위하여 각 부위와 유형에 적절한 관리법과 기기 및 제품을 사용하여 피부미용을 수행하는 직무

○ **수행준거내용 :** 1. 피부미용실무를 위한 준비 및 위생사항 점검을 수행할 수 있다.
2. 피부의 타입에 따른 클렌징 및 딥클렌징을 할 수 있다.
3. 피부의 타입별 분석표를 작성할 수 있다.
4. 눈썹 정리 및 왁싱 작업을 수행할 수 있다.
5. 손을 이용한 얼굴 및 신체 각 부위(팔, 다리 등)관리를 수행할 수 있다.

실기검정방법	작업형	시험시간	3시간 정도

실기 과목명	주요항목	세부항목	세세항목
피부미용 실무	1. 얼굴관리	1. 준비 및 위생관련 작업하기	1. 위생적인 준비물 관리를 할 수 있어야 한다. 2. 피부미용사로서의 위생과 준비 상태를 바르게 할 수 있어야 한다.
		2. 클렌징하기	1. 클렌징 제품선택을 할 수 있어야 한다. 2. 클렌징을 할 수 있어야 한다. 3. 코튼, 스팀타올 등을 사용할 수 있어야 한다. 4. 토너 정돈을 할 수 있어야 한다.
		3. 분석표 작성하기	1. 피부분석능력 평가를 할 수 있어야 한다. 2. 피부분석용어를 알고 적용할 수 있어야 한다.
		4. 눈썹 정리하기	1. 눈썹 정리를 할 수 있어야 한다.
		5. 딥클렌징하기	1. 딥클렌징 제품 선택을 할 수 있어야 한다. 2. 제품을 사용방법에 맞게 사용할 수 있어야 한다.
		6. 손을 이용한 얼굴 관리하기	1. 기본관리를 할 수 있어야 한다.
		7. 팩하기 · 마스크 하기	1. 팩 · 마스크를 선택할 수 있어야 한다. 2. 팩 · 마스크를 할 수 있어야 한다.

실기 과목명	주요항목	세부항목	세세항목
	2. 신체 각 부위(팔, 다리 등) 관리	1. 준비 및 위생관련 작업하기	1. 위생적인 준비물 관리를 할 수 있어야 한다. 2. 피부미용사로서의 위생과 준비상태를 바르게 할 수 있어야 한다.
		2. 클렌징하기	1. 클렌징 제품 선택을 할 수 있어야 한다. 2. 클렌징을 할 수 있어야 한다. 3. 스팀타올 등을 사용할 수 있어야 한다.
		3. 손을 이용한 신체 각 부위(팔, 다리 등)관리하기	1. 신체 각 부위(팔, 다리 등) 관리를 할 수 있어야 한다.
		4. 제모하기	1. 신체 각 부위별 제모를 할 수 있어야 한다.
		5. 림프를 이용한 피부관리하기	1. 림프드레나지를 할 수 있어야 한다.

참고문헌

- 강기선 외 3인 (1996). 인체해부학. 고문사.
- 건강생활연구회 (1998). 피부병 동의보감. 이진산.
- 권경옥 외 5인 (1997). 신화장품학. 동아출판사.
- 김기연 외 4인 (1997). 피부관리학. 수문사.
- 김귀정 외 4인 (1999). 경락과 한방피부 미용학. 수문사.
- 김봉인 (1996). 에스테틱 실기. 화장품신문사.
- 김종대 외 2인 (2000). 피부관리학. 고문사.
- 대한피부과학회 (2008). 피부과학. 여문각.
- 소명숙 외 3인 (1996). 인체생리학. 고문사.
- 윤여성 (1995). 신 피부관리학. 가림.
- 이순희 (1997). 아름다운 피부미용법. 가림.
- 이유득 외 3인 (1999). 여드름 뿌리뽑기. 중앙M&B.
- 이해덕 (1996). 현대인을 위한 마사지의 이론과 실제. 영문출판사.
- 황정원 (1998). 피부관리학. 현문사.
- Biokosmetik, Dr. R. A Eckstein, Verlag Druck GmbH
- Das Frisurbuch, Sibylle Carstens 외 5인, Verlag Handwerk und Technik–Hamburg
- Das Lexikon der Sanften Kosmetik Jean Putz/Christine Niklas, Vgs Verlags Gesellschaft, Koln
- Das groβe Buch der Kosmetik und Korperpflege, Petra Schurmann, Naturalis Verlags–und Vertriebsgesllshaft
- Kosmetik–Lehrbuch Anatomie, Physiologie, Dermatologie, Helen Pietulla, Kosmetik Verlag
- Kosmetik–Lehrbuch Kompendium der Ganzheitskosmetik, Helen Pietrulla, Kosmetik Verlag
- Korperpflege, Peter Greβ/Hans Lehmberg, Dummlerbuch, Bonn
- Lehrbuch der Behandungskosmetik und Geshaftskunde, Helen pietrulla/Dr. Herbert Koning, Kosmetik Fachverlag
- MEDICAL DICTIONARY (1995). 고문사.

찾아보기 Index

ㅂ

ㅅ

T

U

V

W

Z

기타

Basic Aesthetics and Cosmetology

기초피부미용학

별책 피부관리 테크닉북

김해남 지음

정담미디어

기초피부미용학

피부관리 매뉴얼 테크닉

Skin Care Manual Technique

목차

1. 얼굴 클렌징

제품 도포: 턱, 인중, 뺨, 코, 이마,
전체, 목, 데콜테

양손(좌우) 교대로 데콜테 쓰다듬기

양손 동시에 써클링하며 데콜테 중앙에서
어깨까지 문지르기

양손 교대로 좌우측 물결 모양 쓰다듬기

양손 교대로 목을 위 방향으로 쓰다듬기

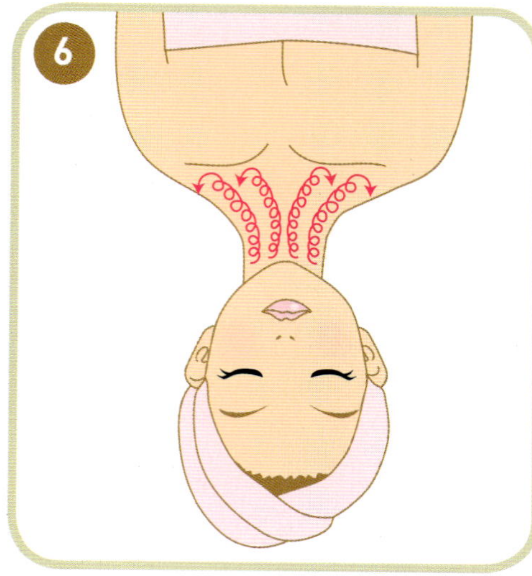

양손바닥으로 목 전체를 가볍게 원을 그리며 문지르기

양손 교대로 턱 중앙에서 귀 쪽으로 쓰다듬기

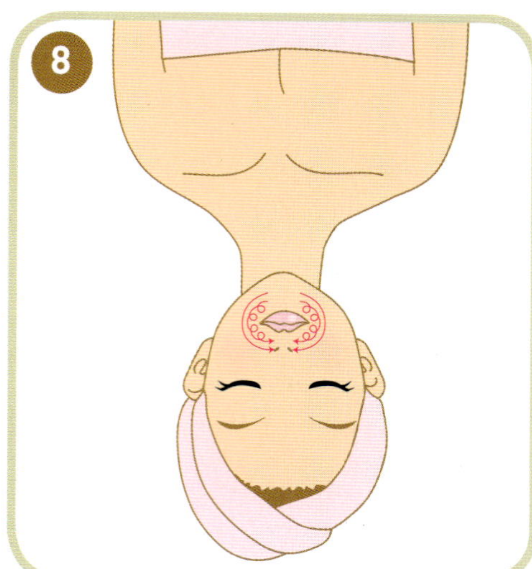

중지, 약지로 구륜근 주위 써클링하며 문지르기-쓰다듬기

양 뺨 2, 3, 4, 5지로 써클 문지르기(3 부위 나누어서)

2, 3(3, 4)로 코벽 써클 문지르고 콧등으로 쓰다듬으며 올라와 코벽으로 내려가기

콧망울과 측면을 8자로 써클 문지르기

코벽을 위아래로 쓰다듬기

양손으로 내측 방향으로 써클 문지르기

한 손씩(좌, 우) 내측방향으로 써클 문지르고 1회 쓰다듬기

안륜근을 내측 방향으로 쓰다듬고 관자놀이 지압, 턱을 감싸 쓰다듬으며 마침

2. 습포 지압

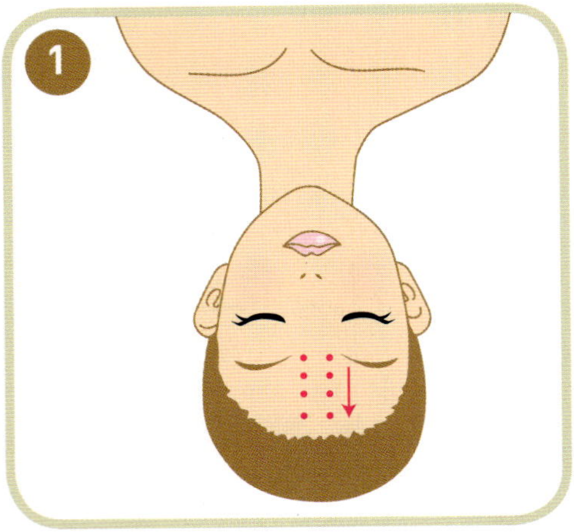

이마를 누른다(아래 → 위).

헤어라인을 누른다.

눈 밑 → 인중을 누른다.

턱 중앙을 누른다.

턱에서부터 관자놀이까지 누른다.

양 2, 3, 4, 5지로 3차 신경라인을 지압한다.

양손을 포개어 지그시 누른다.

3. 페이스 매뉴얼 테크닉

양손으로 이마-관자놀이(지압)-볼-턱-코-미간(지압) 순서로 쓰다듬기

이마 부위를 양손 3, 4지(2, 3, 4지) 교대로 써클 문지르기

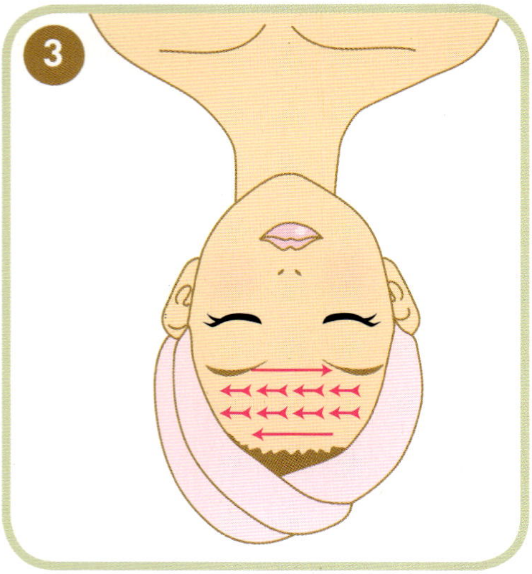

양손을 평행으로 밀착하여 한 손은 당기며 쓰다듬기, 다른 한 손은 밀고 쓰다듬기

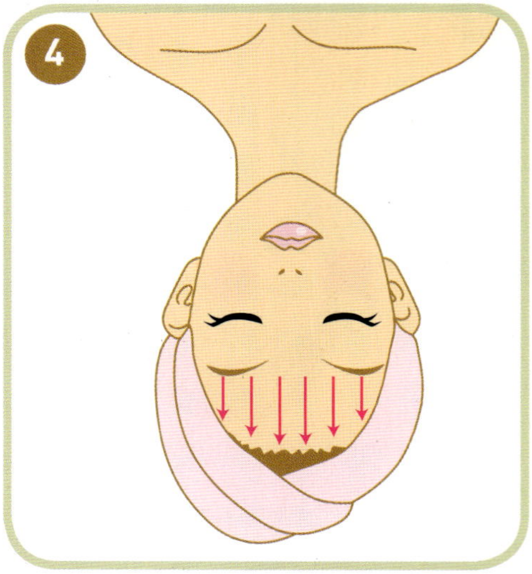

이마를 위쪽으로 쓰다듬기

3, 4지(2, 3지)로 좌우측 미간 교대로 쓸어주기

엄지, 검지로 양 눈썹 동시에 집어 주기

안륜근 주위 8자로 쓰다듬기(왼손, 오른손)

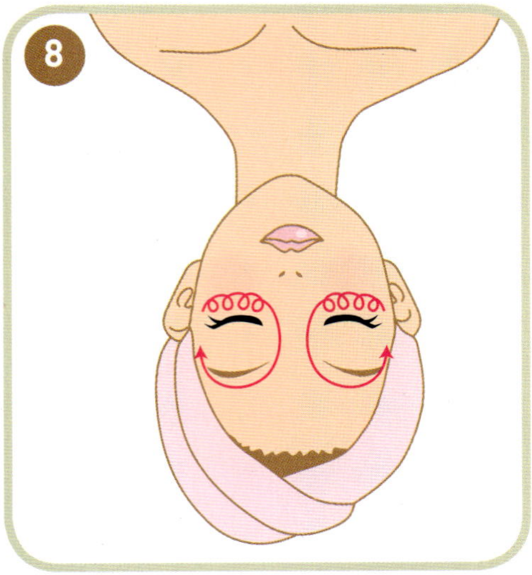

약지(중지)로 아이링클 써클 문지르기

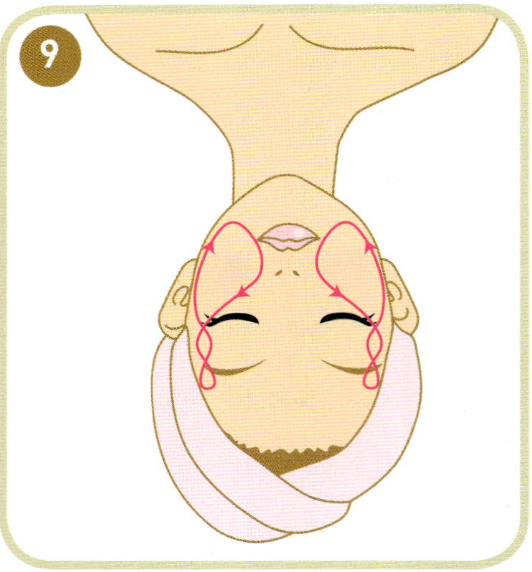

관자놀이 작게 8자 쓰다듬기-관자놀이에서 볼부위로 가분수 8자 쓰다듬기

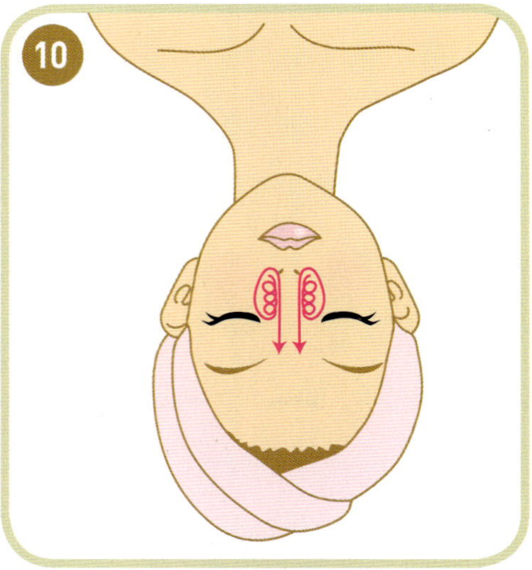

2, 3(3, 4)로 코벽 써클 문지르기-콧등으로 쓰다듬으며 올라와 코벽으로 내려가서 코벽 위아래로 쓰다듬기

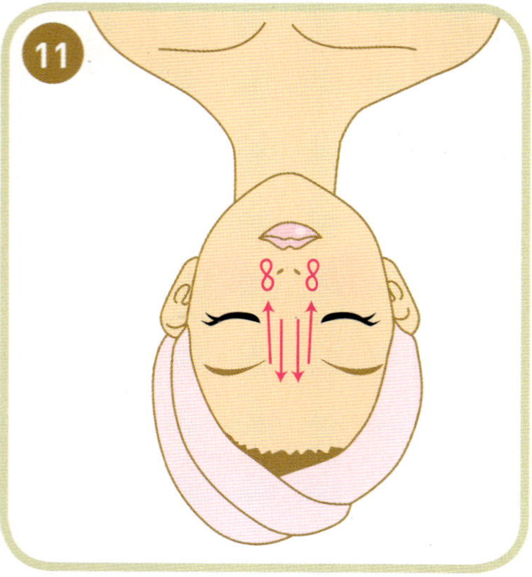

콧망울과 측면을 8자로 문지르기-코벽 위아래로 쓰다듬기

양손 교대로(턱 부위-관골궁: 손 측면 사용-눈밑과 볼) 쓰다듬기

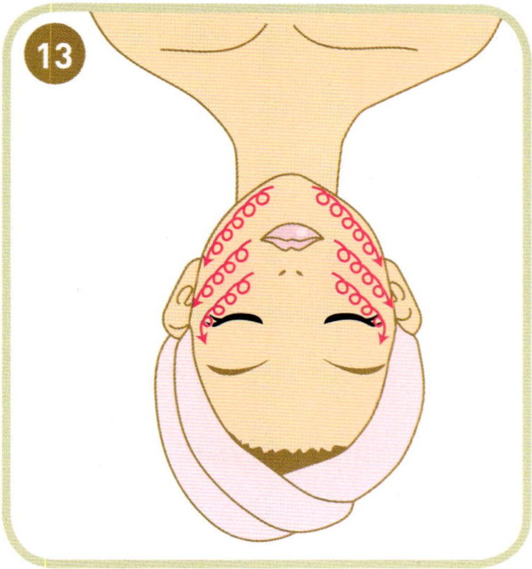

양 빰 2, 3, 4, 5지로 써클 문지르기(턱~귀 밑, 잎~귀중앙), 코~관자놀이)

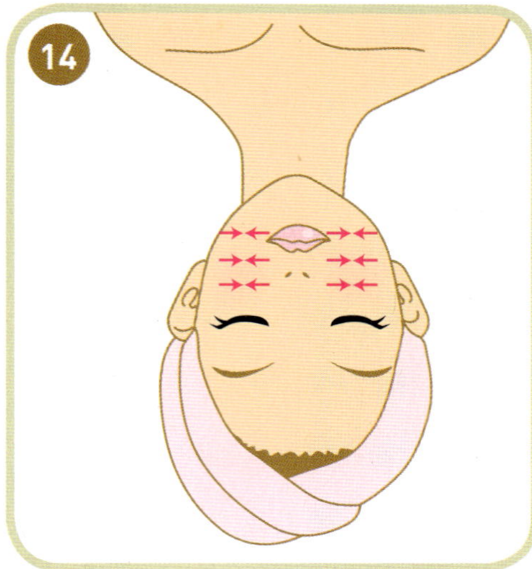

볼 부위 집어 주기(엄지와 중지로 꼬집듯이 집어주기)

양손을 주먹 쥐고 지과로 써클 문지르기 (턱~귀 밑, 입~귀중앙, 코~관자놀이)

엄지 코에 대고 써클 문지르고 돌리면서 쓰다듬기

2, 3, 4지로 좌측 볼 써클 문지르기(턱~귀밑, 입~귀 중앙, 코~관자놀이)-우측 볼 문지르기-관자놀이 지압

스마일 라인 써클 문지르기

스마일 라인 부위 두드리기

중지, 약지로 구륜근 주위 써클링하며 문지르고 쓰다듬기

스마일 라인 엄지로 쓸고 손바닥으로 턱 부위 쓰다듬기

턱 부위 중앙에서 귀 방향으로 양손의 좌우 교대로 쓰다듬기

양 2, 3, 4, 5지로 턱 부위 써클 문지르기(중앙~귀 방향)

턱을 감싸듯이 아래에서 위로 두드리기 (좌측~우측~좌측)

25 턱 부위 왼손 2, 3지와 오른손 2, 3지 교대로 가위질하며 쓰다듬기(좌측–우측)

26 마무리 쓰다듬기(이마–코 옆–입–턱–목–가슴–데콜테–후경부–귀 문지르기)

4. 데콜테 마사지 동작

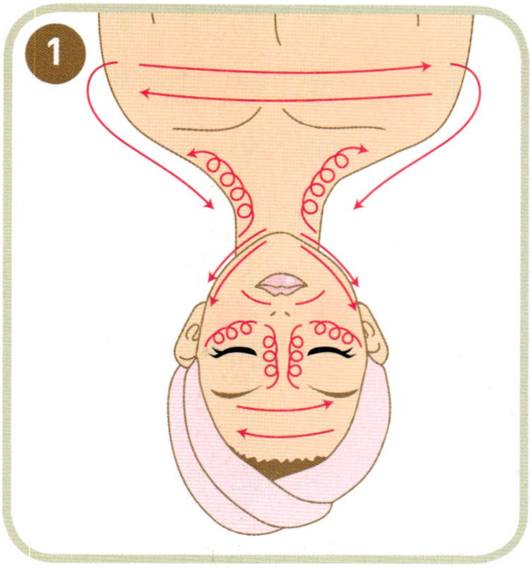

제품 도포: 턱, 목, 데콜테, 어깨, 후경부, 턱, 인중, 뺨, 코, 이마, 얼굴 전체

양손(좌우) 교대로 데콜테 쓰다듬기

양손 동시에 써클링하여 데콜테 중앙에서 어깨까지 문지르기

양손을 포개어 스프링의 원을 그리며 써클 문지르기(좌-우측)

양손 주먹 쥐고 지과로 데콜테를 써클 문지르기

양손 교대로 좌측(우측)으로 수장에 압을 주며 물결 모양으로 쓰다듬기

어깨 쓰다듬기-어깨 써클 문지르기

양손 교대 쓰다듬기: 가슴 중앙-좌측 액와-우측액와-전체 쓰다듬으며 고개 우측 방향

좌측 목 측면을 엄지로 써클(2, 3, 4지) 문지르기

좌측 목 측면 양손 교대로 위 방향으로 쓰다듬기

좌측 목 측면 신전시키며 쓰다듬기-고개를 반대로 돌려 우측면도 ⑨, ⑩, ⑪번 시행

머리를 중앙으로 돌리고 데콜테를 쓰다듬으며 승모근 주무르기

양손을 주먹 쥐고 지과로 승모근 부위를
체중을 실어 강약으로 쓸어 주기

전체 데콜테를 쓰다듬기 하면서 양손 교대
로 목을 위 방향으로 쓰다듬기

양손 교대로 목 부위를 좌우측으로 진동하기

후경부 쓰다듬기-목, 데콜테 전체 쓰다듬기

5. 마무리 스트레칭 동작

손가락으로 머리카락을 쓸어 주고 잡아당겨 주기

양 엄지로 두피 지압(중앙에서~측두부)

후두부 두피지압(헤어 경계선)

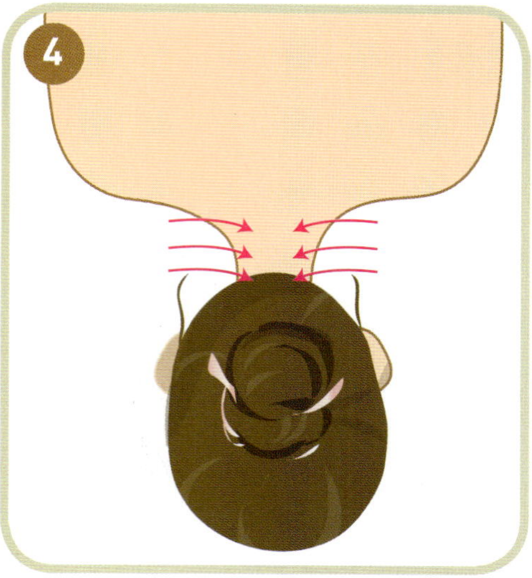

후경부 주무르기(왼손 · 오른손)

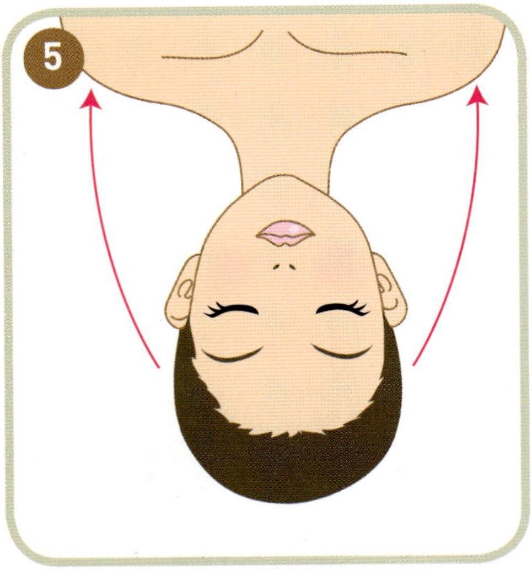

목을 좌우측 방향으로 스트레칭

왼손, 오른손 교대로 가슴에서부터 견봉까지 누르기(일어서서 한다).

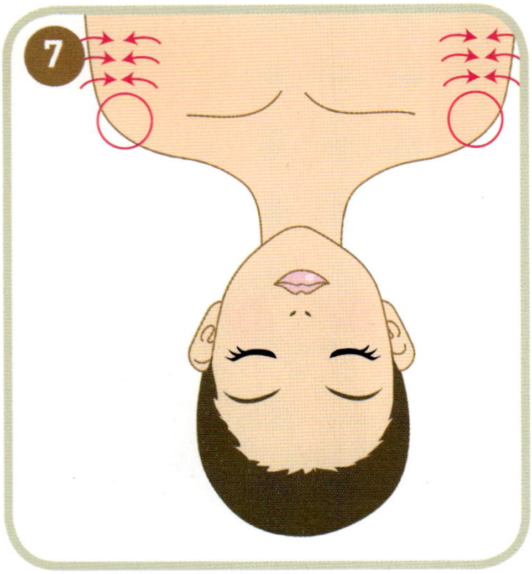

상완 누르며 주무르기

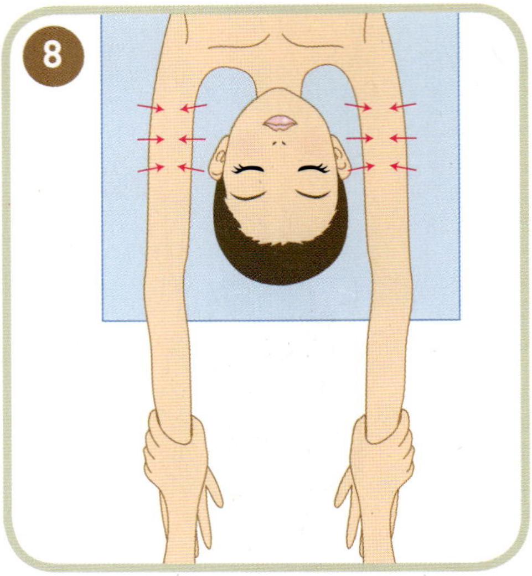

상완 누르며 주무른 후 손목 잡고 스트레칭하고 팔을 배 위에 나란히 포개준다,

견봉 누르며 스트레칭(오른 손은 왼쪽 어깨, 왼손은 오른쪽 어깨, 좌우 교차해서 잡고 지그시 누르며 지렛대 힘을 이용해 견갑 상부를 스트레칭한 후 고객을 일으켜 준다)

6. 팔 매뉴얼 테크닉 동작과 순서

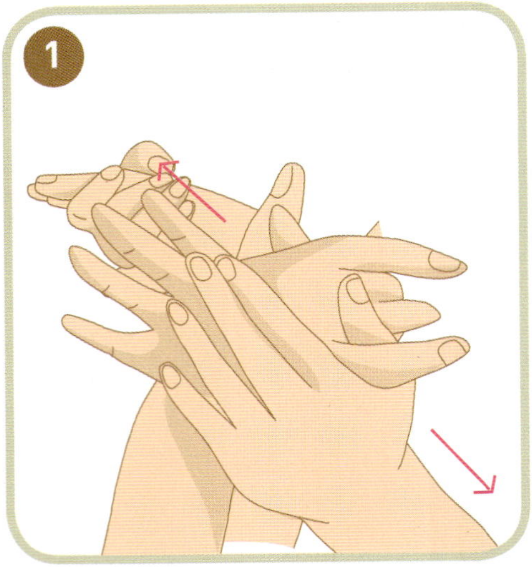

양손 엄지로 엄지, 약지를 잡고 흔들어 준 후 1회 쓰다듬고 오일을 바른다.

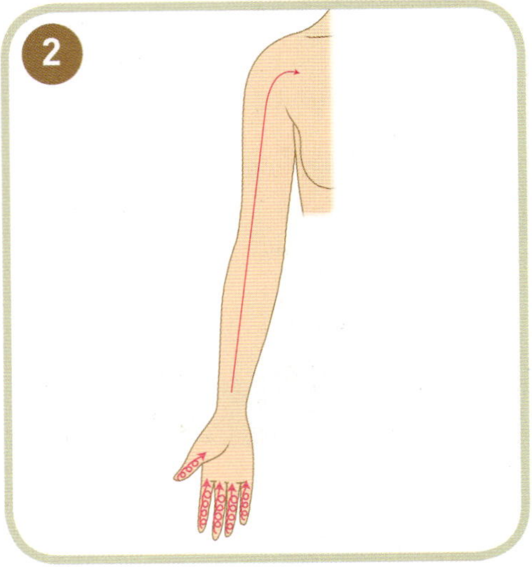

팔의 손등부터 어깨까지 쓰다듬는다(시술자는 고객의 왼손바닥을 오른손바닥으로 마주 대고 자신의 손으로 고객의 손등부터 어깨까지 쓰다듬는다, stroking)

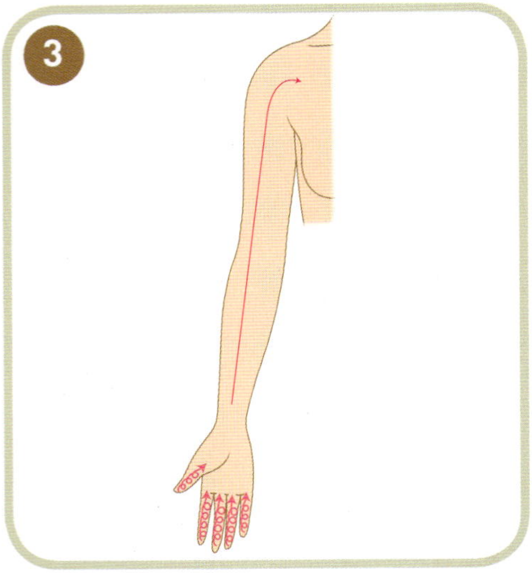

손가락 후면 부위를 엄지손가락으로 둥글게 원을 그리며 문질러 마사지한다.

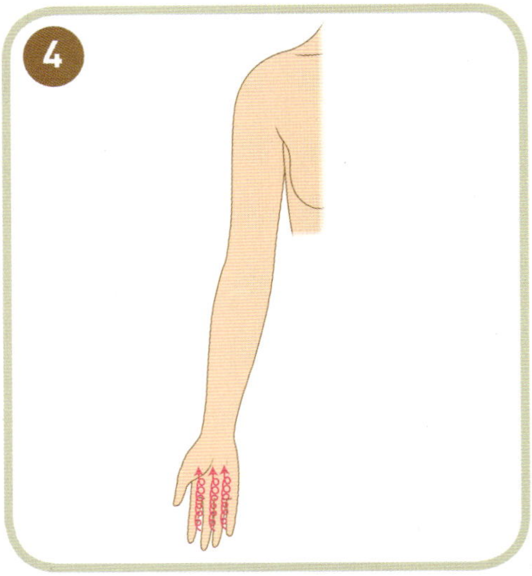

손바닥 손등을 둥글게 원을 그리며 문지르듯 마사지한다(뼈 사이를 마사지해야 한다, friction).

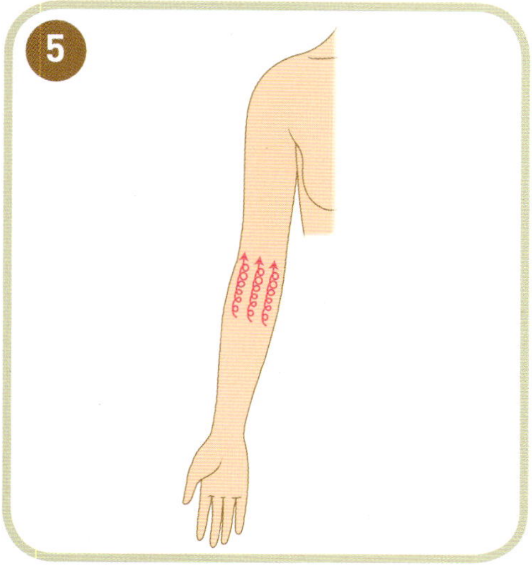

엄지손가락으로 팔목에서 팔꿈치까지, 전완부위에 원을 그리며 문지른다(friction).

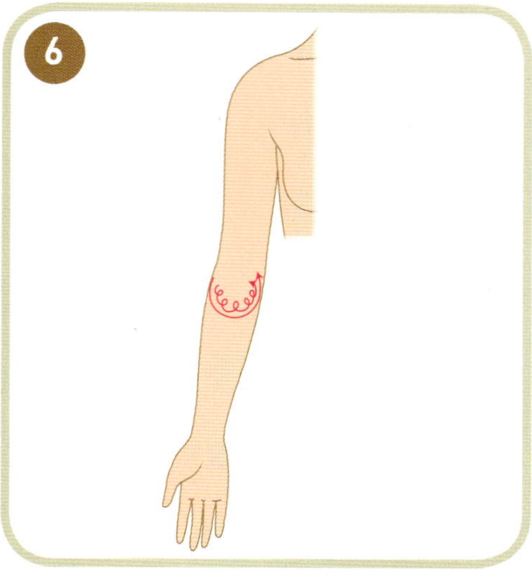

한 손으로 팔목을 잡고 중지와 약지 그리고 손바닥으로 팔꿈치를 문지른다(friction).

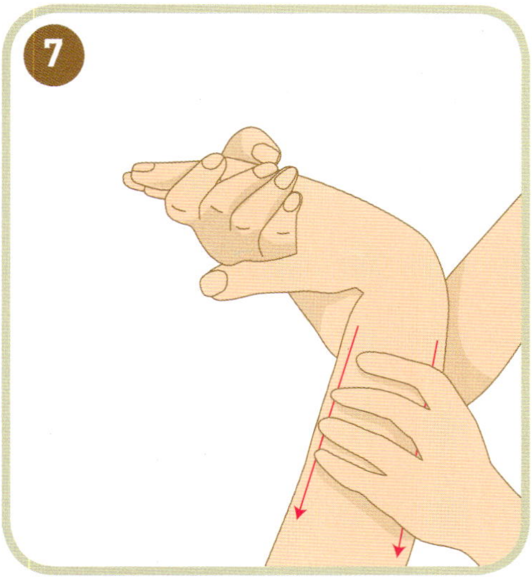

오른손으로 손을 잡고 안과 바깥쪽으로 누르며 스트레칭한다.

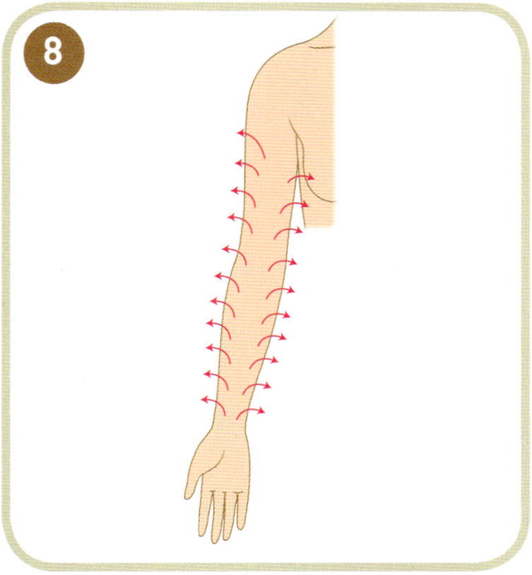

엄지와 검지로 손바닥과 팔 전체의 옆면을 반죽하듯 마사지한다(kneading).

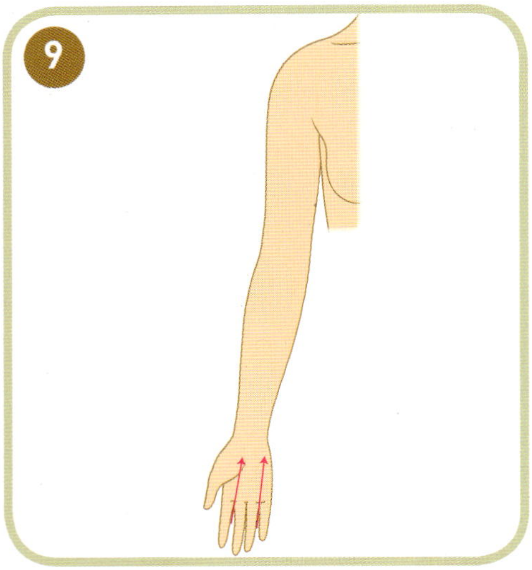

엄지손가락으로 손등을 밀어준다(stroking).

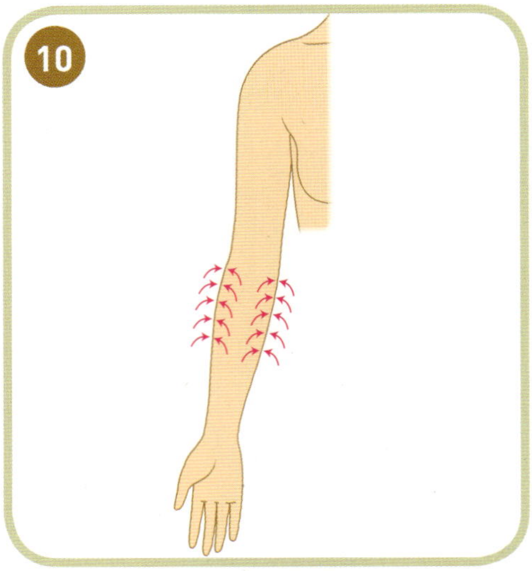

양 엄지 교대로 손목에서 팔꿈치까지 반죽하듯 마사지한다(kneading).

검지와 중지 사이로 각 손가락을 마사지하고 마지막 손가락 마디를 지그시 누르면서 튕겨 준다.

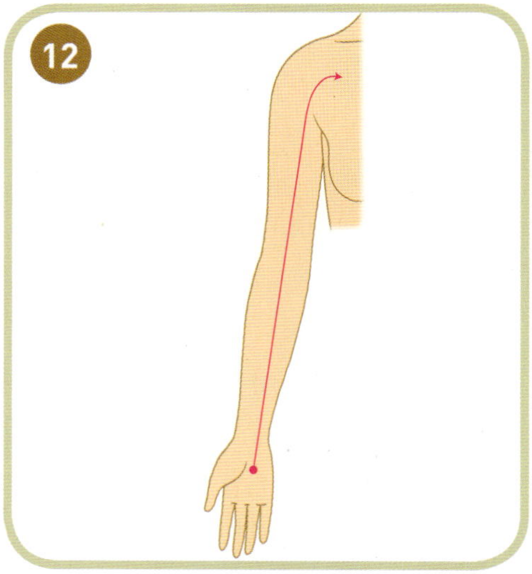

팔의 손등부터 어깨까지 쓰다듬는다(2번 동작과 동일).

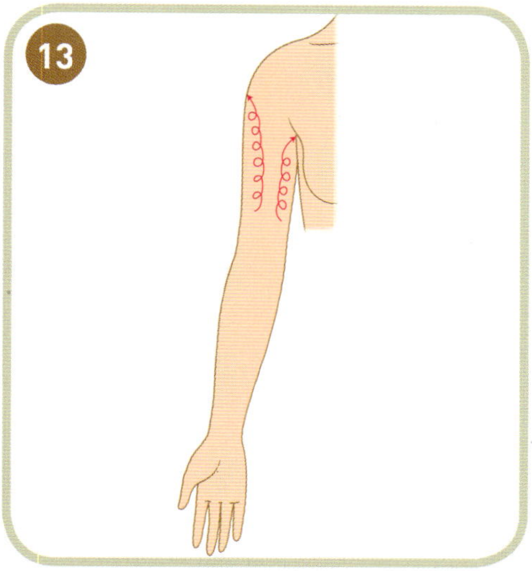

팔을 L자로 구부려 상완 이두근(bizeps)과 상완 삼두근(trizeps)을 엄지와 수근으로 누르듯 문지른다(friction).

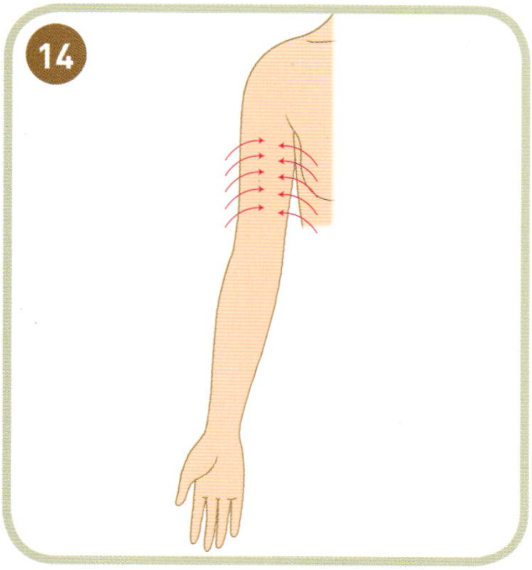

상완 이두근과 상완 삼두근을 주먹을 쥐고 지과로 마사지한다(팔을 L자 형태로 구부림. kneading).

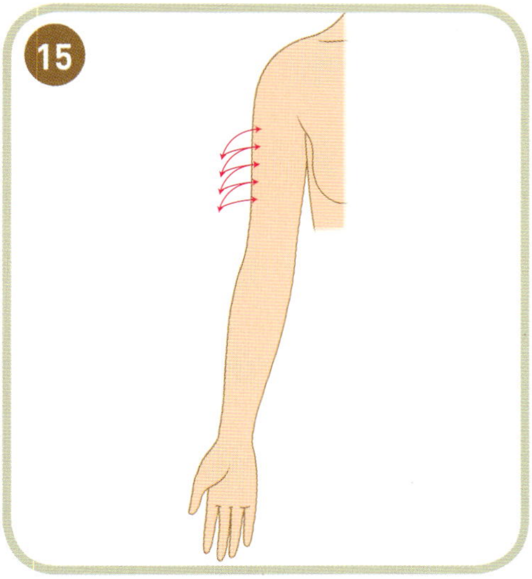

주먹을 가볍게 쥐고 팔꿈치부터 어깨까지 두드려 준다(팔을 L자 형태로 구부림, tapotment)

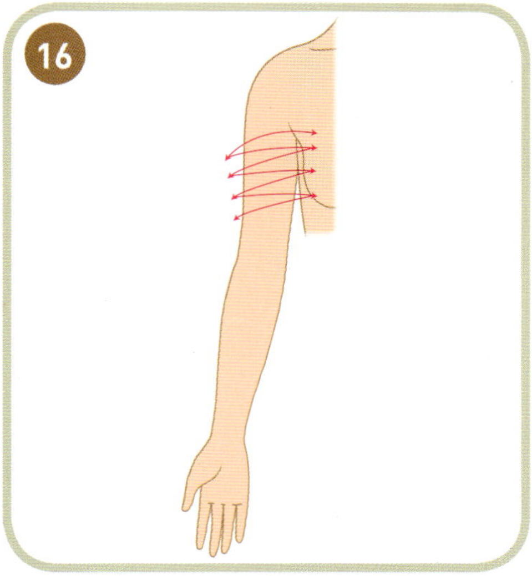

양 엄지로 상완 부위를 쓰다듬어 올라가고 내려올 때는 손바닥으로 쓰다듬는다(팔을 L자 형태로 구부림, vibration).

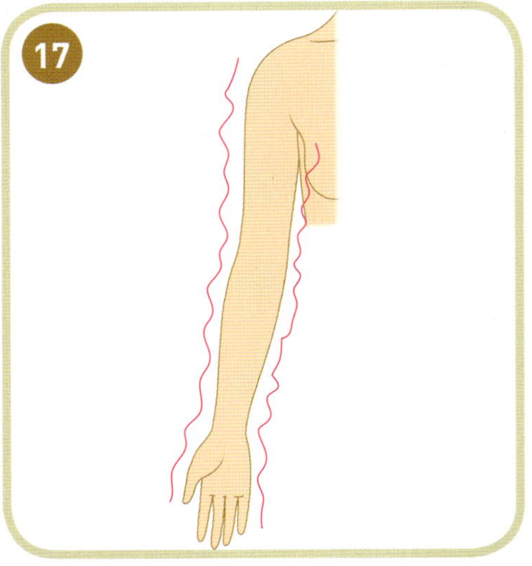

시술자는 두 손으로 고객의 손목을 잡고 완전히 이완된 팔을 가볍게 흔들어 준다(vibration).

팔의 손등부터 어깨까지 큰 동작으로 쓰다듬는다(2번 동작과 동일).

온습포로 유분기를 잘 제거한 후 다시 마른 수건으로 물기를 닦고 핸드로션을 바른다(피부관리 중 핸드 관리를 할 경우 팔 전체에 랩을 싸둔 후 팩 제거 시 함께 제거하면 효율적이다).

7. 다리 매뉴얼 테크닉 동작과 순서

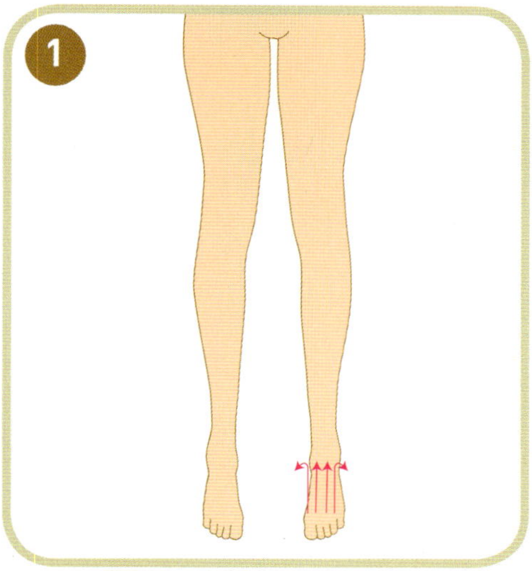

양손으로 발 전체를 먼저 쓰다듬는다.

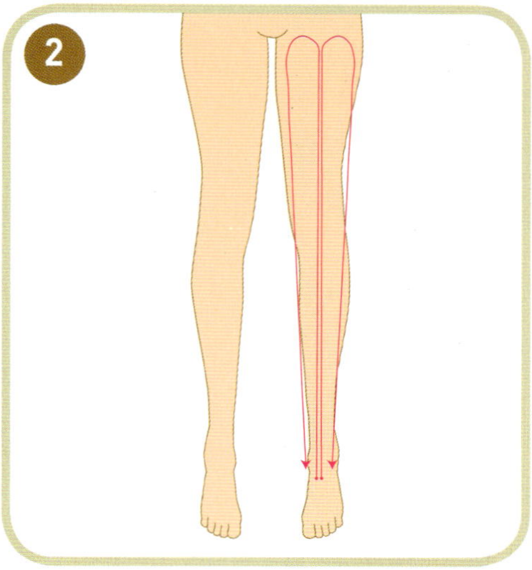

다리 전체를 쓰다듬는다.

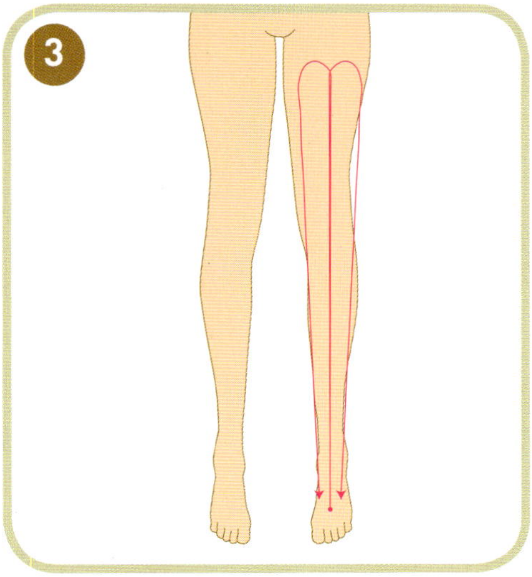

양손 교대로 길게 쓰다듬는다.

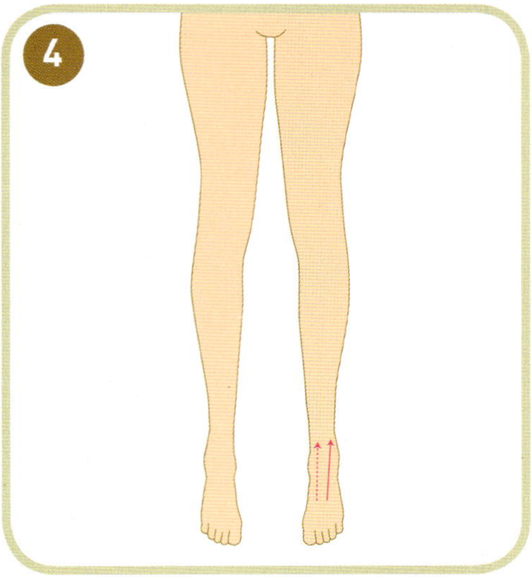

양손바닥으로 발바닥과 발등을 쓰다듬고
다시 발바닥을 엄지로 쓸어 주고 지압한다.

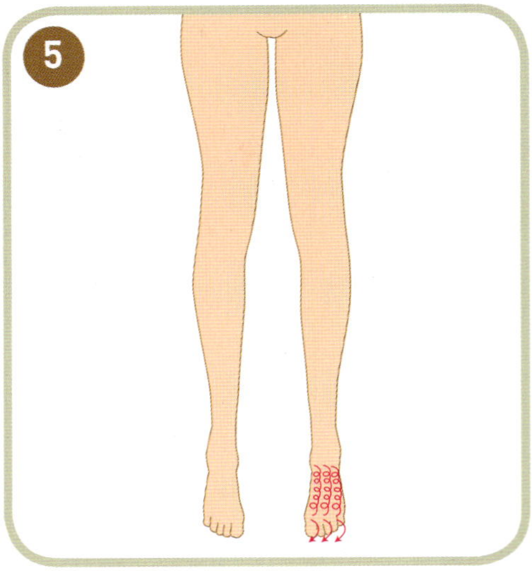

발가락과 발등을 원을 그리며 문지른다.

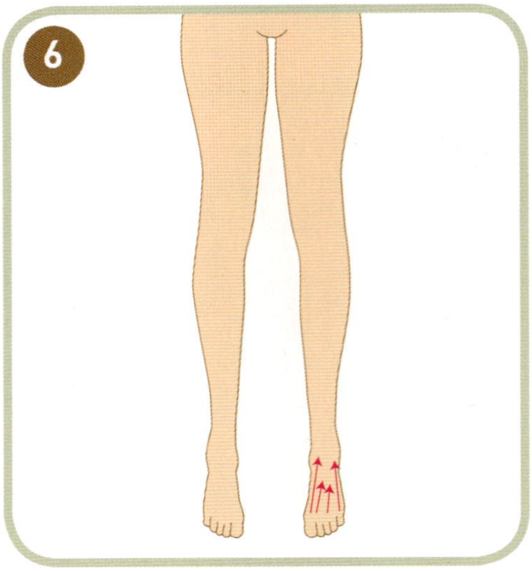

발등을 엄지로 심장 쪽으로 밀 듯이 쓰다듬어 올린다.

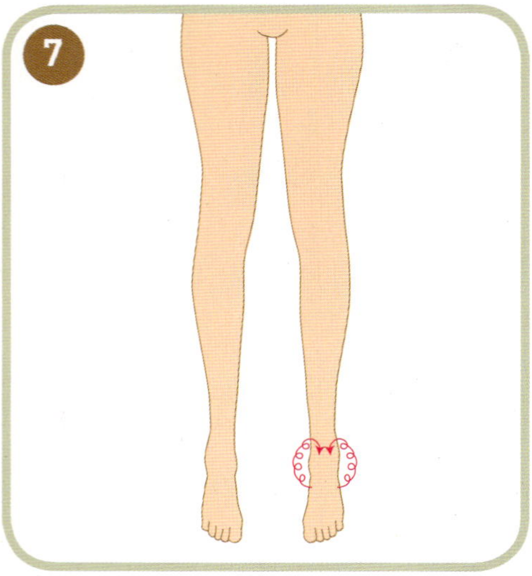

복숭아뼈 둘레를 원을 그리며 문지른다.

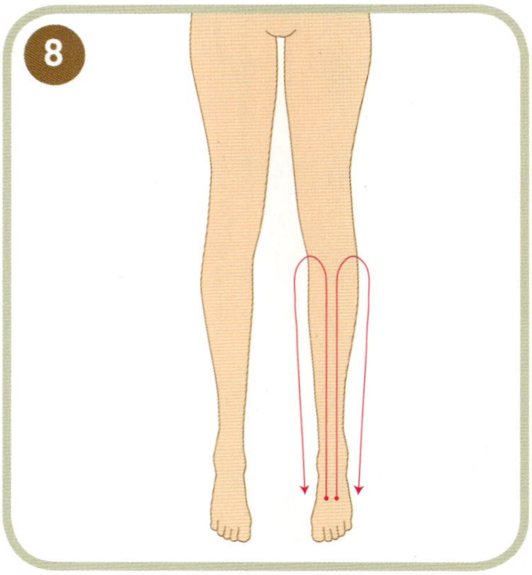

무릎(하퇴)까지 양손으로 쓰다듬기한다.

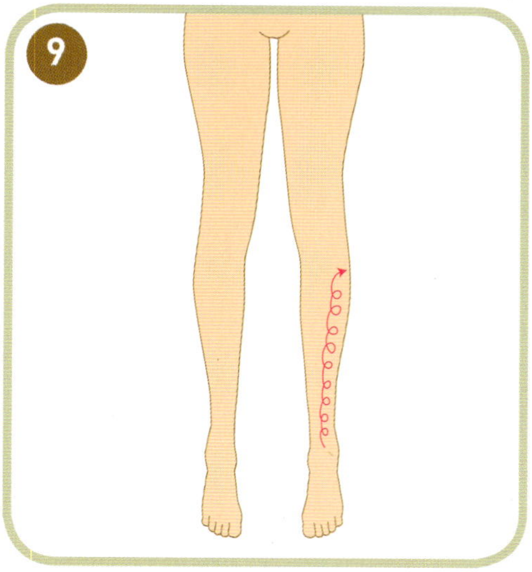

하퇴 부위를 문지르기한다.

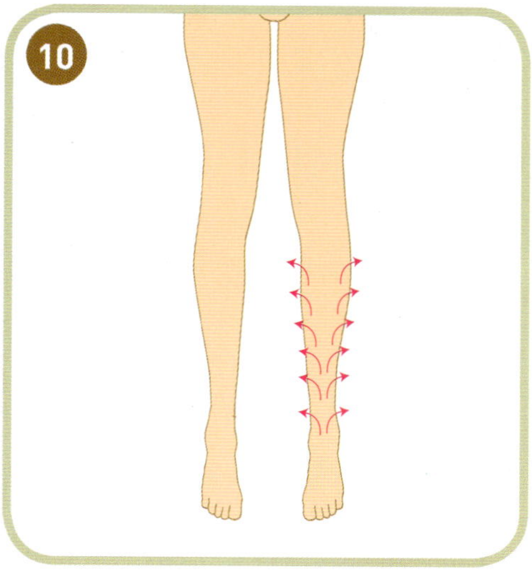

양 엄지 교대로 빗살무늬 모양으로 문지른다.

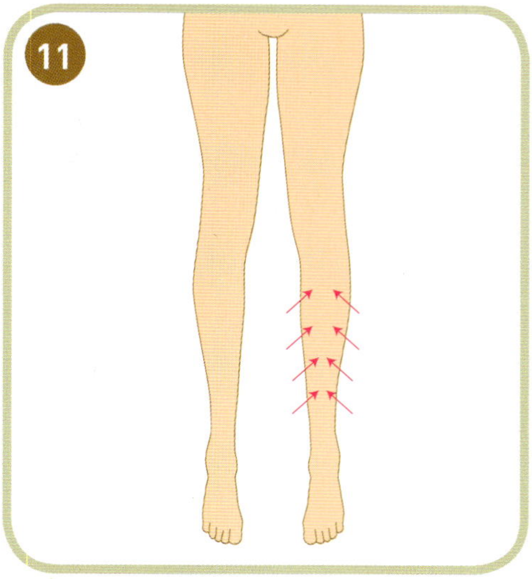

다리를 세워 종아리 부위를 주무르기한다.

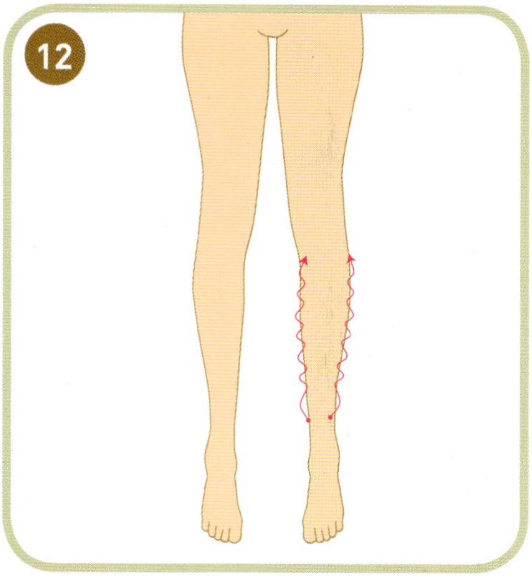

종아리에 바이브레이션 동작을 한다.

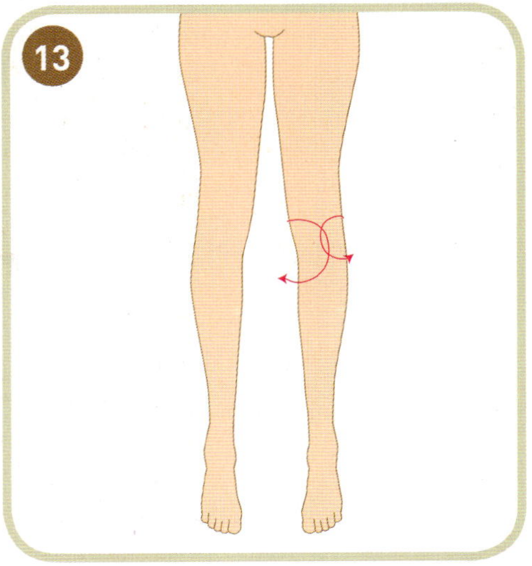

양손바닥 교대로 무릎을 주무르듯 쓰다듬는다.

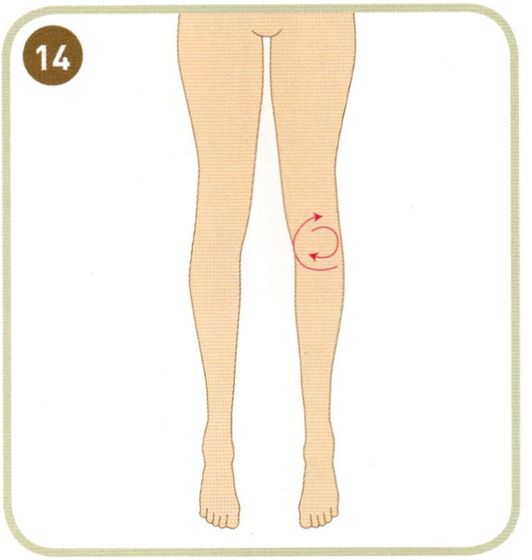

다리를 펴게 하여 양 엄지를 이용하여 교대로 무릎 모양을 따라 쓰다듬는다.

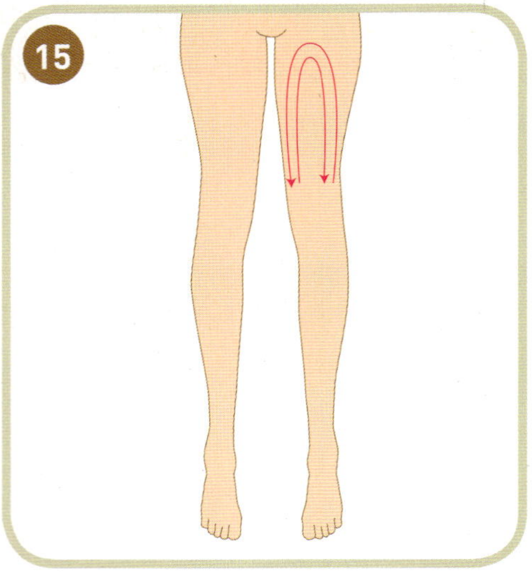

양손 교대로 대퇴 부위를 길게 쓰다듬어 준다.

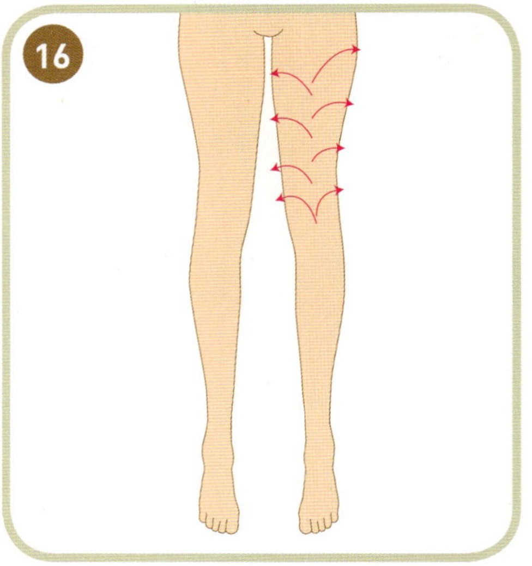

양손을 교대로 빗살무늬 모양으로 쓰다듬기 한다.

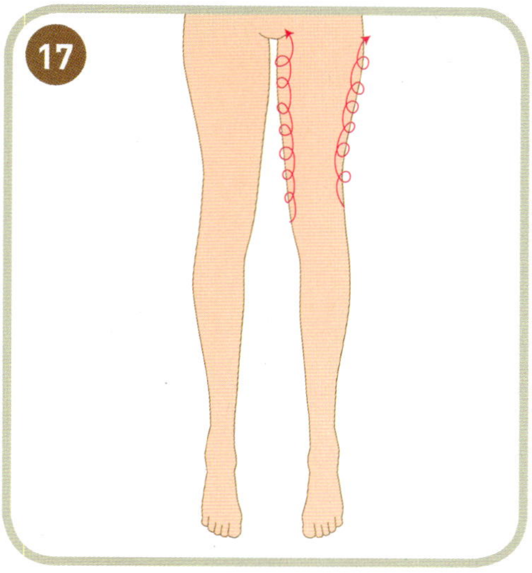

양손가락 전체로 원을 그리며 대퇴 내·외측면을 문지른다.

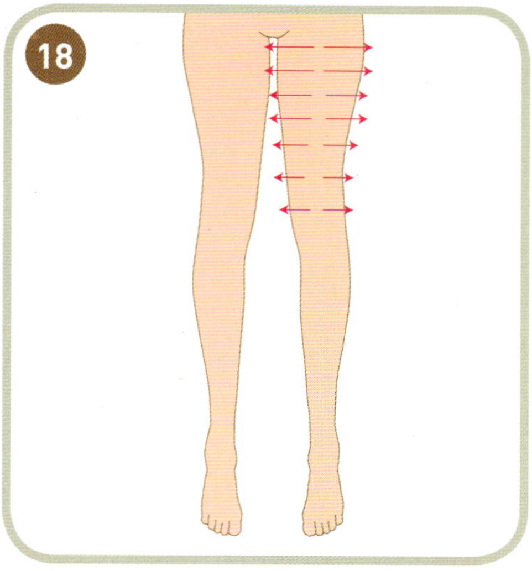

양수근으로 지그시 누르듯 쓰다듬고 손바닥으로 쓸어 다시 올라온다.

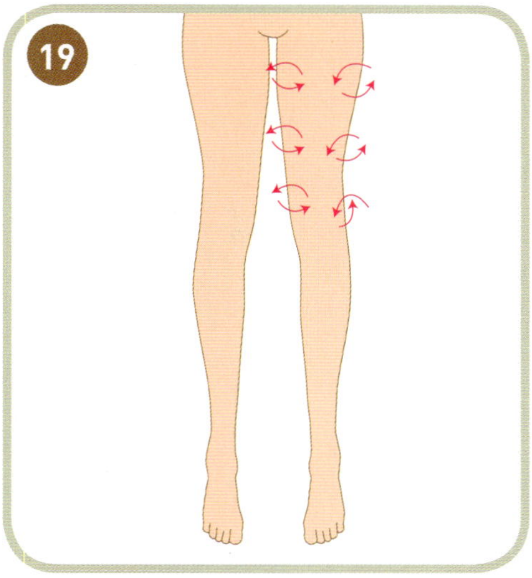

대퇴 부위를 주무른다.

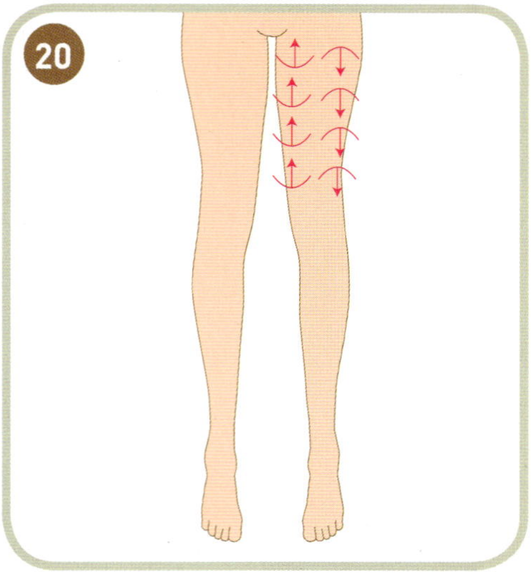

손의 측면(주먹)으로 대퇴 부위를 두드린다.

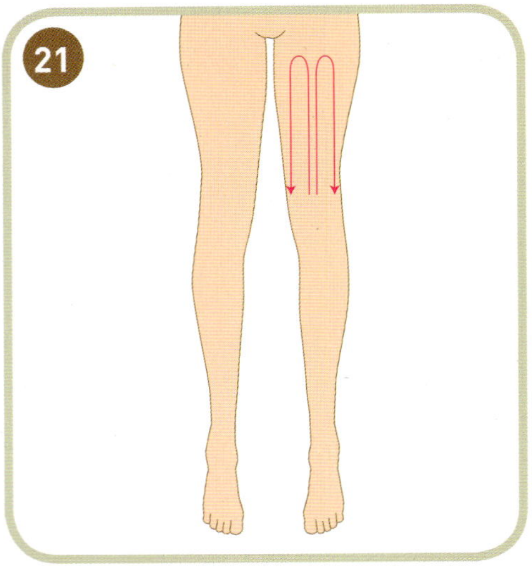

양 엄지로 지긋이 위로 쓰다듬고, 측면을 쓰다듬으며 내려온다.

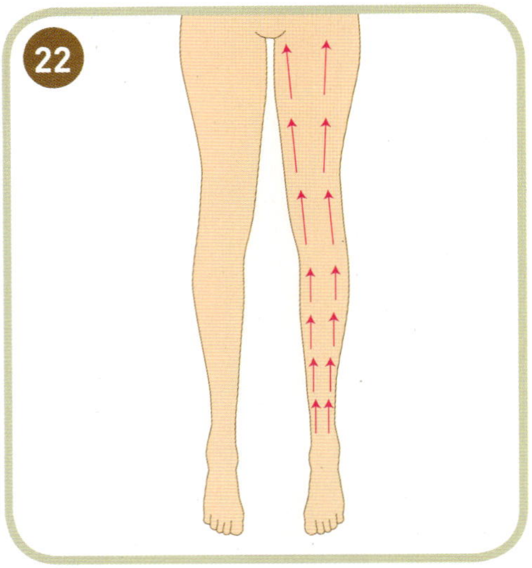

발목에서부터 서혜부까지 짜 주듯이 밀며 양손을 교대로 쓰다듬기한다.

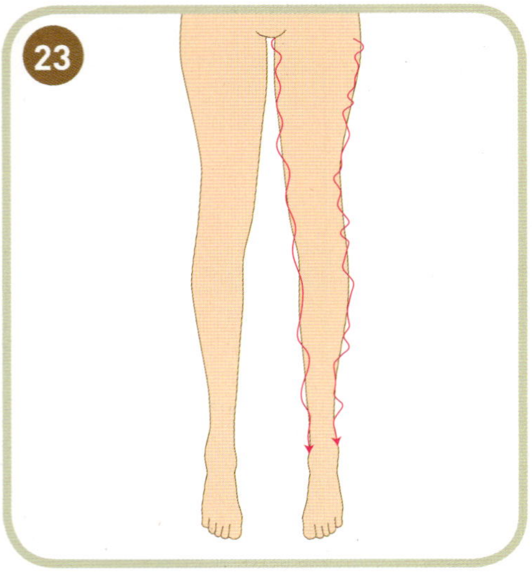

바이브레이션하며 내려온다.

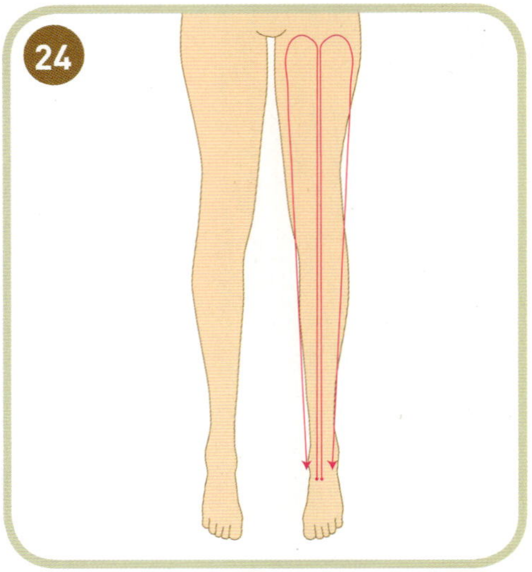

전체를 쓰다듬기하고 엄지와 새끼발가락을 당기며 마무리한다.

8. 등 매뉴얼 테크닉 동작과 순서

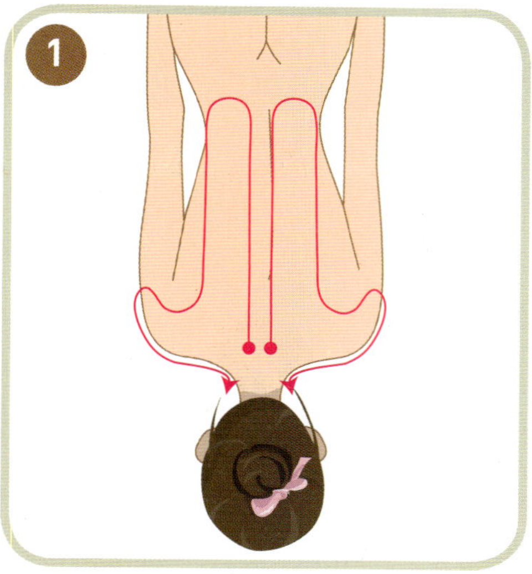

양손바닥을 붙여 어깨부터 허리선 쪽으로 쓰다듬고 다시 올라온다(effleumge).

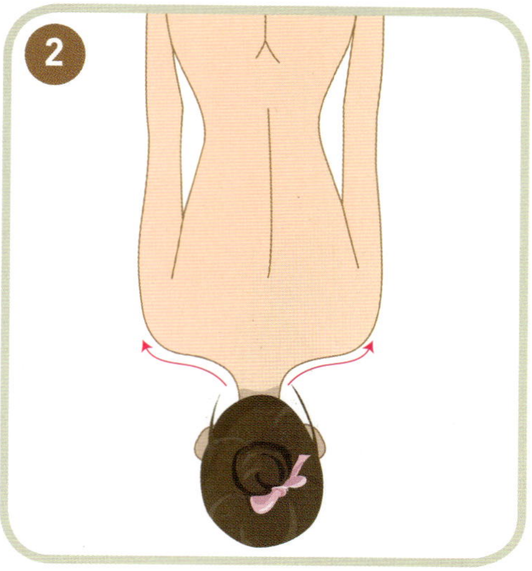

양손바닥을 교대로 사용해 좌 → 우측 승모근을 쓰다듬는다(effleumge).

양 어깨의 승모근을 엄지로 동시에 문지른 후 견갑골을 쓰다듬는다.

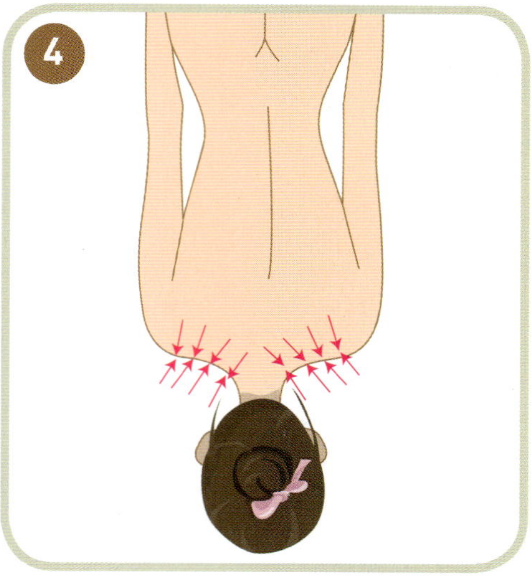

좌우측 승모근 부위를 주무르듯 풀어준다.

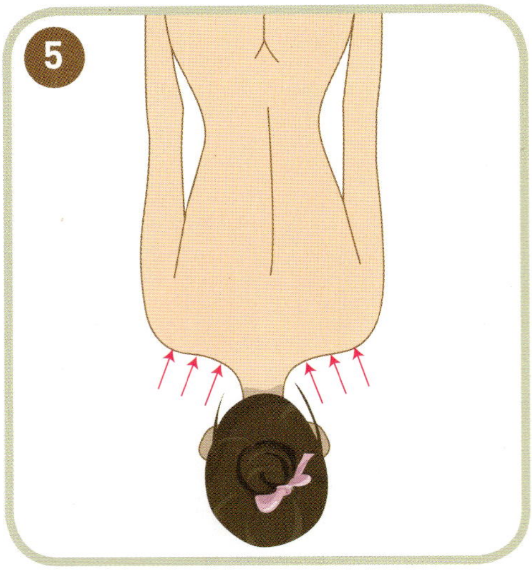

좌우측 승모근을 가볍게 주먹쥐고 두드린 후 쓰다듬는다(vibration).

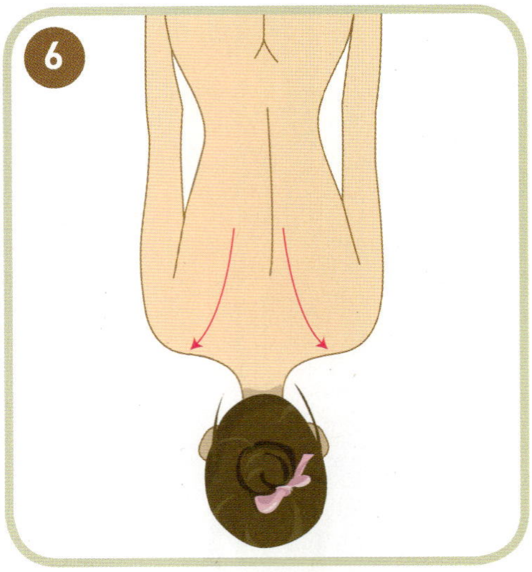

견갑골 부위를 엄지 교대로 좌 → 우측 각각 쓰다듬는다.

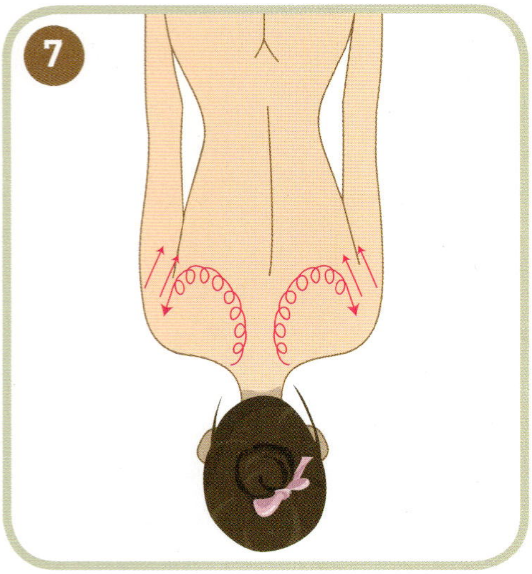

견갑골 부위를 위에서 아래 방향으로 양 엄지로 작은 원을 그리며 문지르고 좌우 액와에서 쓰다듬는다.

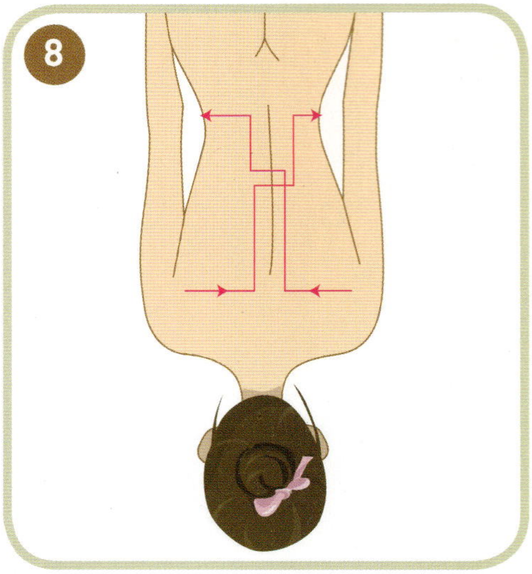

손바닥을 어깨 부위에 대고, 오른손 → 왼손 지그재그 계단 모양으로 좌우측 등을 쓰다듬는다.

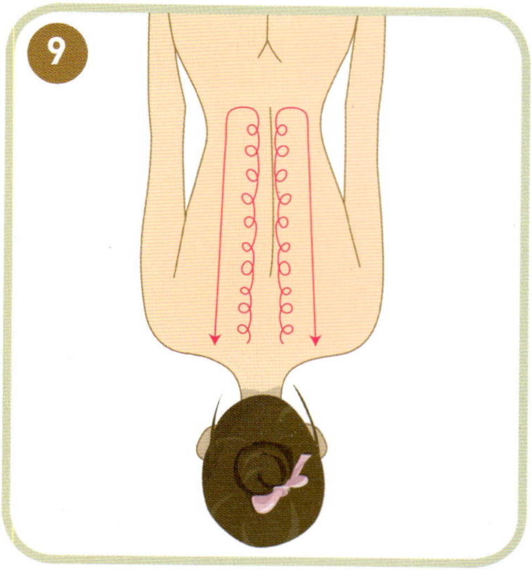

어깨에서부터 허리선 쪽으로 양 엄지를 동시에 사용하여 척추 기립근을 따라 문지른다.

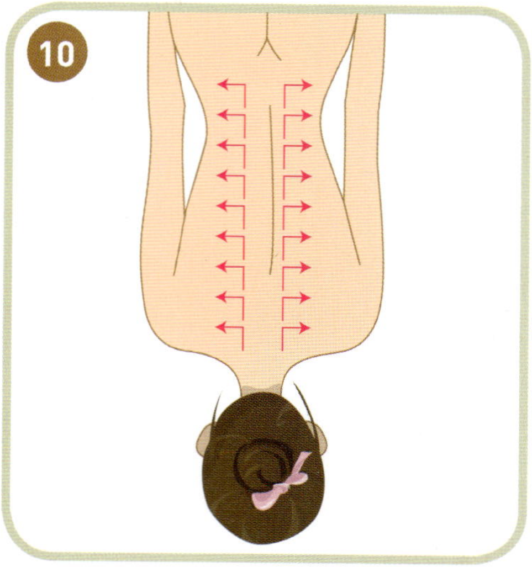

양 엄지에 압을 주어 척추 기립근 부위를 동시에 쓰다듬기한다

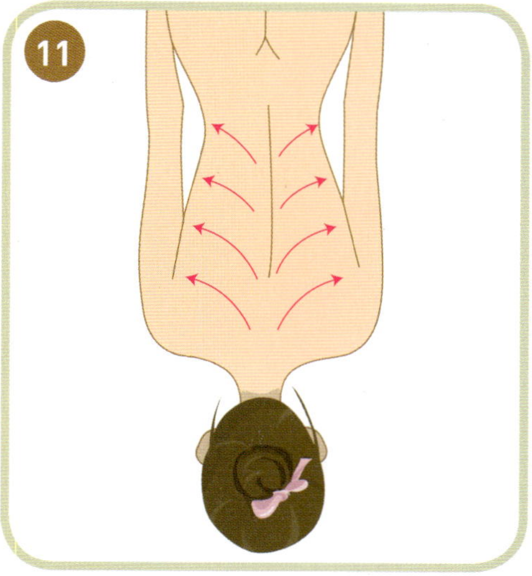

척추를 중심으로 쥐가 기어가듯 근육을 잡고 반죽하듯 주무른다.

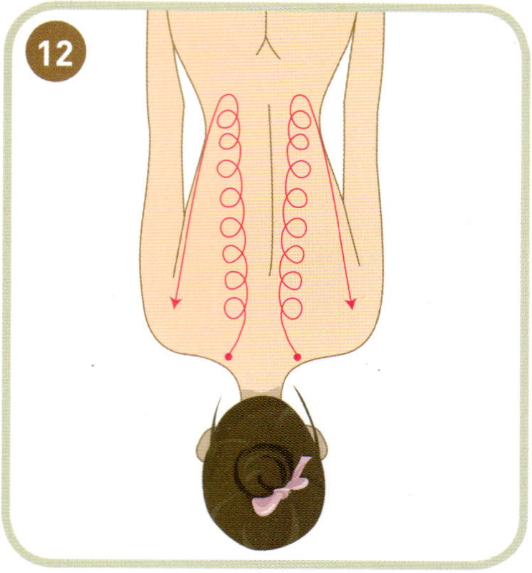

양손을 포개어 허리선에서부터 등 위로 체중을 실으면서 크게 원을 그리며 문지른다.

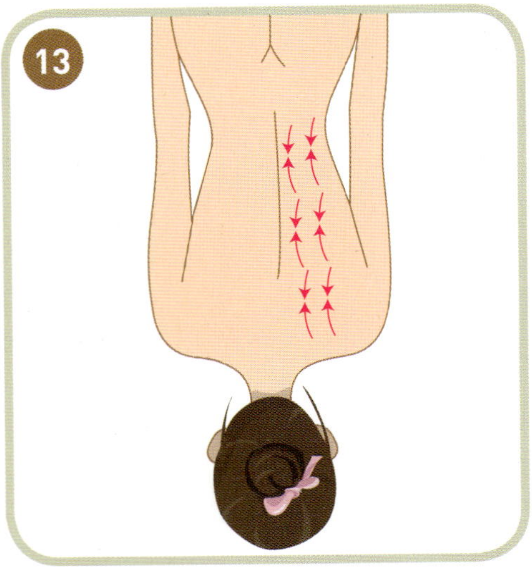

척근과 측면을 전체적으로 주무른다 (kneading).

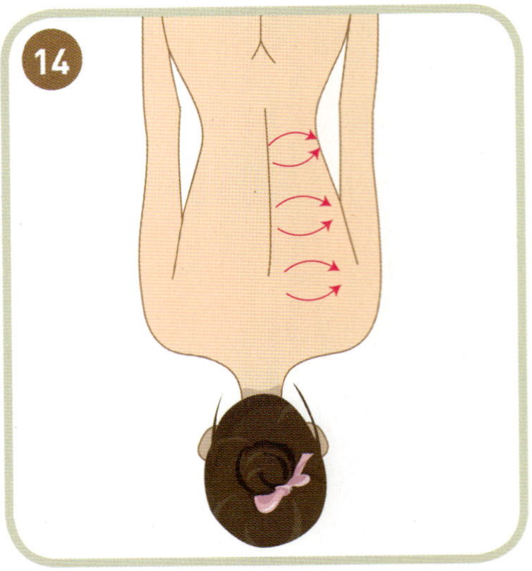

손바닥으로 등 전체를 두드린다 (tapotement).

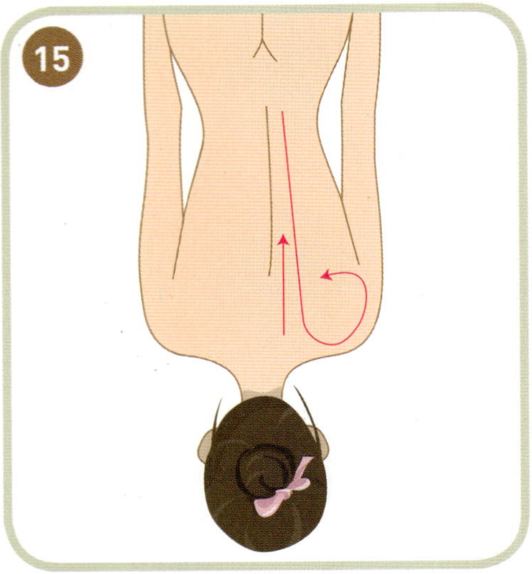

어깨와 허리선에 양손바닥을 붙여 쓰다듬고 견갑골 부위를 따라 쓰다듬기하고 측면을 따라 허리로 내려온다.

오른 전완으로 척추 기립근을 따라 지그시 쓰다듬고 측면으로 내려 온다.

17

수근으로 원을 그리며 꼬리뼈 주변을 문지른다.

18

양손을 포개어 꼬리뼈 위쪽에 작은 C자 모양을 그리며 쓰다듬고 다시 큰 C자형으로 쓰다듬는다.

19

양손 포개어 허리 부위에 크게 ∞형 그리며 쓰다듬기 한다.

20

허리선 부위를 양손 지그재그로 쓰다듬기한다.

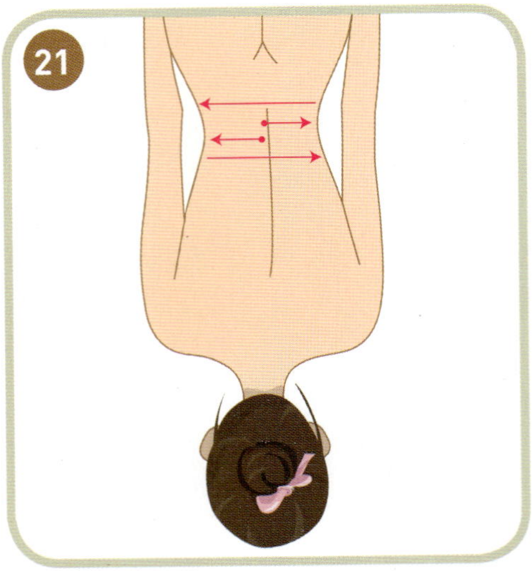

양손을 측면으로 천골 부위를 지그재그로 비비듯이 문지른다.

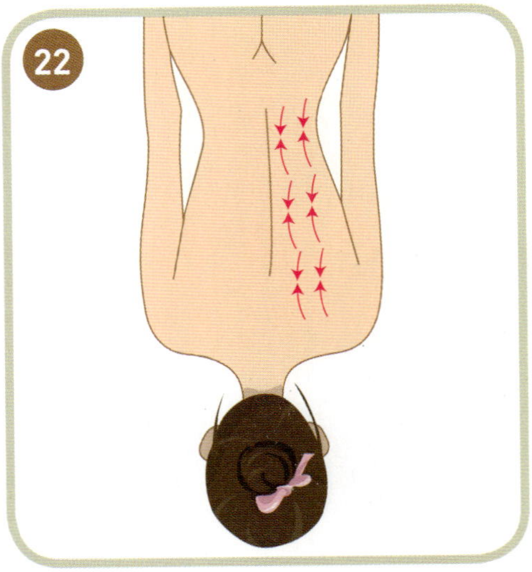

척근과 측면을 전체적으로 주무른다 (kneading).

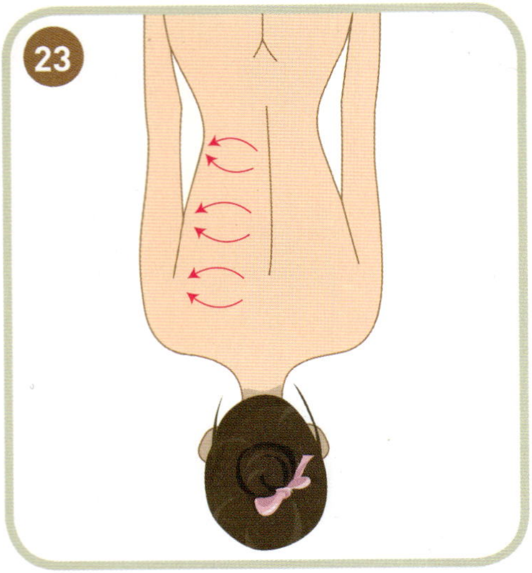

손바닥으로 등 전체를 두드린다 (tapotement).

어깨와 허리선에 양손바닥을 붙여 쓰다듬고 견갑골 부위를 따라 쓰다듬기하고 측면을 따라 허리로 내려온다.

25

왼쪽 전완으로 척추 기립근을 따라 지그시 쓰다듬고 측면으로 내려 온다.

26

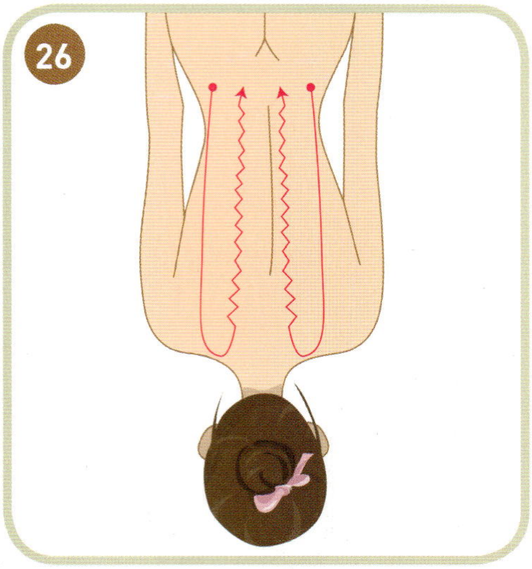

허리 측면을 따라 쓰다듬고, 어깨 부위에서부터 허리선까지 바이브레이션 동작을 한다.

27

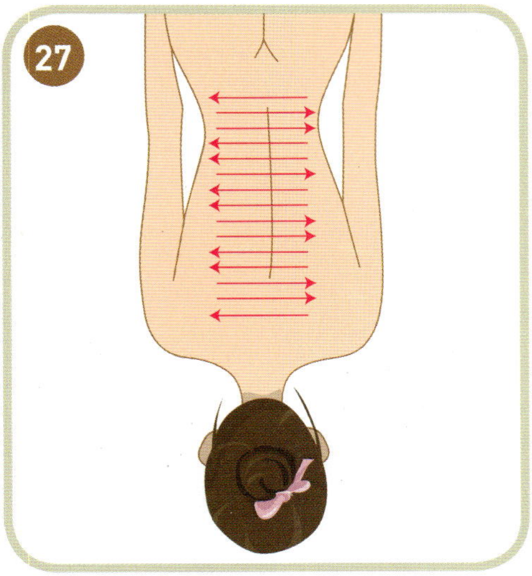

양 전완으로 쓰다듬듯 밀고 다시 쓰다듬으며 돌아온다.

28

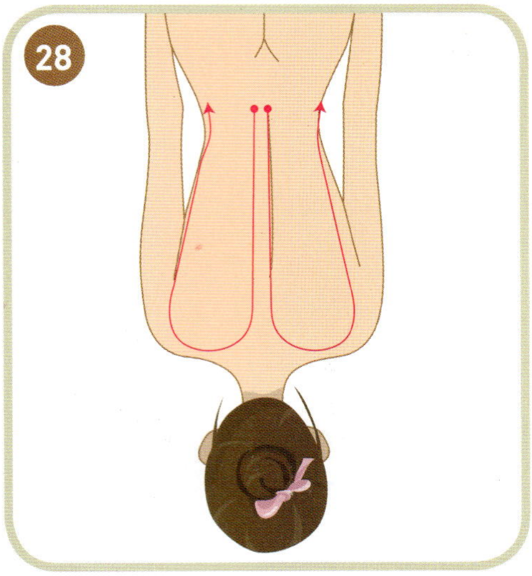

허리선에서 양손을 밀착해서 척추를 따라 어깨까지 올라가 쓰다듬고 다시 내려온다.

9. 목 림프드레나지

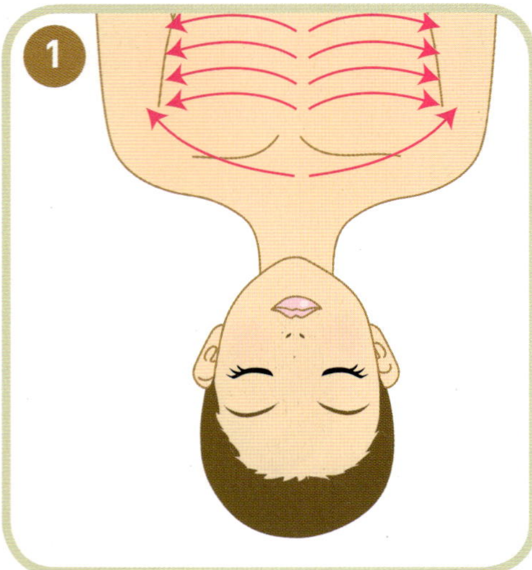

흉골에서 겨드랑이까지 엄지로 쓰다듬기(1회)

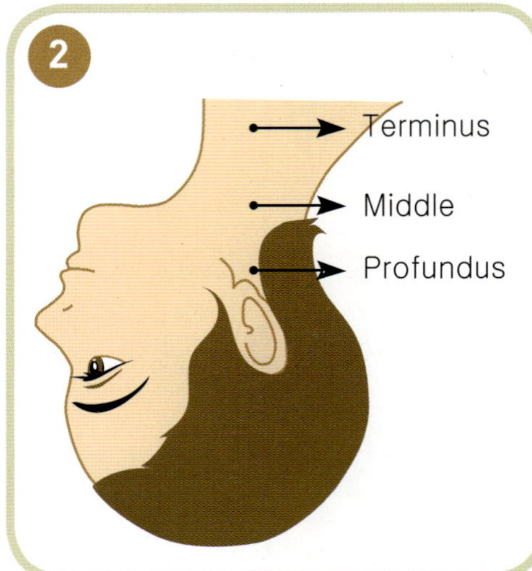

2, 3, 4지로 경부 림프절의 정지상태 원 동작(5×3회)

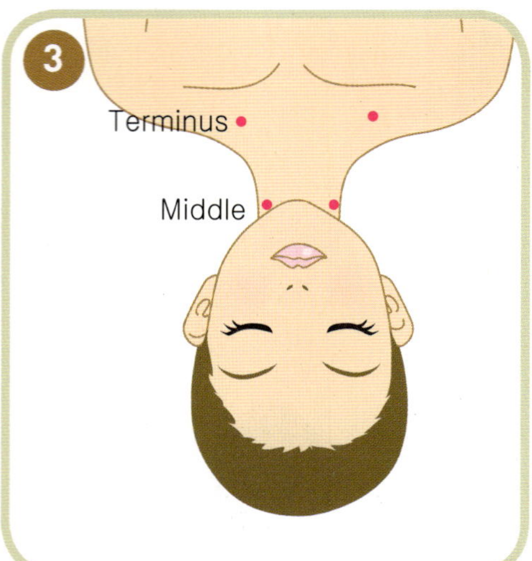

후두부 림프 정지상태 원 동작(5×3회) → occipute(생략) Middle → Terrinus

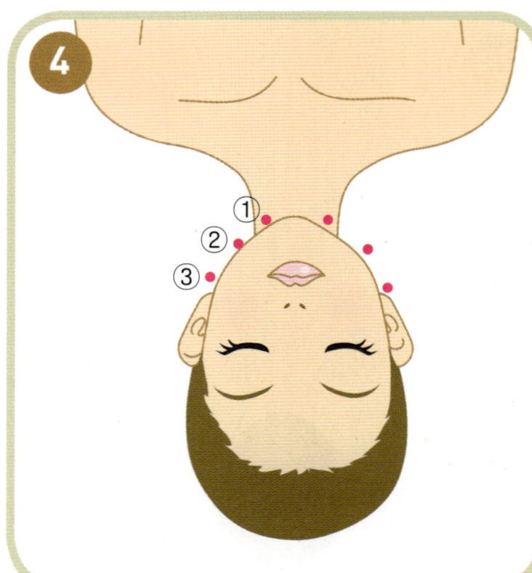

하악림프 부분의 3지점 3, 4지로 정지상태 원동작(5×3회)

포크기법: 2, 3지를 귀 앞과 뒤에 대고 정지 상태 원 동작(5×3회) P → M → T

견봉 부위 정지상태 원 동작(5×3회. 손으로 감싸면서)

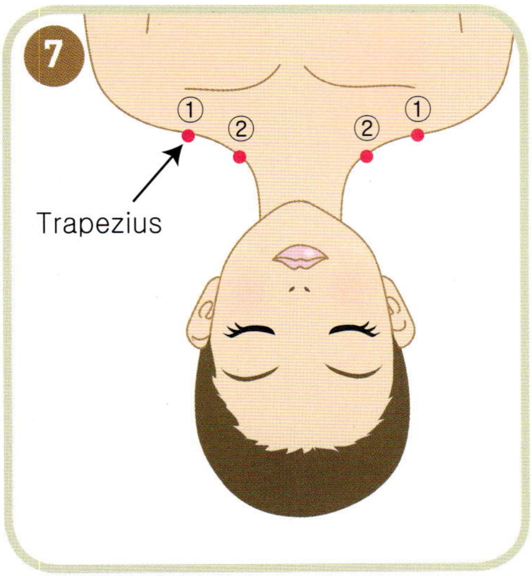

승모근 부위 두지점 정지상태 원 동작 Terminus(5×3회)

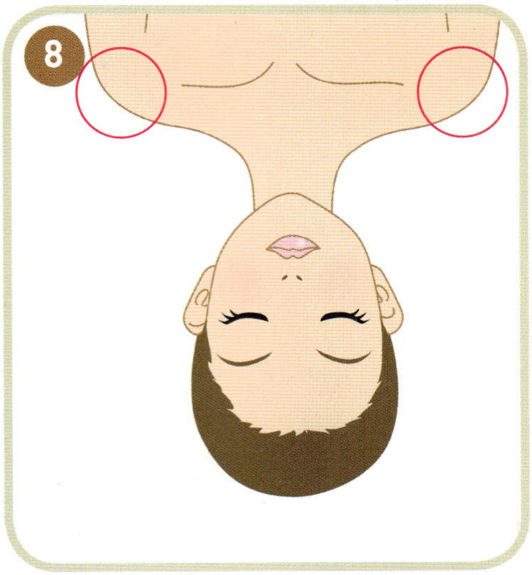

견봉 부위 살짝 잡고 정지상태 원 동작(5×3회)

쇄골 위 어깨 부위에서 사지로 전체 손가락으로 상태 원 동작 → Terminus까지(5×3회)

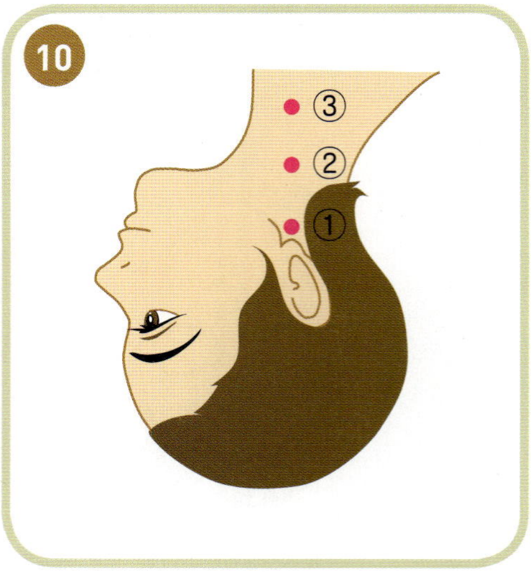

Profundus → Middle → Terminus(5×1회)

쇄골선을 따라 겨드랑이 방향까지 엄지로 쓰다듬기(1회)

10. 얼굴 림프드레나지

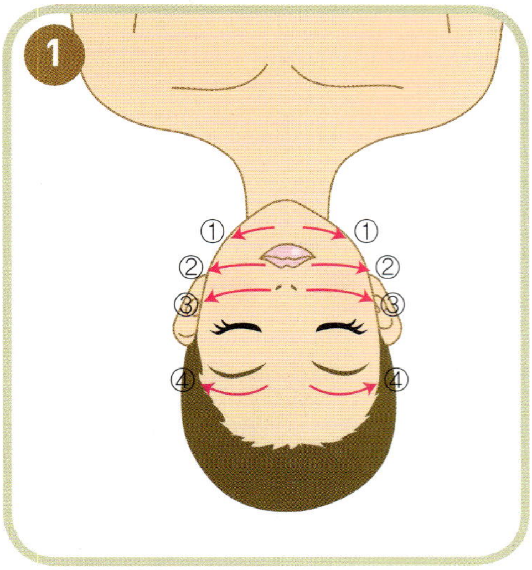

입술 아래, 입술 위, 코에서 볼, 이마 림프절 방향으로 쓰다듬기(엄지 또는 전체 손가락 이용)

턱 중앙에서부터 angulus 따라 정지상태 원 동작(5×3회)

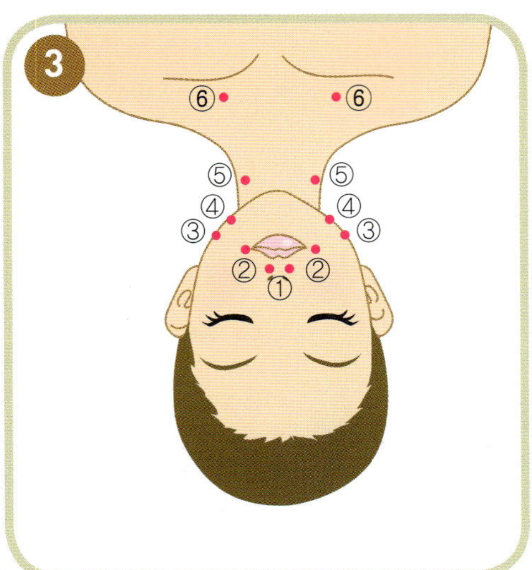

윗입술: 윗입술 중간 → 구각 → 하악각 정지상태 원 동작 → Profundus, Middle, Terminus(5×3회, 2지만 사용)

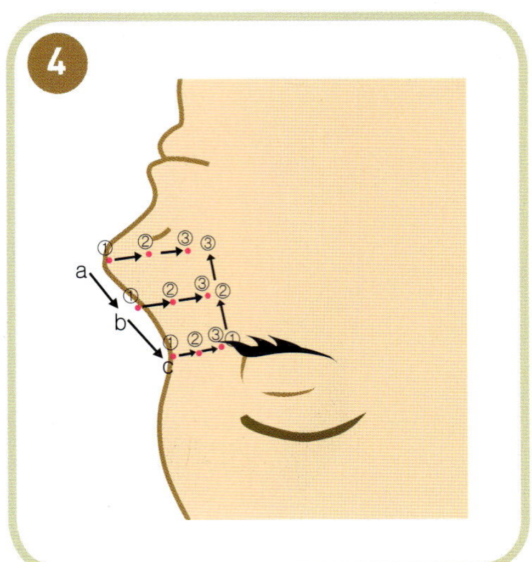

코: 2지 또는 3지로 코끝 → 코 중간 → 콧부리 → 코 측면 1,2 ,3번(5×3회, 3지 이용)

코 옆, 입술 옆, 입술 아래 정지상태 원동작 → 턱 아래에서 하악각까지 2, 3, 4지를 이용하여 새끼손가락 방향으로 밀며 신장시키듯 정지상태 원 동작(부위별 3회)

눈 밑 내측 부위 → 중앙 부위 → 눈아래 외측 부위 정지상태 원 동작(5×3회, 3 · 4지 또는 중지 사용)

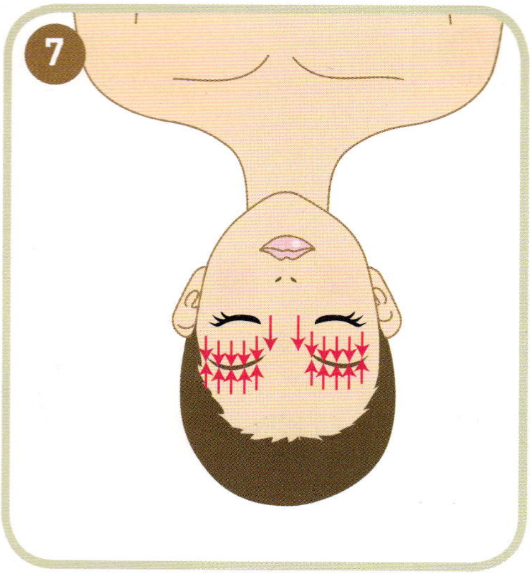

검지로 코벽을 쓰다듬고 눈썹머리부터 엄지검지로 가볍게 눈썹 집어주기(3회)

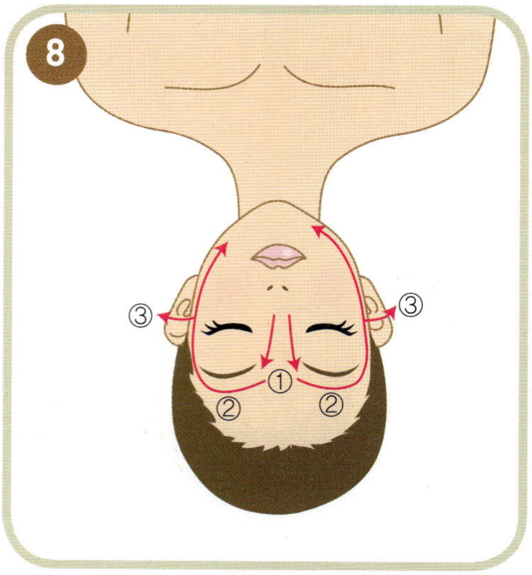

엄지로 코의 뿌리 부분을 쓸어 올린 후 미간 부위에서부터 모지구로 천천히 누르며 Temporalis에서 감싼 상태에서 가볍게 누르는 동작(3회)

눈썹머리, 중앙, 눈썹 꼬리에 대고 정지상태 원 동작 → 2 · 3 · 4지 이용(5×3회)

2 · 3 · 4지로 이마 중간 1 · 2 · 3지점 상태 원 동작(5×3회)

귀 중간(parotis) 귓볼 앞(angulus) 정지상태 원 동작(5×3회)

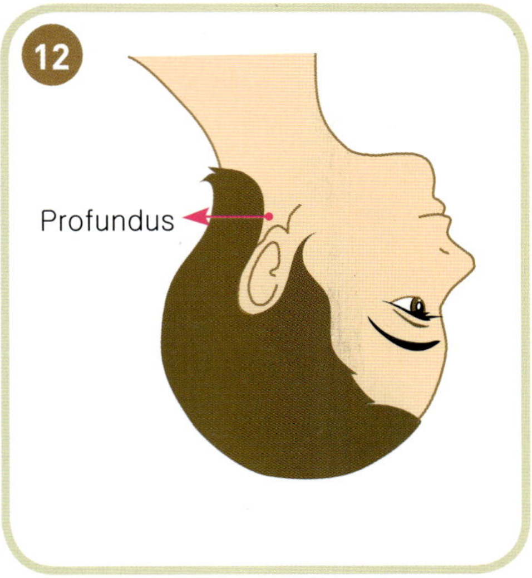

Profundus 정지상태 원 동작(5×1회)

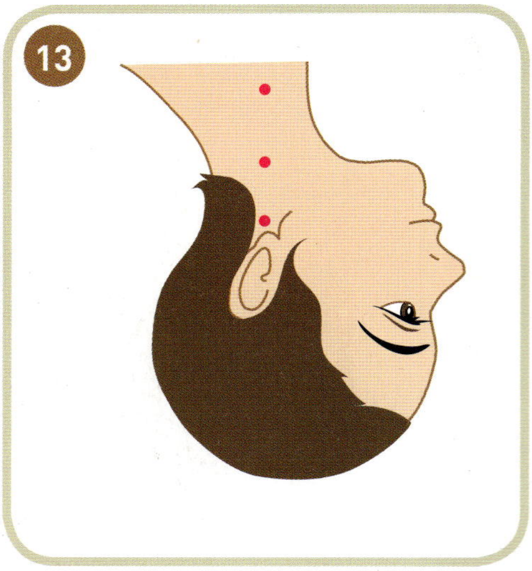

Profundus 정지상태 원 동작(5×4회)
→ Profundus, Middle, Terminus(검지)부위 정지상태 원 동작(5×4회)

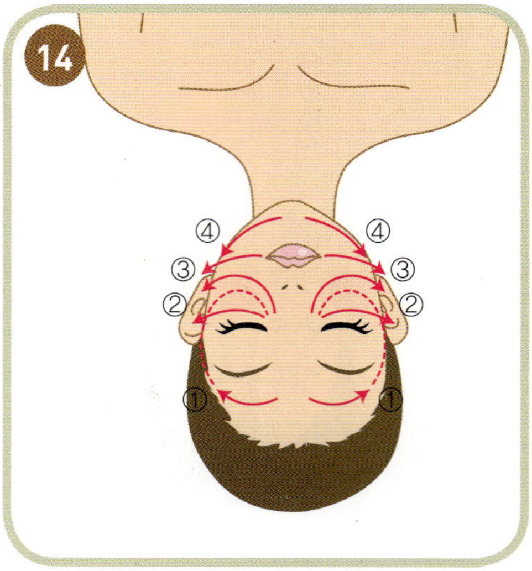

전체 쓰다듬기

① 엄지로 이마에서 temporalis까지
② ①번 동작을 연결해 엄지로 눈 아래 부위에서 profundus로 쓰다듬기
③ 양 입술 끝에서부터 컵 모양으로 귀 아래까지
④ 엄지로 턱에서 하악각까지 쓰다듬기

Basic Aesthetics and Cosmetology

기초피부미용학

별책 피부관리 테크닉북